物理常用实验仪器的实验技术与仪器创新

加顺花 编著

北京航空航天大学出版社

内 容 简 介

本书遴选了目前比较常用的 30 多个物理实验仪器，分别从仪器的结构和原理、主要技术指标、使用要点、日常维护和常见故障排除、教学中的应用，以及新仪器介绍、相关仪器的优秀自制教具案例等方面进行了较为翔实的介绍，对于广大物理教师和学生开展实验教学、提升教学效果具有较大帮助。

本书的读者对象主要为各地教育装备管理部门、物理教师和实验教师，可作为提高物理实验教师技能的培训教材。

图书在版编目(CIP)数据

物理常用实验仪器的实验技术与仪器创新 / 加顺花编著. -- 北京 ：北京航空航天大学出版社，2024.1

ISBN 978 - 7 - 5124 - 4294 - 8

Ⅰ. ①物… Ⅱ. ①加… Ⅲ. ①物理学—实验仪器 Ⅳ. ①TH73

中国国家版本馆 CIP 数据核字(2024)第 025966 号

物理常用实验仪器的实验技术与仪器创新

加顺花　编著

策划编辑　胡晓柏　　责任编辑　杨　昕　杜友茹

*

北京航空航天大学出版社出版发行

北京市海淀区学院路 37 号(邮编 100191)　http://www.buaapress.com.cn

发行部电话：(010)82317024　传真：(010)82328026

读者信箱：emsbook@buaacm.com.cn　邮购电话：(010)82316936

北京凌奇印刷有限责任公司印装　各地书店经销

*

开本：710×1 000　1/16　印张：11.75　字数：250 千字

2024 年 1 月第 1 版　2024 年 1 月第 1 次印刷

ISBN 978 - 7 - 5124 - 4294 - 8　定价：49.00 元

前　言

科学教育是实施科教强国战略、培养创新人才的重要基础，加强新时代科学教育工作至关重要。

工欲善其事，必先利其器。实验教学是科学教育之本，是培养学生创新精神和实践能力的重要途径。科学教育离不开实验教学，实验教学离不开仪器。物理学是一门自然科学，物理教学也必然离不开实验教学和仪器。

本书是在实地考察全国具有代表性的多所学校，并通过问卷调研及访谈等形式了解学校配备仪器的使用和管理情况的基础上，在实验教学经验丰富的专家指导下，遴选了 30 个目前比较常用的物理实验仪器作为编写对象编写而成的。

本书以物理教学仪器为研究内容，立足教材，突出应用，突出仪器与日常教学使用的正确匹配，突出仪器的创新应用，突出现代新仪器使用；兼顾日常维护和维修，贯彻行业产品标准，提升仪器使用效益，分别从仪器的结构与原理、主要技术指标、使用要点、日常维护和常见故障排除、教学中的应用以及新仪器介绍、相关仪器的优秀自制教具案例等方面进行了较为翔实的介绍。

本书以新颖性、实用性、指导性、可读性为宗旨，突出教师对教学仪器的使用和维护应该掌握的基本技能。书中介绍内容尽量深入浅出，对于广大物理教师和学生开展实验教学、提升教学效果具有较大帮助。本书也可作为各地教育装备管理部门提高物理教师技能的培训教材。

本书基于多年对实验仪器和实验教学的研究，邀请了多位教育装备行业专家、高级教师和其他一线教师参与讨论研究，保证了此书内容科学性和实用性。

感谢林毓华、孙振奇、刘强、郭晓萍、陈韫春、张又伟等同事的大力支持，感谢刘彬生、陈石鸣、汪维澄、张驭鹏、吴月江的悉心指导和对部分内容的撰写；感谢李巧红同事的精心编校，感谢北京航空航天大学出版社编辑们的辛勤付出。

由于本人的水平有限，书中难免有一些不足之处，恳请读者批评指正。

加顺花
教育部教育技术与资源发展中心
（中央电化教育馆）
2023 年 10 月

前言

2022年10月

目　录

第1章 力学、运动学

1.1 游标卡尺

1.1.1 结构和原理

1. 结 构

如图 1.1.1 所示，游标卡尺由主尺和附在主尺上能滑动的游标两部分构成，是一种使用广泛的长度测量工具。它能够极为方便地测量内径、外径、长度、厚度和深度等。

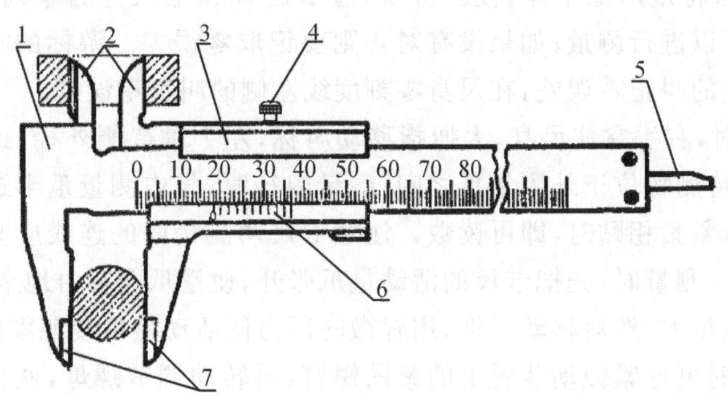

1—尺身；2—内测量爪；3—尺框；4—紧固螺钉；5—深度尺；6—游标尺；7—外测量爪

图 1.1.1 游标卡尺

主尺一般以毫米为单位，其分度值为 1 mm。根据分格的不同，游标卡尺可分为十分度游标卡尺、二十分度游标卡尺、五十分度游标卡尺等，游标上分别有 10、20 或 50 个分格。游标卡尺的主尺和游标上有两副活动量爪，分别是内测量爪和外测量爪。内测量爪通常用来测量内径，外测量爪通常用来测量长度和外径。

2. 原 理

以十分度游标卡尺为例，十分度游标尺上共有 10 个等分刻度，全长为 9 mm，也就是每个刻度为 0.9 mm，比主尺上刻度小 0.1 mm。其游标尺上 10 格的长度只相当于主尺上的 9 格的长度，当游标上某一刻度与主尺上某一刻度相对齐时，则表明游标尺上第一刻度(即零刻度)与主尺上相邻前一刻度相距为游标尺对齐刻度读数乘以 0.1 mm。故游标卡尺的读数规律为

游标卡尺读数＝主尺刻度读数＋游标尺对齐刻度读数×精确度

1.1.2 主要技术指标

游标卡尺的设计符合《GB/T 21389—2008 游标、带表和数显卡尺》的要求。

卡尺表面不应有影响外观和使用性能的裂痕、划伤、碰伤、锈蚀、毛刺等缺陷。卡尺表面的镀、涂层不应有脱落和影响外观的色泽不均等缺陷。标尺标记不应有目力可见的断线、粗细不均及影响读数的其他缺陷。

卡尺的尺框、微动装置沿尺身的移动应平稳、无卡滞和松动现象，用紧固螺钉能准确、可靠地紧固在尺身上。

卡尺尺身应具有足够的长度，以保证在测量范围上限时尺框及微动装置不至于伸出尺身之外，并宜具有 3～15 mm 的测量长度裕量，以方便使用。测量爪测量面的长度宜为测量爪伸出长度的 3/5～3/4。

1.1.3 使用要点

① 用软布将量爪擦干净，使其并拢，查看游标和主尺身的零刻度线是否对齐。如果对齐就可以进行测量；如果没有对齐则要记取零误差。游标的零刻度线在尺身零刻度线右侧的叫正零误差，在尺身零刻度线左侧的叫负零误差。

② 测量时，右手拿住尺身，大拇指移动游标，左手拿待测外径(或内径)的物体。测外径时，使待测物位于外测量爪之间；测量内径时，将内测量爪卡进待测物体的内部。当与量爪紧紧相贴时，即可读数。注意卡尺两测量面的连线应垂直于被测量表面，不能歪斜。测量时，先把卡尺的活动量爪张开，使量爪能自由地卡进工件，把零件贴靠在固定量爪上，然后移动尺框，用轻微的压力使活动量爪接触零件。如卡尺带有微动装置，此时可拧紧微动装置上的紧固螺钉，再转动调节螺母，使量爪接触零件并读取尺寸。绝不可把卡尺的两个量爪调节到接近甚至小于所测尺寸，把卡尺强制地卡到零件上去。这样做会使量爪变形，或使测量面过早磨损，使卡尺失去应有的精度。

③ 读数时首先以游标零刻度线为准在尺身上读取毫米整数，即以毫米为单位的整数部分。然后看游标上第几条刻度线与尺身的刻度线对齐，如十分度游标卡尺第 6 条刻度线与尺身刻度线对齐，则小数部分即为 0.6 mm(若没有正好对齐的线，则取最接近对齐的线进行读数)。如有零误差，则一律用上述结果减去零误差(零误差为负，相当于加上相同大小的零误差)，读数结果为整数部分＋小数部分－零误差。判断游标上哪条刻度线与尺身刻度线对准可用下述方法：选定相邻的 3 条线，如左侧的

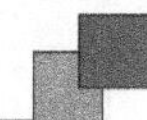

线在尺身对应线之右，右侧的线在尺身对应线之左，中间那条线便可以认为是对准了。如果需测量几次取平均值，则不需每次都减去零误差，只要用平均值减去零误差即可。

1.1.4 日常维护和常见故障排除

1. 日常维护

不能以游标卡尺代替卡钳在工件上来回拖动，也不能把卡尺的量爪尖端当作划针、圆规、钩子或螺钉旋钮等工具。游标卡尺使用完毕后，要擦拭干净，平放在专用盒内；如果长时间不用，还要注意防锈。如果是较大的游标卡尺，更要注意尺身的弯曲变形。卡尺不能放在强磁场附近，也不要将它和其他工具或刀具等混放在一起。游标卡尺和其他计量器具一样，需要定期检定，一般周期不应该超过一年。

2. 常见故障排除

(1) 外观修理

通常游标卡尺由于保管不善，容易出现受潮锈蚀，或碰伤、毛刺等缺陷，修理时应首先把零件全部拆开，在汽油中浸泡、清洗；用油石或细锉修磨毛刺、碰伤等缺陷，然后用细砂布除锈和打光。为了提高除锈效果，可将砂布浸入煤油后使用。砂布不应潮湿，否则经打磨后的表面容易生锈。在打磨主尺和游标刻线面时，纹路应尽量和刻线方向一致，避免断线和倒棱造成读数误差。

(2) 主尺的修理

由于主尺弯曲厚度不均匀，使用中尺框在主尺上频繁滑动导致磨损，造成主尺基面的平行度或者主尺基面与另一面(主尺上窄平面)的平行度不好，都会直接影响卡尺的示值误差和游框在主尺上移动的平稳性。

主尺要从两个方面进行修理。一是主尺基面平直度的修理。把主尺夹在虎钳上，用粗油石把沟槽两凸台打平，同时打磨主尺后半部分。用放在平板上的细砂纸检查整个基面的平直情况，当基面平直后在平板上靠上靠铁固定，用 W28、W10 金刚砂研磨，用刀口尺检查卡尺光隙量不超差即可。二是主尺弯曲而造成游框在主尺上滑动不灵活。主尺弯曲一般有两种情形。一种是刻线面上下弯曲，修理方法是把主尺凹面放在平板上用硬木锤或紫铜调直，如材质较硬可放在虎钳上，加力的大小及加持时间的长短视卡尺弯曲程度而定。另一种是主尺基面方向弯曲，这种情形都是强力碰撞所致，修理方法也是采用虎钳校直。基本校直后，再修基面平直度及平行度，以保证尺框移动平稳。

(3) 游框工作面及主尺与游标间隙的修理

游框基面由两个小突台构成，因长时间在主尺上滑动，基面极易磨损，从而影响两测量面的平行、示值误差和示值稳定性。用着色法检查，修整基面突出部分，然后用断面为矩形的研磨工具研磨。研磨时要注意基面与游标刻线和测量面的垂直度。

间隙过大时可在游框底面两端锡焊适当铜片或钢片，然后锉平。对于活动游框一般采用敲打法，把上下游标片取下，用小锉修磨游框面，然后在平板上放上240＃水砂纸进行研磨。有的可用小锉将底面修成向内倾斜，从而达到消除间隙的目的。

(4) 外量爪间隙的修理

量爪间隙发生变化的原因通常有3个：①弹簧片位置不正确（或形状不正确）。通常情况下，弹簧片与主尺的接触点应与紧固螺钉的紧固位置一致或对称。这样才能保证卡尺紧固过程中弹簧片与主尺各接触点上的压力均衡。否则，各接触点上的压力不均衡，会使尺框相对主尺产生角位移，使外量爪测量面间隙发生较大变化。②使用磨损或修理不佳，尺框上两个小基面不是平面而是圆弧面，也可能造成测量面间隙在紧固前后有较大变化。③有微动装置的卡尺，由于微动丝杆之间不同轴，它们安装在一起相互挤压，从而造成尺框在紧固前后相对主尺产生角位移，会使测量面之间的间隙发生变化。针对上述问题可采用以下方法进行修理。

① 修理弹簧片：一般情况下，对可弯曲弹簧片，可使弹簧片上的中心接触点尽量与紧固螺钉的紧固位置相一致，弹簧片材质不好可以更换；再通过螺钉调整可使游框上下晃量减小，从而减小紧固前后外量爪间隙的变化量。

② 研磨游标基面：若游标框不平直可先用小锉锉平，然后将一个与主尺宽度相同的尺条放入游框中加研磨剂进行研磨，先用粗砂再用细砂研平为止。

③ 微动装置和紧固装置：微动装置包括螺杆螺母微动游标和紧固螺钉等零部件，不合格可以直接更换。

(5) 量爪平面性的修理

用研磨器具、研磨膏均匀平移研磨量爪平面，手感轻重自己把握。当两测量面使用至出现间隙时，应首先将其校准，之后才能修磨。消除间隙的方法：①挤压法：用虎钳、专用工具进行挤压。②敲击法：选择有效的敲击部位，小心轻敲，使量爪有微小变形，以达到消除间隙的目的。研磨时手和研磨器都要放平，切勿偏斜，要注意测量面的纵向和横向要垂直，做直线往复运动。可用光隙法检查平面性，若缝隙为蓝光，缝隙为1～2 μm。

(6) 示值误差的修理

造成游标卡尺示值误差不合格的原因主要有以下几个方面：①量爪测量面与主尺基面在两个方向上不垂直；②主尺测量面与游框基面的纵向不垂直，使游标刻线与主尺刻线相对位置发生倾斜，影响示值；③游框基面平面度不好；④使用磨损造成测量面平面度和平行度不好；⑤弹簧片或微动片有误差；⑥主尺与游框间的间隙大引起卡尺示值误差。应根据产生误差的原因有针对性地进行修理。由于示值误差综合反映卡尺各部分的误差，所以当其他各部分修理合格后，示值误差一般也能符合要求。

1.1.5 新仪器介绍

数显游标卡尺（见图1.1.2）是利用容栅测量系统原理对两测量爪相对移动分隔

的距离进行测量并通过 LCD 显示出测量值的一种长度测量工具，是不需要人工读数的一种卡尺，与普通的卡尺一样能够用来测量长度、内外径和深度等。

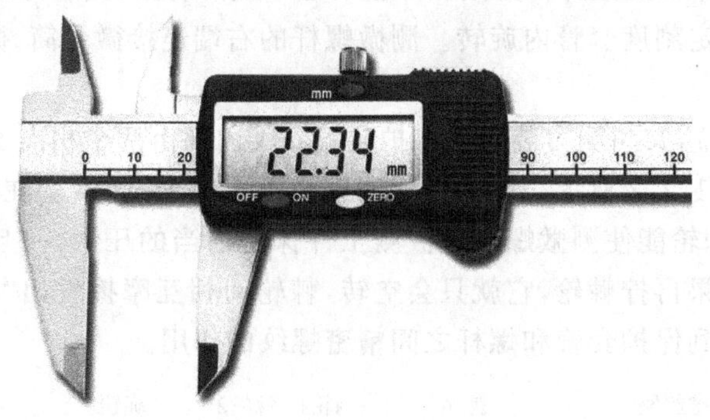

图 1.1.2 数显游标卡尺

1.2 螺旋测微器

1.2.1 结构和原理

1. 结 构

螺旋测微器(外径千分尺)是比游标卡尺更精密的长度测量仪器。螺旋测微器的测量范围为 0～25 mm、25～75 mm、75～100 mm 等。一般教学中使用的测量范围为 0～25 mm，测量结果可以准确至 0.01 mm，其结构如图 1.2.1 所示。

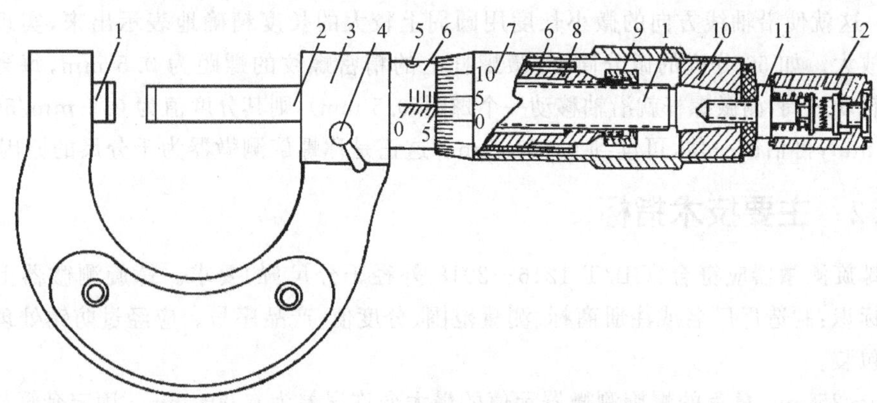

1—测砧；2—测微螺杆；3—尺架；4—锁紧装置；5—固定套管固定螺丝；6—固定套管；7—微分筒；8—精密螺母；9—调节螺母；10—弹性套；11—螺丝座；12—棘轮装置(测力装置)

图 1.2.1 螺旋测微器结构

① 尺架。其左臂固定一个测砧，右臂固定一个带刻度的套管。固定套管的内表面套有精密螺母，与测微螺杆上螺纹相配。

② 测微螺杆和微分筒。测微螺杆也叫心轴或活动砧，其右部的外表面刻有精密螺纹，能够在固定刻度套管内旋转。测微螺杆的右端连接微分筒，微分筒又套在固定套管的外围。

③ 棘轮装置，又叫测力装置或保护装置。其内部由两个相向的小棘轮和一个弹簧销组成，如图 1.2.2 所示。测微螺杆的轴梢上有销卡，弹簧套在轴上，弹簧右端为两个小棘轮。棘轮能使测微螺杆对被测工件保持适当的压力，一旦被测物体被测砧和螺杆卡住，如果再拧棘轮，它就只会空转，棘轮间相互摩擦发出“咔、咔”声，不再推进测微螺杆，起到保护套管和螺杆之间精密螺纹的作用。

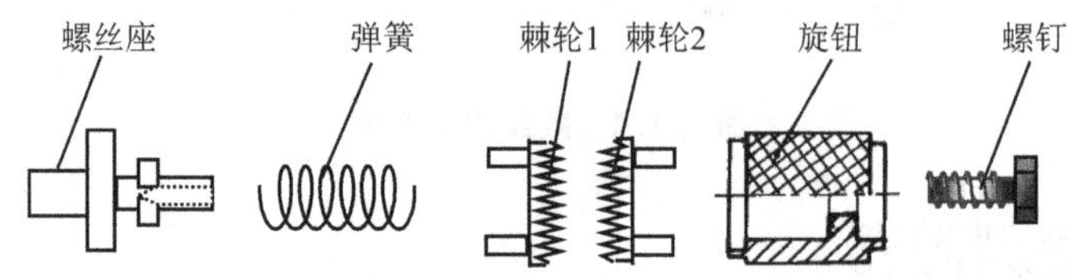

图 1.2.2 测力装置内部组成

④ 螺旋测微器的尺架上还装有一个锁紧装置。当测量操作开始时，要先拨松锁紧装置；当测量操作结束并必须取下螺旋测微器读数时，可用锁紧装置把测微螺杆锁住。

2. 原 理

微分筒上沿圆周分成 n 等分格刻度，根据螺距推进原理，螺母套管每转过一周(360°)，测杆就前进或后退一个螺距 p，因而当微分筒转动一个分格时，螺杆仅移动 p/n。这就使沿轴线方向的微小长度用圆周上较大的长度精确地表示出来，实现了机械放大。如 50 分度的微分筒，测微螺杆上的精密螺纹的螺距为 0.5 mm，每当微分筒转动一周，测微螺杆就沿轴移动一个螺距(0.5 mm)，则其分度值为 0.5 mm/50＝0.01 mm，再估读一位，可读到 0.001 mm。这正是称螺旋测微器为千分尺的原因。

1.2.2 主要技术指标

螺旋测微器应符合《GB/T 1216—2018 外径千分尺》的要求。螺旋测微器上至少应标识：制造厂厂名或注册商标、测量范围、分度值、产品序号。应经过防锈处理并妥善包装。

0～25 mm 量程的螺旋测微器示值的最大允许误差为 0.004 mm。固定套管与微分筒上的刻线应清晰。微分筒圆锥面棱边至固定套管表面的距离应不大于 0.4 mm。对零位时，微分筒圆锥面的端面棱边至固定套管标尺标记的距离，允许压线不大于 0.05 mm，离线不大于 0.10 mm。

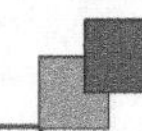

螺旋测微器上不应有影响使用性能的锈蚀、碰伤、划痕、裂纹等缺陷；测量面宜镶硬质合金或其他耐磨材料。尺架上应安装有隔热装置。测微螺杆和螺母之间应充分啮合，配合良好，不应出现卡滞和明显的窜动；测微螺杆伸出尺架的光滑圆柱部分不应出现明显的摆动。通过棘轮机构移动并锁紧测微螺杆时，两测量面间距离在锁紧前后的变化应不大于 0.002 mm。两测量面轻轻接触后应无漏光发生，两测量面不应有明显的偏位。

1.2.3　使用要点

1. 检查零点

使用前应先检查零点。缓缓转动棘轮旋钮，使测杆和测砧接触，到棘轮发出声音为止。此时微分筒上的零刻线应和固定套筒上的基准线对正，否则有零误差。如果不指零而又符合技术标准的要求，可记录零点读数，对测量结果进行修正。若微分筒圆锥面的端面棱边没有到达固定套管上的零刻度线，则直接读取微分筒上的示数并记录；若微分筒圆锥面的端面棱边已经压过固定套管上的零刻度线，则读取微分筒上的示数后要减去 0.50 mm 再记录（即零点读数为负值）；修正测量结果时，一律在示数的基础上减去零点读数，如图 1.2.3 所示。

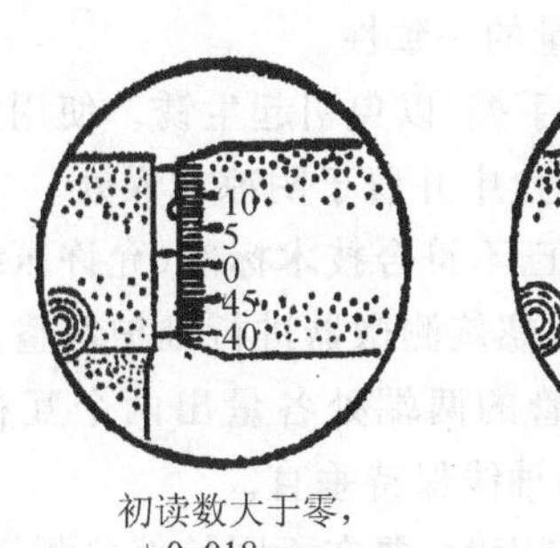

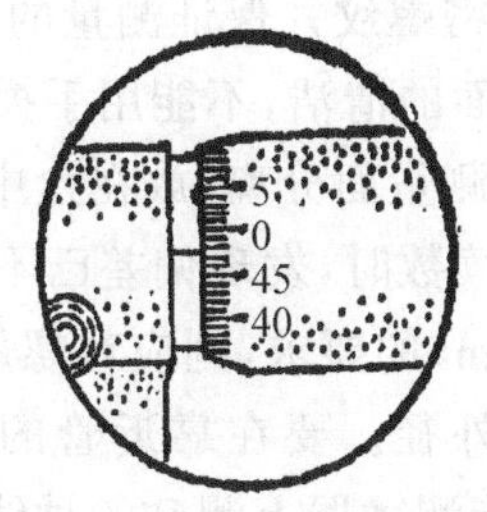

初读数大于零，+0.018 mm　　初读数小于零，-0.026 mm

图 1.2.3　使用零点读数进行修正

图 1.2.3 中左图的情况比较好懂，因为在没有测量前，已经有了一个读数，所以在测量时所读的读数都比物体的厚度多了 0.018 mm，因此测量结果应是读数减去 0.018 mm。但如果微分筒圆锥面的端面棱边压过了固定套管上的零刻度线，如图 1.2.3 中右侧图所示，则说明只有在两测砧之间放入 0.026 mm 厚度的物体时，棱边才能刚好与零刻度线相齐，且微分筒上的零刻度线与固定套筒上的基准线对齐，此时测量读数应为零。但实际测量值为[0−(−0.026)]mm＝0.026 mm。当读取这个−0.026 mm 的零点读数时，可以采取先直接读出示数 0.474 mm，然后减去 0.50 mm 而得到−0.026 mm 的方法。当然还有更简单的办法是从微分筒上的零刻线向下，直接读出零刻线与固定套管上的基准线间的格数所对应的刻度差 0.026 mm，再加上负号。

2. 操 作

擦净被测物的表面，松开锁紧装置，左手持尺架上的隔热装置（以免温度对测量结果产生影响），右手转动旋钮，使测杆与测砧间距稍大于被测物，放入被测物，转动微调旋钮到夹住被测物，直到棘轮发出声音为止，才能读数。如果必须取下螺旋测微器读数，应先用锁紧装置把测微螺杆锁住，再轻轻取出千分尺。

3. 读 数

固定套管上的整毫米刻度＋半毫米刻度（0.5 mm）＋可动刻度。此处半毫米刻度是指固定套管上表示半毫米的刻线，有半毫米刻度露出读数，没有则不读数。可动刻度指微分筒上与固定套管上水平线对齐的刻度。读数时，千分位有一位估读数字，不能随便扔掉，即使固定刻度的零点正好与可动刻度的某一刻度线对齐，千分位上也应读取为“0”。

4. 使用注意事项

① 螺旋测微器是精密的测量工具，使用时要注意保护其核心精密螺纹，要杜绝磕碰、强行转动微分筒等野蛮操作。使用前要松开锁紧装置；不允许手握微分筒甩动尺架；不允许仅用两测量面夹住被测物体，而使螺旋测微器承受额外的力。要正确使用棘轮装置，保护精密螺纹并保证测量的一致性。

② 要保持测量面的清洁，不能用手摸，以免引起生锈。使用完毕，应将螺旋测微器擦拭干净，并使两测量面分离，放在盒中并置于阴凉干燥处。

③ 若检查零点读数时，发现偏差已不符合技术标准（允许压线不大于 0.05 mm，离线不大于 0.10 mm）的要求，则应对螺旋测微器进行维护调整。

④ 测金属管的外径。要在靠近管的两端处各量出两个互相垂直的外径数值。圆管的轴线要和螺旋测微器上测砧的轴线保持垂直。

⑤ 测金属丝的直径或金属板的厚度时，要在不同的部位测量，并取平均值。

⑥ 为减少误差，无论测何种物体，都应多次测量，求平均值。

1.2.4 日常维护和常见故障排除

1. 日常维护

① 使用前必须用绒布将测砧和测微螺杆的测量面擦拭干净，以免测量不准和损坏尺的测量面。

② 螺旋测微器仅用于测量表面光滑的物体。不允许用它测量表面粗糙的物体，以及正在运动中和温度过高的物体，以免造成测砧和测微螺杆磨损、变形。

③ 切勿在测微螺杆和测砧已触及被测物体的情况下，再用力强拧微分筒上的旋钮，否则将造成损坏。这是因为套管与测微螺杆之间的螺纹极为精密，用力稍猛就会使千分尺损坏。

④ 不要随意卸下棘轮旋钮,更不要丢失其旋钮内部的两个小棘轮和弹簧销。一旦丢失,棘轮旋钮就起不到保护装置的作用。

⑤ 螺旋测微器要轻拿轻放,防止掉落摔坏。使用完毕收起保存前,一定要将螺旋测微器擦拭干净,并在测砧和测微螺杆之间留出一点间隙(1～2 mm),放入尺盒中,置于阴凉干燥处,以免生锈。使用中若有脏物进入螺纹部分,会造成腐蚀生锈,所以应定期清洗测微螺杆上的精密螺纹,将精密螺纹上的污垢擦洗干净之后,涂上防锈油,装配好后妥善保存。

2. 常见故障排除

(1) 0 点对不准

微分筒的 0 点与标线相差 0.05 mm 以内时,可按以下步骤进行检修:

① 检查测砧是否洁净,如上面沾有油污或锈迹,须用绒布清除。如果 0 点还未对准,则可进行下一步。

② 调整固定套管。在固定套管上有两个紧挨尺架的很小的圆孔,一个是有螺丝的孔,一个没有。首先用修钟表的小改锥(或刀尖)拧松有螺丝的孔(套管的固定顶丝),然后用螺旋测微器的专用扳手(见图 1.2.4)的大头端的小突出插入没有螺丝小孔内扳转固定套管,使固定套管上的刻度线与微分筒零刻度线对准。在调整前,一定要用棘轮旋钮把两测量面接触到位,并拨锁紧装置为锁紧状态。调整后,完全松开锁紧装置,用棘轮旋钮试测仪器 0 点是否对准,确定后将螺丝拧紧。

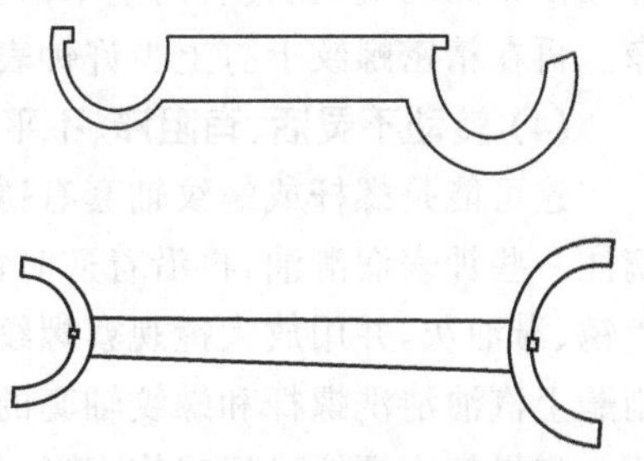

图 1.2.4 螺旋测微器专用扳手

另外,还可以调整测砧,因为测砧部位两种金属的硬度不一样,稍微用力,容易发生微小形变,使 0 点不对准。调整时,只要将尺架架在台钳上,用精密工具轻轻地在测砧尾部敲几下,确定螺旋测微器恢复零点读数,然后用 502 胶固定,通常误差可以控制在 0.005 mm 左右。

当偏离零线较大时,如果再调整固定套管,就会使读数困难,应调整螺杆与微分筒的相对位置,即用螺旋测微器的专用扳手小端的小突出卡在图 1.2.1 中 11 的孔中,将其旋松,松脱棘轮装置。手握住测微螺杆即可转动微分筒,使刻度线与固定套管上的零线对准,重新装上测力装置,再按步骤②进行微调。当微分筒的零刻线与固定套管轴向的基准线相差太远时,也适用此调整方法。

(2) 测微螺杆转动时有轴向窜动或径向摆动

① 调节螺母松动。在精密螺纹轴套的一端有三条开口缝,调节螺母是专为控制其松紧的装置,具体位置见图 1.2.1 中的 9,将微分筒逆时针旋下,在固定套管的右端即可看到。当向里旋进调节螺母时,螺纹走径缩小,可夹紧螺杆。若过紧,则杆转

动困难。适当调节螺母,调整到螺杆转动自如又不松动为好,并在螺纹上涂上机油。

② 螺纹磨损。大距离磨损只要调节螺母即可。小距离磨损通常是螺杆和螺纹轴套的常用部分磨损,可在螺纹轴套上涂上细研磨膏,用螺杆的较紧部分与之相对研磨,使整个螺杆部分松紧程度一致后,用调节螺母调好松紧。

(3) 测量面未接触旋动测力装置也发出"咔咔"声

① 锁紧装置未完全松开,须松开。

② 调节螺母过紧。造成测微螺杆与螺纹轴套配合过紧,螺杆运动摩擦力大于恒定的测量力,须调节。

③ 螺杆和螺纹轴套之间生锈。对退出的螺杆的精密螺纹部分除锈,用钟表毛刷蘸上煤油仔细刷过,再用棉布擦干,最后用汽油冲洗干净。对轴套中的螺纹除锈(长度大约为 1 cm),先将尺架固定在台钳上,撕下 1～2 cm 宽的一块细铁砂布,卷成圆筒形,沙面朝外,插入套管内,并从另一端伸出。用滴管向套管内注入少许煤油,用手握住砂布的两端,在套管内壁来回转动几次,再用棉布穿过擦干,最后用汽油冲洗干净。再在精密螺纹上打上少许钟表润滑油,即可组装还原。

(4) 转动不灵活、有阻滞、不平稳

这可能是螺杆或螺纹轴套有锈迹、滞油灰,甚至变形所引起。一般可先沿着螺杆滴注一些钟表润滑油,再沿着逆时针方向转动,将螺杆完全退出,即可查看螺杆是否生锈、滞油灰,并用放大镜观察螺纹是否有伤或变形。如有油灰或锈迹,可用钟表毛刷蘸上汽油清洗螺杆和螺纹轴套的内螺纹。最后加注少许钟表润滑油,即可组装还原。如果精密螺纹已经咬伤变形,就不易修复了。

(5) 旋转测力装置可转动,但无"咔咔"声

若是测力装置的棘轮齿磨平,须更换新的小棘轮。若是弹簧丝坏,则须更换弹簧。

1.2.5 新仪器介绍

如图 1.2.5 所示,为一种数显螺旋测微器,使用更为方便,零点校准时只需按下回零功能键即可。

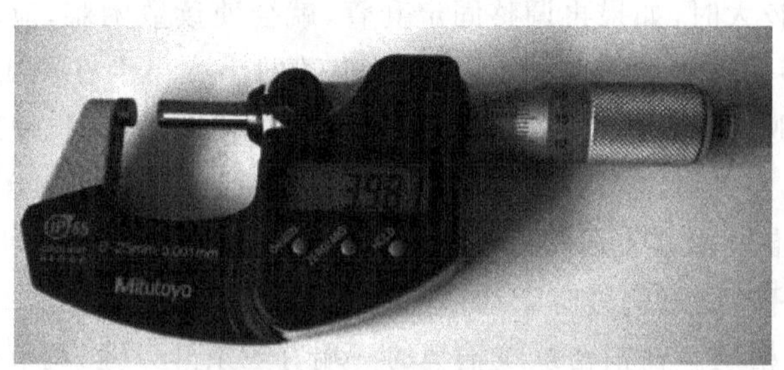

图 1.2.5 数显螺旋测微器

1.3 托盘天平

托盘天平相对于电子天平,存在称量不够准确、精度较差等问题,但它仍是目前大多数学校实验室中主要的测量仪器之一。

1.3.1 结构和原理

常用的托盘天平是等臂杠杆式天平,如图 1.3.1 所示。其测量原理是将被测物体与标准砝码在同一地点所受的重力进行比较。由于使用的是比较法,因而天平的平衡与当地的重力加速度大小无关,实质上是得到了被测物体与砝码质量(引力质量)相等的结果。

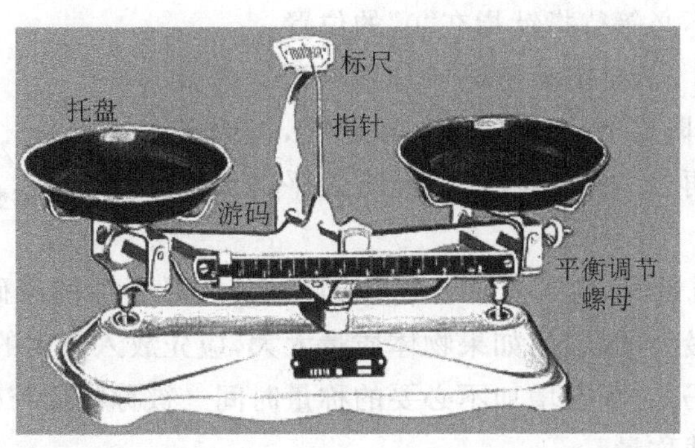

图 1.3.1 托盘天平

1.3.2 主要技术指标

托盘天平符合《GB/T 25107—2010 机械天平》的要求。天平的表面镀层或涂层,色泽应均匀,不应有露底、脱皮、起层、起泡、起毛、水渍、毛刺、斑痕、裂纹及显见的划痕和擦伤。

底脚螺钉的安装应保证天平放置平稳,螺钉与螺母之间的配合应松紧适度,便于调整天平。天平的外罩应严密,不应有明显的缝隙,前门和边门的启闭应轻便灵活。

天平最小砝码的质量应等于标尺全量之值,对于全机械加(减)码天平,其挂码的全部质量与标尺全量之和,不应小于天平的最大秤量。

具有加码装置的天平,砝码应挂在天平加码装置上进行检测,其结果的最大允许误差不应大于相应挂码组合误差与相应横梁不等臂性误差之和。

在正常使用条件下,天平衡量结果的读数应可靠、容易读取而且刻线清晰,读数的视差不应大于 0.2 个检定分度值。

标尺的刻线,其刻线间距不应小于 1 mm,刻线的宽度不应大于刻线间距的 1/10,各刻线均匀误差不应大于刻线间距的 1/10。

指针针尖部位和读数视准线的宽度不应大于标尺刻度宽度。指针和读数视准线应与标尺刻线相平行,天平摆动时针尖应能覆盖标尺短分度线全长的 1/3～3/4,针尖与刻线的颜色,读数视准线与刻线的长度应有明显的区别。

1.3.3 使用要点

① 将托盘天平放置在水平桌面上,游码置于 0,如果指针没有指到中线上,则应调节平衡螺母使指针指在 0 的位置。

② 因为托盘天平的杠杆两臂不等长,所以物体必须放在左盘,砝码放在右盘上。

③ 使用砝码时应当用砝码盒中的镊子夹持,称量小于 1 g 的物体时,直接使用游码,用镊子拨动游码到适当位置,指针在刻度盘中央“0”的位置附近摆动,左右摆动的格数大致相同即可,如图 1.3.2 所示,不必等待指针指在“0”的位置。

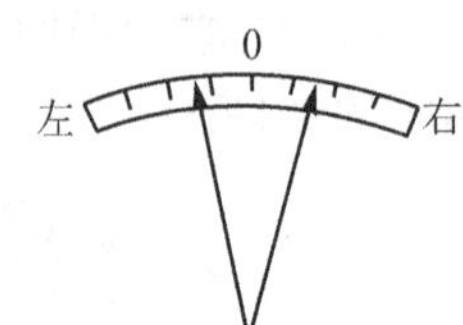

图 1.3.2 指针左右摆动格数大致相同

④ 天平摆动时,不要拨动游码或加减砝码。托盘天平没有横梁的升降装置,摆动时加、减砝码,可以用手轻轻扶住横梁,再加、减砝码,以免影响天平的灵敏度及精度。

⑤ 称量物体质量时,应当先估计物体的质量,选择合适的砝码。如果难以估计质量,则首先放入最大的砝码;如果物体质量太大,应先放入较大的砝码,不要先放小砝码,再加大的砝码,这样会增加不必要的称量时间。被称物体与砝码要放在盘的中间,不要使天平超载称量。

⑥ 称量完成,仍然用镊子将砝码放入砝码盒中,不得用手拿砝码。

1.3.4 日常维护和常见故障排除

1. 日常维护

① 存放天平要特别注意防锈,天平必须放置在比较干燥清洁的地方, 尽可能不要放在药品室里,切勿受潮。

② 由于托盘天平是周期性使用,闲置时间较长,其零部件容易缓慢氧化。所以,托盘天平在使用后应及时用清洁细棉纱擦一遍,然后用沾有缝纫机油的细棉布擦一遍,在刀口、螺丝等处滴上机油即可。

③ 天平配套用的砝码,使用后也必须用细棉纱擦一遍,在砝码下放置一小片沾有缝纫机油的海绵或棉花即可。

2. 常见故障排除

(1) 指针摆动不灵活或不能摆动

① 指针蹭靠分度牌。产生这种情况的原因有 2 个,第一个原因是指针与杆的连接松动,解决方法是用尖嘴钳夹住指针的根部将其拧紧。若指针方向不对,则要先对

准方向，然后用 502 胶水滴入螺纹连接处，待粘固后再进行调整。第二个原因是指针变形、弯曲，解决方法是用平口钳或镊子调整指针形状。调整时要注意：指针应与杠杆垂直；指针应深入分度牌最短分度线 3/5～4/5；指针与分度牌的间距小于 1.5 mm。

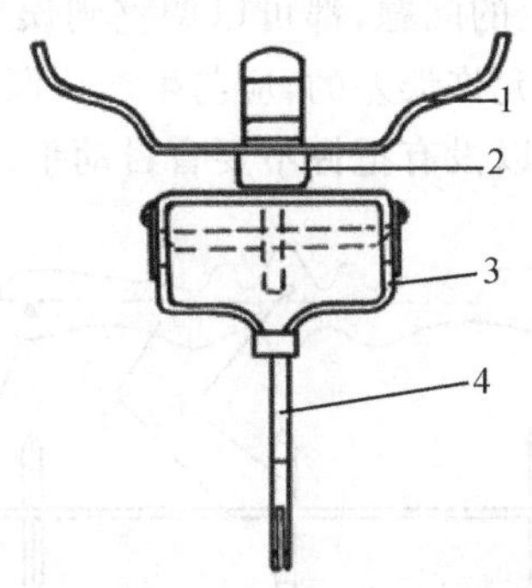

1—托盘；2—配重碗；3—边刀架；4—连杆

图 1.3.3　重力架连接结构

② 轻按任一侧秤盘被限位架挡住时，指针应位于分度牌最外刻线与紧固螺钉之间。另一侧也应如此。如果按下后指针指不到最外刻线，则是该侧的限位架顶端高了。若指针碰到或超过紧固螺丝，则是该侧的限位架顶端过低，应用钳子调整限位架的高度使指针的摆幅在左右两个紧固螺钉之间。

③ 3 个刀子和刀承生锈后有污垢使杠杆摆动不正常。

中刀刀承（刀垫）是装在杠杆支架上的，V 形口向上最易落入灰尘污物，两个边刀刀承装在重力架（刀承架、秤盘架）上，V 形口向下，不会落入污物。刀子和刀承都是钢制，在潮湿或有腐蚀性的气体环境中会生锈，妨碍杠杆的自由摆动。

清理、擦拭时要拆卸杠杆，步骤如下：

第一，取下秤盘，用改锥拧松 3 个刀承的挡板螺钉，移开挡刀板，露出刀子。

第二，将重力架向后推，刀子由刀承中出来少许，稍转动重力架，再向前推，重力架即离开边刀，将重力架向外倾倒。另一侧同样取出。

第三，将杠杆向前推，中刀从中刀承中出来少许，稍转动杠杆向后推，中刀即脱离支架。取下杠杆。

第四，清除锈迹，可用研磨膏（凡尔砂）400 号水砂纸或小型三角天然油石沾煤油打磨锈迹。打磨时注意只能打磨刀子的两个侧面，磨掉锈迹即可，使刀子形成锋利的刀刃。因为与刀承接触的刀口是一个小圆弧，故要求刀口很平很直。一般情况下刀口也很少生锈。刀承的 V 形槽角度为 100°左右，将水砂纸裹在小三角锉上，沾煤油打磨刀承的锈迹。

杠杆上的 3 个刀口如图 1.3.4 所示，中央刀口向下，两个连刀刀口向上，3 个刀口是在同一平面的一条直线上。如果中央刀刀口偏上，离开两个边刀所在的平面称为“离线”,则会造成空称分度值偏小而最大称量的分度值偏大。相反,如果中刀刀口偏下,从侧面看去处于两个边刀所在的平面以下称为“吃线”,则会造成空称分度值偏大,最大称量时分度值偏小。从中刀到两个边刀的距离,即杠杆的左右两臂应当是相等的,但实际上两臂完全相等是很难达到的,不等臂性会造成同一物体在两侧称量值不同。以上这些都属于制造上的问题,都可以调整到误差以内。合格的产品一般不会出现超差,经检查确实超过允许误差的,应与生产厂联系解决。因为调整工作需要有一定经验的人员和设备,所以没有把握不要盲目动手。

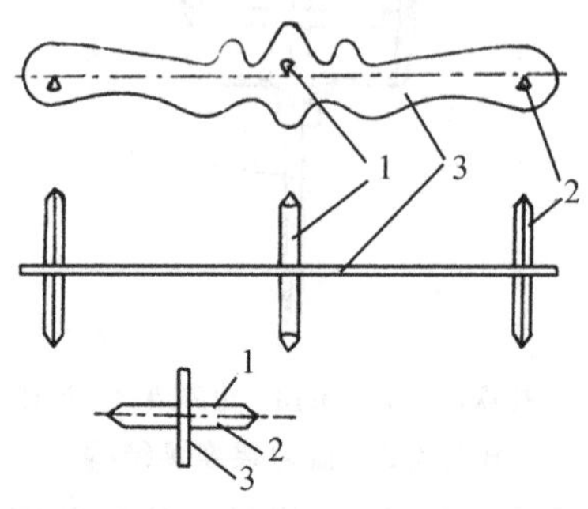

图 1.3.4 杠杆上的 3 个刀子

④ 底座内的拉带、连接销生锈变形,拉带支架位移使杠杆摆动不灵活。该平行四边形结构的特点是杠杆倾斜不影响连杆的垂直运动,保证秤盘内载荷位置不同不影响称量值,前提是杠杆长度与拉带长度相等,又称罗伯威尔结构,如图 1.3.5 所示。

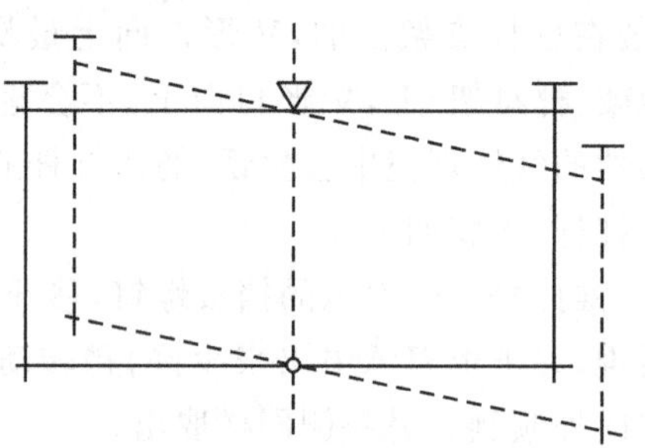

图 1.3.5 罗伯威尔结构

检查杠杆等正常而摆动仍不灵活,就应考虑是否为拉带部分的问题。因为一般不会打开底盖检查,但环境潮湿,刀子、刀承生锈,底座里的拉带也会生锈。连接销和销孔的间隙要求越小越好,销子锈蚀严重要更换。最好选用与原销子相同直径的黄铜丝。拉带支架是用螺钉固定在支架板上,要求销孔位于中刀承的正下方。销孔的高度(中刀承到销孔)等于重力架刀承到连杆下端销孔的高度,也就是拉带与杠杆是平行的。拉带支架的高度可通过螺钉进行调整,其结构如图 1.3.6 所示。

拉带支架要紧固好,若有扭动则会影响拉带的活动。

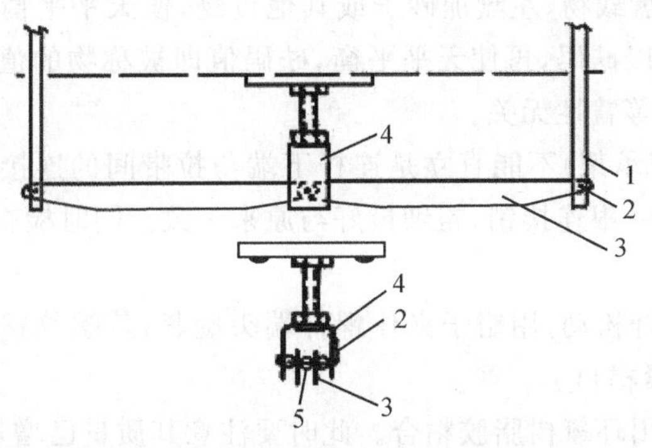

1—重力架连杆；2—连接销；3—拉带；4—拉带支架；5—隔离珠

图 1.3.6 拉带支架

重力架也叫边刀承架，它与连杆是螺纹连接，有时出现螺纹松动会导致连杆扭转妨碍拉带在拉带槽内活动。

(2) 天平不能平衡

放好天平，装上秤盘，游码拨至零点。若指针始终偏向一侧，用平衡螺母调不过来，则是某一侧过重。

① 两个秤盘的质量不相等。生产时要求秤盘的质量相等，又经过配套检选，在不打乱原来的配套关系下一般都可通过调整平衡螺母达到平衡。如果秤盘质量相差 0.2 g 左右是可用平衡螺母调平的。

② 取下秤盘，调节平衡螺母，应能调平；若不能，则是杠杆配重失配，或游码失准。

先检查游码是否已经对准零点，游码有无损坏，游码标尺的支杆固定螺钉有无丢失，这些都影响杠杆的平衡，检查无误则是配重失配。

杠杆支点(中刀)的两侧质量基本上是相同的，但因装有平衡螺丝螺母、游码及标尺，特别是游码零点在左侧，使得杠杆的左侧偏重，在右侧要加上相应的配重，杠杆才能平衡。由于各种原因造成配重不准，杠杆将无法平衡。

调整办法：取下秤盘，将游码调至零点，平衡螺母旋至螺杆中间位置，如指针偏向左侧是左侧重，应在右侧添加配重(可用铅丝、铜丝等)使指针在分度牌中间刻线上。拧下托盘中间的固定螺丝，取下托盘，将增加的配重加到配重碗内，装好托盘，紧固螺钉。如果右盘重，则有两种办法：一是在左侧加配重使两侧平衡；二是减轻右侧的配重达到平衡。以减轻配重为上策。

(3) 同一物体在左右两侧称量时其质量不相等

这是因为杠杆的两臂不等长造成的，在计量性能上称为不等臂性误差。这是很难消除的误差，可用不同的称量办法解决。

① 复秤法。左盘载物，右盘载砝码，称量值为 m_1；然后左盘载砝码，右盘载物，称量值为 m_2，被称物体的真实值 $m=\sqrt{m_1\times m_2}$。注意不能用$\dfrac{m_1+m_2}{2}$。

② 替代法。右盘载物，左盘加砂子或其他重物，使天平平衡，左盘砂子不动，取下右盘被称物，代之以砝码，再使天平平衡，砝码值即被称物的值。因被称物与砝码均在同一侧，故与不等臂性无关。

③ 重力架(边刀承架)不能直立是连杆下端与拉带间的连接销脱出或丢失造成的。打开底盖，更换一根连接销，粗细最好与原来一致。同时检查连杆与重力架的螺纹连接是否松动。

④ 平衡螺母螺杆松动，用钳子夹住螺杆端头旋紧，若螺纹损坏可滴入 502 胶粘固。螺母过松可夹紧槽口。

⑤ 秤盘破裂可用环氧树脂胶粘合。此时要注意其质量已增加，与其配套的另一个秤盘也应增重。为避免混淆，最好做出标记。

1.4　电子天平

1.4.1　结构和原理

我们目前用的电子天平和电子秤是通过测量物体所受的重力，依据当地重力加速度值通过内部电路的运算处理，自动计算出对应的质量并用数值形式显示出来。电子天平内部装有测力传感器，实现力-电信号转换。这类传感器有多种，常见的有电阻应变式、电磁力式和电容式等。电阻应变式称重传感器结构较简单，准确度高，因而在平衡器中得到了广泛运用。电磁力式常用于高灵敏度电子天平；电容式用于某些电子吊秤。下面主要介绍电阻应变式和电磁力式。

1. 普通电子天平(电阻应变式)

图 1.4.1 所示为电阻应变式力传感器的实物图，在弹性元件(单臂梁)的上、下两表面上粘贴有电阻应变片 R_1、R_2、R_3、R_4，组成如图 1.4.2 所示的工作电路(惠斯通电桥)。测量时受力情况如图 1.4.3 所示，被测物体对悬臂梁施加作用力 F，使梁发

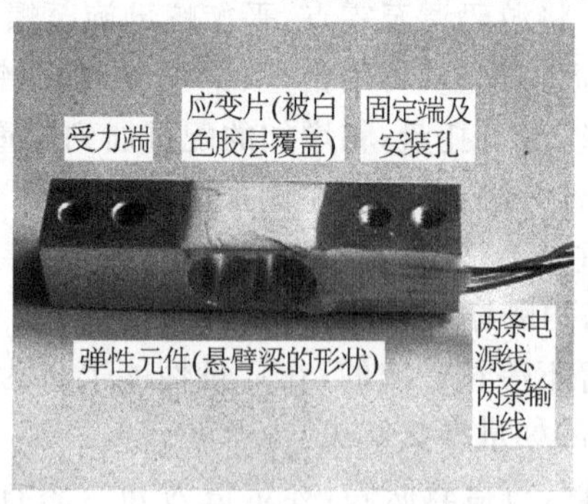

图 1.4.1　电阻应变式力传感器

生弯曲形变，上表面沿着梁的轴线方向略微变长，导致上方应变片中电阻丝伸长，使电阻 R_1、R_4 变大；同时梁的下方应变片中电阻丝缩短，使电阻 R_2、R_3 变小。于是在 A、B 间产生压差 U_{AB}。U_{AB} 是模拟量，根据 U_{AB} 与力 F 的大小成正比关系，经过模拟量/数字量转换（A/D 转换），由液晶屏显示出测量结果。测量时，力敏元件（单臂梁）发生的形变极为微小，是肉眼看不出来的，如果用手按压也感觉不到，这与弹簧秤有明显的区别。

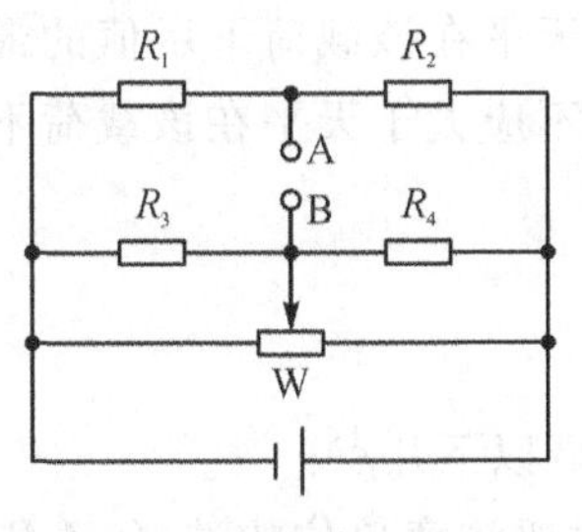

图 1.4.2　惠斯通电桥

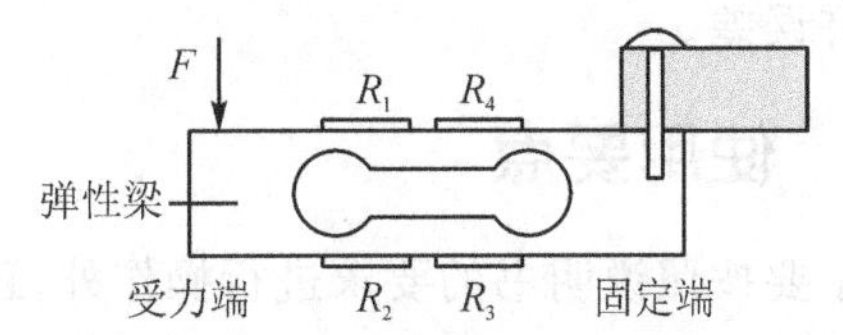

图 1.4.3　测量时受力情况

2. 精密电子天平

精密电子天平大多使用电磁力平衡式传感器。天平外观如图 1.4.4 所示，测量结构示意如图 1.4.5 所示。秤盘 P 安装在绕有线圈 C 的圆筒上方，而线圈悬于永磁体的磁场中。工作时线圈中通入适当的直流电流，使线圈受到的磁场力（安培力）恰好与秤盘的重力平衡。秤盘中放入被测物体后，线圈将下移，位移传感器 Q 检测到此位移信号，通过调节电路使线路线圈中的电流增大，安培力随之增大，就使线圈恢复原位重新平衡。这个电流的增量是与被测物体的重力成正比的，由此可得到物体的重力。经过计算后，在液晶屏上显示出物体的质量数值。

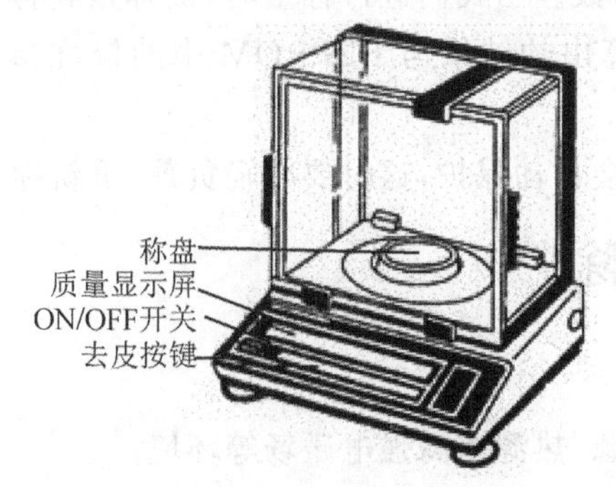

图 1.4.4　精密电子天平外观

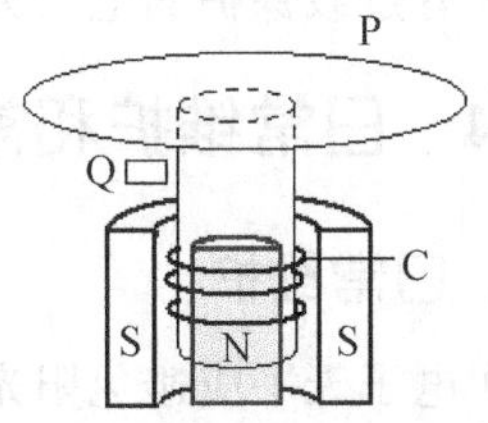

图 1.4.5　精密电子天平测量结构

1.4.2　主要技术指标

电子天平设计符合《GB/T 26497—2011 电子天平》的要求。数字读数显示器应亮度均匀，数字显示应完整清晰，无明显的歪斜现象。设有防风罩的天平，其防风罩应平稳，不应有明显的歪斜、变形、裂缝、划伤等缺陷。防风罩上各门窗启闭应轻便灵活，具有良好的密闭性，不应过紧或过于松动。天平的主要部件应不易拆卸、调整，避免导致误操作或做欺骗性使用。天平使用时应能方便地将载荷放置在秤盘上，被测物体在秤盘上应平稳，不应产生滑落的现象。有水准器的天平，水准器应牢固地安装在便于使用者观察且对倾斜敏感的部位。

同一载荷多次称量结果之间的差值，不应大于天平在该载荷下示值的最大允许误差的绝对值。同一载荷在不同位置的示值误差，不应大于天平在该载荷下示值的最大允许误差。

1.4.3 使用要点

除了要按照说明书的要求进行操作外，还要强调以下几点：

① 电子天平一般都有几种不同的单位，使用时要注意单位的选择，否则容易出现由于单位选择不当，造成测量数据的错误。

② 电子天平具有去皮和累计等功能，注意去皮功能的使用。

③ 一般电子天平的电源使用交流 220 V 的电源适配器，也有的使用电池，如果电池电量不足，数据显示会出现问题，要及时更换电池。

④ 电子天平使用一段时间，或搬迁到较远的地方使用，重力加速度发生变化，需要重新校准后方能使用。电子天平的校准有两种方式：一种是自校；另一种是外校。自校电子天平的一般步骤是：将天平在水平台面上放稳，开启电源；待天平完成自检后，按下自动置零按钮。外校是借助电子天平附带的标准砝码进行校准。将标准砝码放在秤盘中，天平内的 CPU 微处理器进行计算分析，然后将标准砝码的重量值以二进制码，存储在 EEPROM 中作为校准参数。当我们进行称量时，被称量物体放在秤盘中，CPU 也进行同样的计算，再将计算出的结果与 EEPROM 中的校准参数进行比较，得出被称物体的质量。

⑤ 有过载保护的电子天平，当过载时会自动保护，这时要减轻负载，重新称量。

1.4.4 日常维护和常见故障排除

1. 日常维护

① 电子天平应避免阳光直射、远离震源、热源和高强电磁场等环境。

② 应经常清洗秤盘、外壳。天平清洁后，框内应放置无腐蚀性的干燥剂，并定期更换。

③ 开机后如果发现异常情况，则应立即关闭，并对电源、连线、保险丝、开关、移门、被称物、操作方法等一一检验。一般情况下不要随意打开电子天平的盖板，如果出现难以调整的故障，请与厂家联系或找专业维修人员进行维修。

④ 长期不用时应暂时收藏。

2. 常见故障与排除

在调修天平之前,应首先进行通电检查,记录天平不正常状态,初步判定故障部位,或根据天平本身的故障诊断程序来判定故障部位,然后再进行调整或维修。

1) 电子天平显示器上显示"OL"时,说明这台电子天平的称量已经超过了最大载荷,请注意减载并且不要超过最大负荷去称量,问题就可以解决。

2) 电子天平的显示器上显示"UL"时,说明这台电子天平称量处于欠载状态。应该仔细检查电子天平的称量盘或秤盘支架等,观察是否因未放上载荷或因未放好所致。

3) 电子天平的显示器不亮时,其故障原因有:①电源未接通或外部停电;②变压器连接有问题;③变压器损坏;④天平没有开启。调修方法:①若电源未接通可仔细检查插销、导线是否有断开或接触不良,排除之;②正确连接变压器;③更换同规格型号的变压器;④开启天平。

4) 电子天平的显示器不停地变动,应该及时维修,以免影响天平示值的准确可靠。其故障原因有:①天平严重不水平,倾斜度太大;②天平安装环境不符合要求;③被称物品易挥发或吸潮等;④被称物与室温相差幅度较大。调修方法:①调整电子天平使其处于水平状态;②选择合格的安装环境和工作台面安装电子天平;③用器皿盛放易挥发或吸潮物品进行称量,有效防止被称物品的挥发和吸潮;④被称物放在称量室进行必要的恒温处理后,再进行称量。

5) 电子天平的显示结果明显错误时,应及时进行调修,确保天平测量结果的准确可靠。故障原因:①电子天平没有进行去皮(或除皮)重;②天平没有调好水平;③天平长时间没有校正;④天平校正不准确;⑤环境影响。调修方法:①称量过程中注意除皮重;②认真检查调修天平,使电子天平处于水平状态;③应该定期对天平进行校正,尤其是精确称量前更要对电子天平进行校正;④如果天平校正不准确,则应针对问题进行纠正或进行外校处理和线性调整;⑤应避免温度、气流和湿度等对天平的影响。

6) 电子天平无显示或者只显示破折号时,要及时处理,以免影响天平的正常使用。故障原因:电子天平的稳定性设置得太灵敏。调修方法:重新设置电子天平的稳定性,使其合适为止。

7) 电子天平校正中显示屏不停地闪烁。故障原因:①天平严重不水平;②天平安装环境不符合要求;③使用不符合要求的外校砝码。调修方法:①调好电子天平水平状态;②将电子天平安装在稳固的台面上,并保证环境符合电子天平的环境要求;③避免使用不符合要求的外校准砝码,或者重新定义后,再进行校正。

8) 开启电子天平后,其显示器上无任何显示。故障原因:①没有开启天平;②没有电源或暂时停电;③电源插销没有接触好;④保险丝损坏;⑤变压整流器损坏;⑥电子天平电压挡选择不当;⑦电源电压受到瞬间干扰;⑧显示器损坏;⑨电子天平 A/D

转换器可能有问题;⑩电子天平的微处理器可能有故障。调修方法:①重新开启电子天平;②使用电压表检查外来电源,确认无电后,只需关机待电;③认真检查各电源插销并使之接触良好,必要时用万用表检查导线间是否折断;④更换同规格型号的保险丝;⑤检查或更换电源变压整流器;⑥正确选择电子天平的电压挡,使之与当地电压相符;⑦如果电源电压过低,应暂时关机,待电源电压稳定后,再重新开启天平;⑧检查或更换电子天平的显示器;⑨检查或更换电子天平的 A/D 转换器;⑩检查或更换电子天平的微处理器。

9) 电子天平的显示器只显示下半部。故障原因:①称量系统有摩擦卡碰现象;②称量盘未安上或安错;③天平开启后,从秤盘上取下了物品。调修方法:①检查称量系统,消除卡碰等故障;②将秤盘安装好,如有几台同时安装,不要安错;③天平开启后,再从秤盘取下物品,应关机再开,规范操作。

1.4.5 教学中的应用

1. 研究密度与浮力

(1) 测量液体的密度

如图 1.4.6 所示,将量筒 A 放在电子天平上,根据电子天平的去皮功能,去皮(示数为0);再倒入被测液体,测出体积,同时读出液体质量数,即可计算出液体的密度。

(2) 做阿基米德实验

其装置如图 1.4.7 所示,A 为待测浮力的物体、B 为溢水杯、C 为烧杯,a 为电子秤(吊秤)或弹簧秤,b 为电子天平。首先用电子秤 a 测量物体 A 放入液体前的质量,然后将烧杯放在电子天平上去皮,再将物体 A 放入液体 B 中,溢出的液体被排到烧杯 C 中,此时分别读 a 和 b 的示数。我们通过 $a_{前}$ 的示数减去 $a_{后}$ 的示数,算出物体所受的浮力,正好等于 b 电子秤测量排开液体的质量(或重量),从而验证了阿基米德定律。

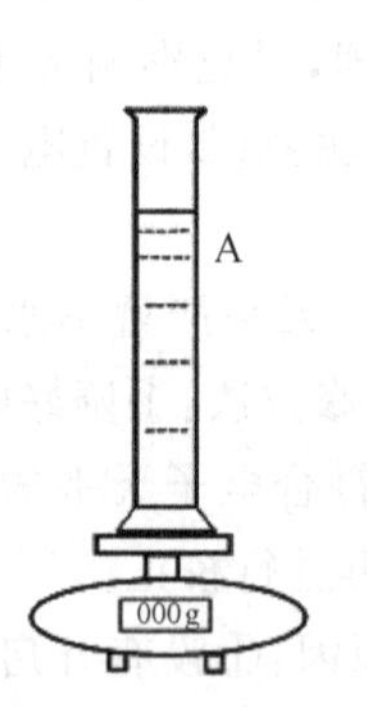

图 1.4.6 测量液体的密度

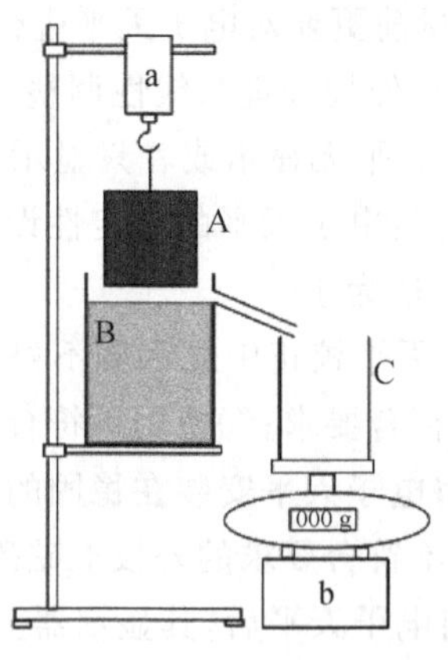

图 1.4.7 做阿基米德实验

在做牛顿第二定律、动能定理、动量定理等实验中，测量小车的质量，使用电子天平比使用杠杆天平节省时间。热学实验中测量物体质量，比如做冰的熔解热的实验，测量量热器内桶质量，可用电子天平的去皮功能，还可以直接测量放入内桶中液体的质量，从而简化实验过程。

2. 观察超重和失重

如图 1.4.8 所示，将物体放在电子秤上，双手水平端着电子秤，向下加速移动最后停止，可以观察到物体先失重后超重，再恢复原有数值。如果先向上加速，最后停止，则可以看到先超重后失重，最后恢复原有数值。需要注意的是，无论以哪种方式实验，一般情况下失重与超重都是先后出现的，一般不会只有失重或只有超重的单一现象，这一点需要向学生说明原因。

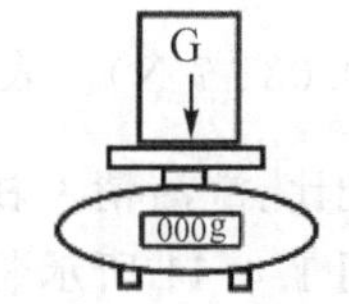

图 1.4.8　观察超重和失重

用电子秤还可观察电梯中人的失重和超重现象。可以将电子秤放在地面上，人站立在电子秤上，观察人起蹲时的示数变化，同样可以看到失重和超重的情况。下蹲时失重示数可以降得较多，起立时速度不要太快，以免超重时超过电子秤的量程。

3. 测量液体分子间引力和表面张力

(1) 测量液体分子间的引力

实验装置如图 1.4.9 所示，A 为存放液体的浅盘(直径约 240 mm)；B 为薄金属片或玻璃片(约为 50 mm×50 mm)；C 为电子秤(量程为 200 g，精度为 0.01 g)；D 为支杆。图 1.4.10 为支杆的结构图，它是用真空吸盘为底座，将原有的塑料挂钩去掉，换成一根相同直径的竹竿，两边的刻槽用于悬线。将薄片的四角用细线吊起，水平放在液体表面。用电子秤轻轻把细线向上提起，可以测得液体分子间的引力，例如实测薄铁片自重 0.036 N，电子秤去皮后示数为 0，向上提起时电子秤显示的最大值为 2.44 g(0.024 N)，可知液体分子引力为 0.024 N。实验时注意不要将液体倒入片状物体的上方。

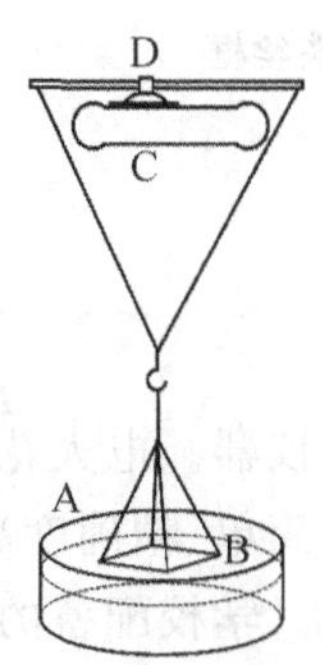

图 1.4.9　测量液体分子间引力

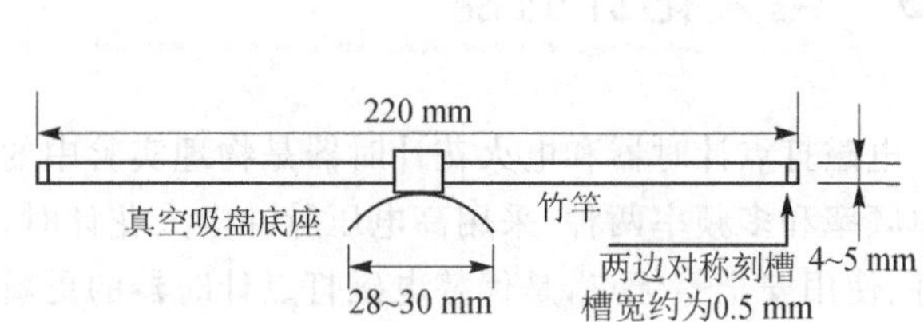

图 1.4.10　支杆结构图

(2) 测量液体表面张力

如测量肥皂膜的表面张力，实验装置如图 1.4.11 所示，横杆 AB(或 CD)用细铁丝制成，长 20.5 cm、质量 1.72 g(0.017 N)。运用电子秤的去皮功能，电子秤显示为 0，在位置从肥皂液面 MN 开始，提升到肥皂液面上方 CD 的过程中形成一个矩形的肥皂膜。在静止的情况下，电子秤数据显示为 2.62 g，即实测肥皂膜表面张力为 2.62 g(0.0262 N)，使用图 1.4.12 所示的铁丝框，自重 2.6 g(0.026 N)，表面张力为 3.17 g(0.031 7 N)。表面张力系数为 $\delta=\frac{f}{l}=\frac{0.026\ 2\ \text{N}}{0.205\ \text{m}\times 2}=0.063\ 9\ \text{N/m}$。实验中肥皂液配比:洗洁精∶甘油∶水=10∶2∶50。

用图 1.4.11 所示装置还可测量水的表面张力，只要将水槽中的肥皂液换成水即可(盘子内的肥皂液要清洗干净)。20 ℃时水的表面张力系数理论值为 0.072 8 N/m，在此温度下实测水的表面张力系数为 0.068 8 N/m，与理论值很接近，仅相差 5.49%。

通过实验比较，可知水的表面张力系数大于肥皂液的表面张力系数。

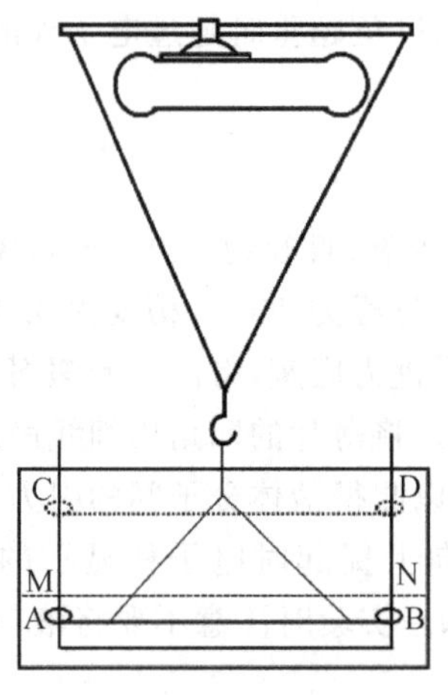

图 1.4.11 测量液体表面张力

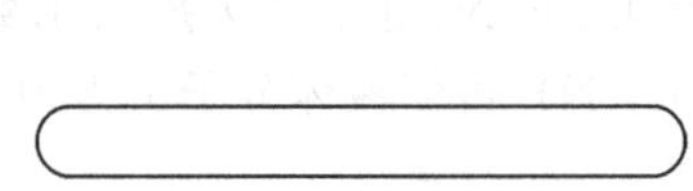

图 1.4.12 铁丝框

1.5 电火花计时器

电磁打点计时器和电火花计时器是物理实验中的常用计时仪器。电火花计时器有单频率和多频率两种，采用高电压脉冲电火花计时，具有操作简单、精确度高、可靠性好、使用安全等优点，是代替电磁打点计时器的更新换代产品。学校配备的电火花计时器结构与原理大同小异。

1.5.1 结构和原理

1. 结 构

电火花计时器的外观结构如图 1.5.1 所示，其内部工作结构如图 1.5.2 所示。图 1.5.2 中，在导电针顶端装有导电片，底部通过金属线与纸盘轴相连（有的电火花计时器没有导电针装置），在纸盘轴底部和放电针底部各有一根金属线如图 1.5.3 所示。这两根金属线起保护计时器的作用：当不放墨粉纸盘时，接上电源，打开电源开关，打点计时器将通过底部两根金属线放电；当放上墨粉纸盘时，放电针与墨粉纸盘间放电。

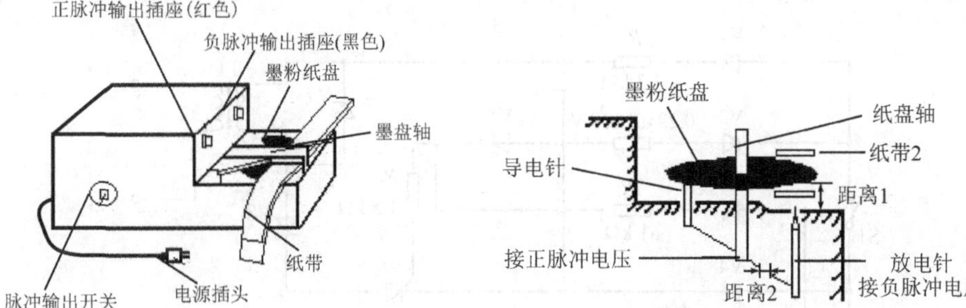

图 1.5.1 电火花计时器的外观结构　　图 1.5.2 电火花计时器内部工作结构 1

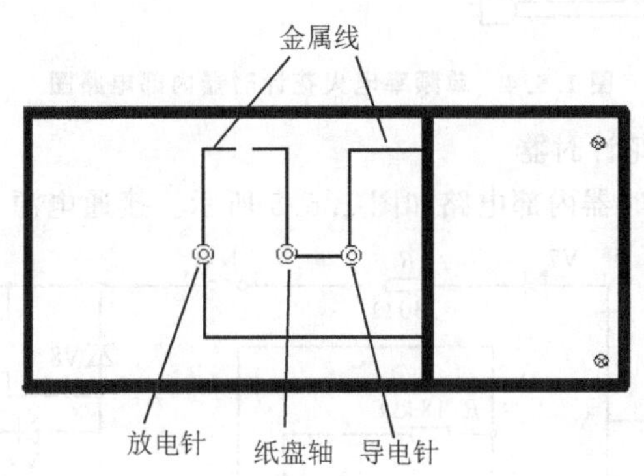

图 1.5.3 电火花计时器内部工作结构 2

单频率电火花计时器的工作电压为交流 220 V，当电源频率为 50 Hz 时，它每隔 0.02 s 打一次点。

多频率电火花计时器是在原单频率电火花计时器的基础上增加了频率调节和点迹大小调节功能，从而使仪器用途更广泛、更方便、更灵活，并从根本上消除了单频率电火花计时器的漏点缺陷。其工作电压为交流 220 V，输出频率有 20 Hz、50 Hz、100 Hz 三挡，通过转换开关切换。

2. 原 理

电火花计时器装置中有一个将正弦交变电流转换为脉冲交变电流的装置。当计时器接通220 V交流电源时，接通电源开关，计时器发出的脉冲电流经接正极的导电片通过墨粉纸盘与接负极的放电针间产生火花放电，从而在纸带上显示出点迹。

(1) 单频率电火花计时器

单频率电火花计时器内部电路图如图1.5.4。接通电源开关S1，在220 V交流电正半周，二极管V1、V4、限流电阻R_1对电容C_1充电；交流电负半周，电源经二极管V3、V2、限流电阻R_2使稳压管V5导通。当稳压管上电压达到稳定值10 V时，晶闸管V6被触发，此时正半周储存在电容C_1上的电压通过变压器T1初级线圈、二极管V8、晶闸管V6放电，于是在变压器T1次级产生高达30 kV的脉冲电压。这样周而复始，每隔一周放电一次，经放电针、墨粉纸盘，在普通纸带便产生了放电点迹。

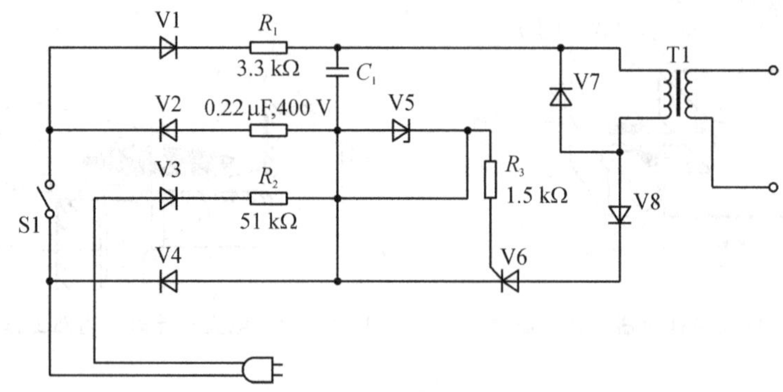

图1.5.4 单频率电火花计时器内部电路图

(2) 多频率电火花计时器

多频率电火花计时器内部电路如图1.5.5所示。接通电源开关S1，220 V交流

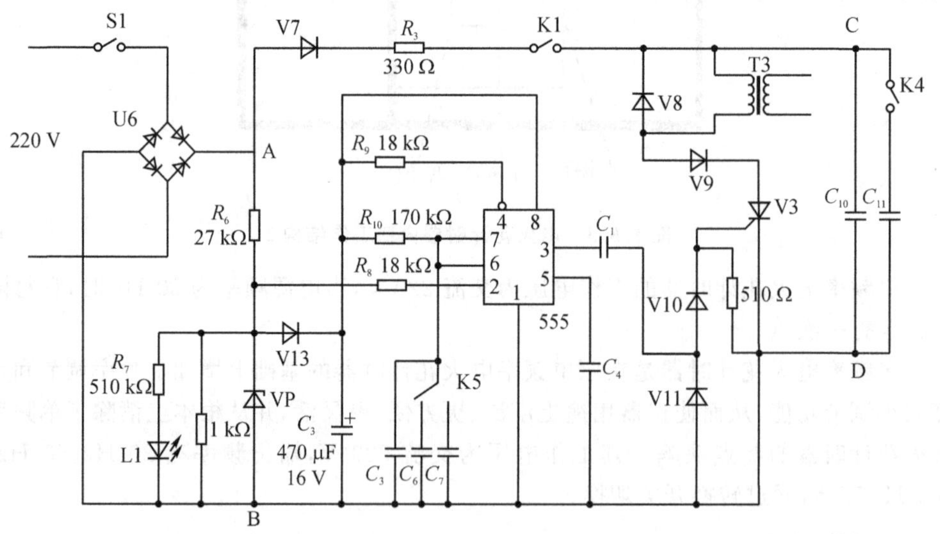

图1.5.5 多频率电火花计时器内部电路图

电经电桥 U6 后产生 220 V 直流电压，此电压一路经 V7、R_3、K1 对储能元件 C_{10} 充电，C_{10} 上的电压配合可控硅 V3 的通、断，在变压器 T3 的次级产生 4 kV 高压；另一路经电阻 R_6、稳压管 VP 稳压后产生 4 V 左右的电压。此电压一路经电阻 R_7 使电源指示灯 L1 点亮；另一路经 V13 对 C_3 充电，为 555 集成电路提供电源。555 集成电路与外围电路共同产生频率、幅度满足要求的矩形波，从 555 集成电路的引脚 3 输出，控制可控硅 V3 的通、断。当 V3 导通时，储存在 C_{10} 上的电压通过变压器 T3 释放；当 V3 截止时，C_{10} 又开始充电储能。如此周而复始，便在 T3 的次级产生高约 4 kV 的脉冲高压，经过放电针、墨粉纸盘从而在普通纸带上产生放电点迹。图 1.5.5 中 K5 输出频率选择开关可选择输出的频率（如 20 Hz、50 Hz、100 Hz）；K4 点迹大小调节开关可调节输出脉冲电压的大小；K1 断开时将无脉冲电压输出。

1.5.2 主要技术指标

电火花计时器设计应符合《JY/T 0390—2007 电火花计时器》的要求。电火花计时器外形尺寸不应超过长 150 mm、宽 90 mm、高 70 mm，并有弓形固定夹持的位置。电火花计时器的高压脉冲输出端子孔径为 4 mm。

检查时，首先用手左右摇动仪器，听是否有异常响声，检查是否有螺钉松动的现象；其次打开仪器底座观察图 1.5.3 中的金属线是否相距太近；接着给仪器通电，此时应能听到清脆的放电声，表明电路部分工作正常；关机，装上墨粉纸盘、纸带（宽度为17.5 mm 的白纸带），打开电源开关后，立即用手快速拉动纸带，然后关机。检查纸带上记录下来的点迹，应该做到连续 50 点无漏点、点迹清晰。单频率电火花计时器点迹直径应不大于 0.8 mm。多频率电火花计时器应有粗细两种以上点迹，细点迹直径应不大于 0.8 mm。多频率电火花计时器在改变输出频率时可明显听到放电声节奏变化，改变点迹大小调节开关时可明显听到放电声大小变化。

1.5.3 使用要点

① 取空白纸带两条，一条从墨粉纸盘上面穿过，一条从下面穿过，用手抽动纸带时，墨粉纸盘能转动。也可只用一条纸带从墨粉纸盘下面穿过，但不易转动墨粉纸盘，实验时会产生点迹较淡，以及数据测量会产生一定误差的现象。最好用两条纸带。

② 电火花计时器使用时，用固定夹将其固定在实验台或带滑轮的长木板上。如需要用手固定时，应尽可能远离高压输出插孔，以防高压触电。

③ 当运动纸带完全通过打点计时器后，应立即关闭电源，避免空打，以减少墨粉纸盘损耗。此外，还应尽可能减少计时器连续工作时间，以免线圈发热，导致电火花计时器损坏。

④ 电火花计时器使用一段时间后，如发现纸带上点迹较淡、墨粉纸盘上留有击穿小孔，应及时更换墨粉纸盘。在电火花计时器的使用中墨粉纸盘的消耗量极大，因此掌握墨粉纸盘的自制方法极其重要。可收集实验中废旧导电纸，用其完好的边角

部分按照墨粉纸盘的形状自己剪制，变废为宝，一举两得。

⑤ 当需要用电火花计时器输出高压脉冲时，要将墨粉纸盘取下。

⑥ 电火花计时器高压脉冲输出不能在短路时工作，否则会损坏电火花计时器。

一切利用电火花计时器做的实验均可使用多频率电火花计时器来完成，且可以通过选取适当的频率和点迹来获得更好的实验效果。

1.5.4 日常维护和常见故障排除

1. 日常维护

① 需要做采集计时器高压脉冲实验的时候，要把墨粉纸取下来，以减小墨粉纸消耗。

② 使用时固定好计时器以免摔坏。如需用手固定，则手一定要尽量在高压放电区域以外，以防触电。

③ 电火花计时器高压脉冲输出不能在短路时工作，否则会损坏电火花计时器。

④ 当运动纸带完全通过打点计时器后，应立即关闭电源，避免空打，以减小墨粉纸的损耗。此外，还应尽可能减少计时器连续工作时间，以免线圈发热，导致烧坏计时器。

⑤ 切忌在工作状态时拆卸电火花计时器，以防高压触电。

2. 常见故障排除

检修仪器前应先掌握工作原理，然后认真对照原理图、印刷电路板图找出故障原因加以排除。

(1) 接通电源，计时器不工作

① 检查电源线是否折断、电源开关是否完好，发现问题及时处理。

② 打开电火花计时器后盖，检查图 1.5.3 两根金属线是否相连，如果相连，移开即可。

③ 检查印刷电路板与变压器初级线圈的焊接点是否牢固或者是否是变压器虚焊，发现问题补焊即可。

④ 次级线圈断路，可用多用电表电阻挡测试。如果测出结果比 3 kΩ 大得多，则说明线圈断路，需要修理或更换线圈。

⑤ 检测印刷电路板。打开机壳，用香蕉水(或酒精)清洗印刷电路板后，检查印刷电路板上连接线是否被烧毁，并用万用表一一检查各电路元件是否损坏。图 1.5.4 中的 6 个整流二极管，特别是与电容相连的 4 个二极管、图 1.5.5 中 U6 等元件损坏的可能性较大。若图 1.5.4 中与电容相连的 4 个二极管被击穿，则会出现插上电源后，打开开关，指示灯不亮，这是整流二极管被击穿造成短路。如有损坏需及时更换。

⑥ 如果以上这些方法还不能解决问题，则要用万用表检测，方法如下：

J0207 型一般是 C_1 损坏造成的(C_1 两端正常的电压为 125 V)，更换即可。如果 C_1 正常，则可按检修图 1.5.6 一步步进行检测。

J0207－1 型首先需测 C_3 两端电压，看是否为 3.5 V，若不是，则一般为 V13、C_3

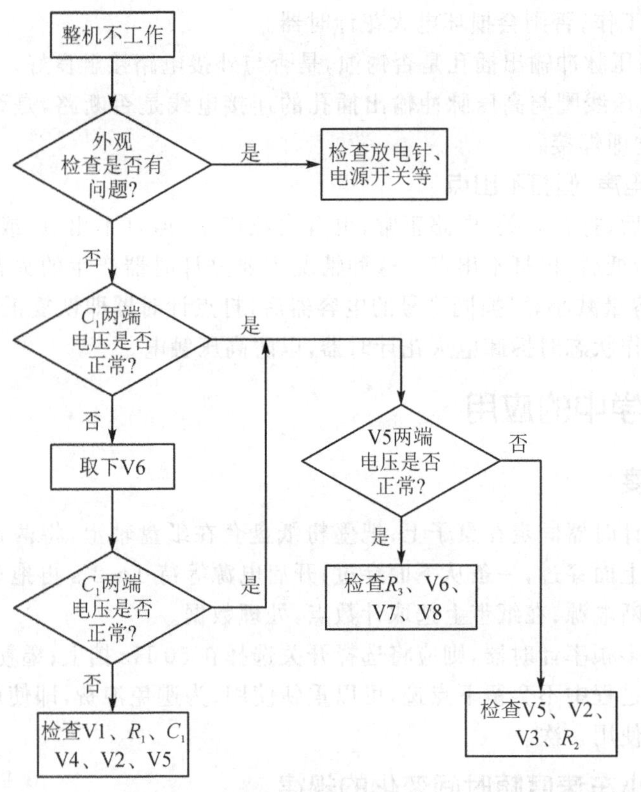

图 1.5.6　检修图

中元件损坏。若 3.5 V 正常,则测 555 集成电路引脚 3 的电压,看是否为 2.5 V,若 2.5 V 正常,则一般应检测 C_1、V11、V12、C_{10}、C_{11}、V3、V8、V9、K1 元件;若 2.5 V 不正常,则应着重检查 555 集成电路及其外围元件。

(2) 打点不清晰,或出现漏点现象

若放电声正常:①可能是墨粉纸使用次数过多已经老化,或被电火花击穿出现小孔,需要更换新的。还可能是墨粉纸有褶皱现象,需对它进行压平处理。②导电片、放电针等有可能出现松动或位置不合适。拆开外壳进行反复调试,直到打点清晰且无漏点现象为止。特别注意,放电针不能露出小孔外面碰到墨粉纸,否则会引起短路或打点大小不均匀等现象。

若放电声弱,然后无放电声,则首先用多用电表检测变压器 T1 初、次级绕组电阻是否正常。其次打开机器后盖,检查图 1.5.3 两根金属线是否相距太近。通常是这两个地方容易出现故障。多频率电火花计时器放电声弱,一般情况为 C_{10}、C_{11} 容量变小,更换新电容即可。

(3) 电火花计时器工作正常,但无脉冲输出

① 当电火花计时器需要高压脉冲时,应将墨粉纸盘取下,用带有香蕉插头的导线连接到与其配合的仪器,并检查其输入端是否短路。电火花计时器高压输出不能

在短路情况下工作，否则会损坏电火花计时器。

② 检查高压脉冲输出插孔是否锈蚀，是否与外接电路接触良好。

③ 检查高压线圈与高压脉冲输出插孔的连接电线是否断路，是否接触良好，若有断路，则应立即焊接。

(4) 有放电声，但打不出点

插上电源后，打开开关，电路正常，也有火花产生，但打不出点，或打出的点模糊不清，更换墨粉纸后，仍打不出点。这种情况主要是计时器产生的火花太小，原因是电容器 C_1 的容量减小，更换同型号的电容器后，打点计时器即恢复正常。

切忌在工作状态时拆卸电火花计时器，以防高压触电。

1.5.5　教学中的应用

1. 测速度

将电火花计时器固定在桌子上；把墨粉纸盘套在纸盘轴上，将两条空白纸带，一条从墨粉纸盘上面穿过，一条从下面穿过；开启电源等待 1～2 s 再拖动纸带，纸带打完点后立即切断电源；在纸带上选取计数点，处理数据。

如果使用多频率计时器，则应将选择开关选择在 50 Hz 挡上；墨粉纸盘上面的一根纸带在实验过程中不会留下点迹，可以重新使用；为避免浪费，即使用过的纸带，也可以翻过来再使用一次。

2. 探究小车速度随时间变化的规律

如图 1.5.7 所示，将电火花计时器固定在带滑轮的长木板上，使其纸带限位器与长木板的纵轴位置对齐，且纸带、小车拉线和定滑轮在一条直线上。将细绳绕过定滑轮，下面挂上合适钩码，并在实验台侧面的地面上垫衬胶皮等防护用品，防止实验中碰坏砝码。实验时一人在靠近滑轮处用左手的食指与中指呈“八”字形叉在细绳上，但绝不能与细绳有丝毫接触，手掌心朝里，便于小车运动结束时控制小车，防止小车撞坏滑轮或小车掉在地面上，损坏小车。实验时应先开启电源，再释放小车；打完一条纸带后，先断开电源再取纸带。取下纸带后，将所用钩码质量标注在纸带上并给纸带编号；换上新纸带，重复操作 2 次；增减所挂钩码，或者在小车上放置重物，再做 2 次实验；最后做数据处理。

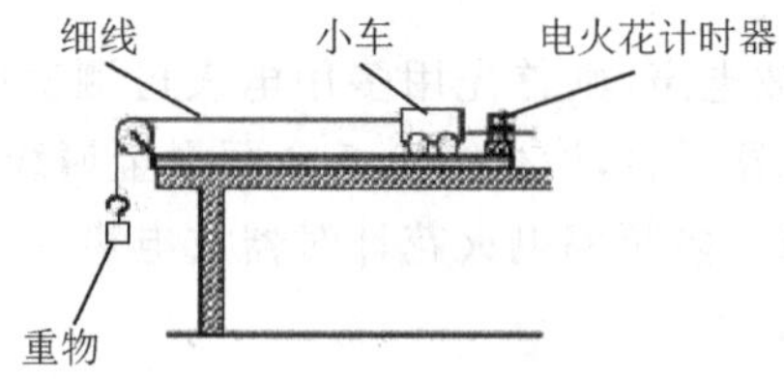

图 1.5.7　探究小车速度随时间变化的规律

注意：下面所挂钩码以在 100 g 以内为宜，若过重，则纸带上打出的点不能满足以0.1 s为计数点取6组数值的要求。

3. 探究加速度与力、质量的关系

将电火花计时器纸带限位器与斜面小车纵轴位置对齐，使纸带、小车拉线和定滑轮在一条直线上。将细绳绕过定滑轮，下面挂上合适钩码，如图1.5.8所示。所挂钩码以在100 g以内为宜。钩码、滑轮和小车的防护方法、实验操作方法如上所述；换上新纸带，重复操作2次；增减所挂钩码，再做2次实验；所挂钩码不变，在小车上放置不同砝码，再做2次实验；最后是数据处理。

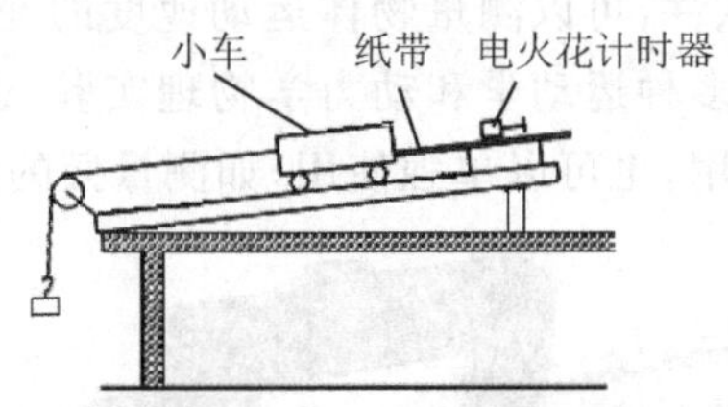

图1.5.8 探究加速度与力、质量的关系

注意：实验前要平衡小车与轨道间的摩擦力，调节轨道的高低，直至小车在轨道上运动时可以保持匀速直线运动状态；在实验中一定要注意使所挂钩码的质量远小于小车和砝码的质量。

4. 验证机械能守恒

如图1.5.9左图所示，将电火花计时器牢固地固定在铁架台上，将纸带固定在重物上，让纸带穿过电火花计时器，先用手提着纸带，使重物静止在靠近电火花计时器的地方；打开电源开关，松开纸带，让重物自由下落。

注意：为减小阻力对实验的影响，实验时要把电火花计时器竖直架稳；为保证释

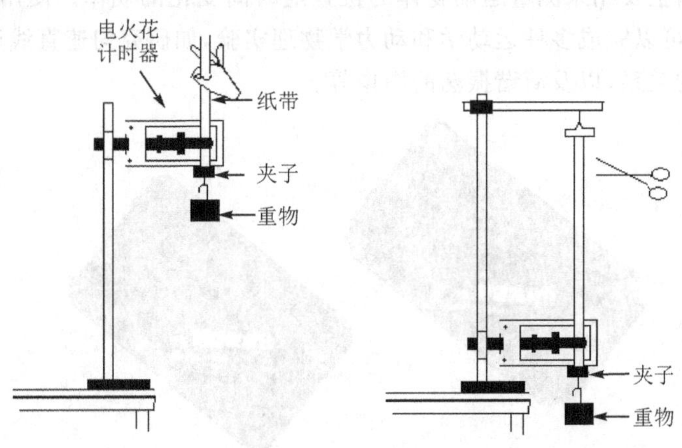

图1.5.9 验证机械能守恒

放物体时初速度为0,可用夹子(夹子固定在铁架台)夹住纸带如图1.5.9右图所示,实验时用剪刀剪断纸带即可;由于自由落体加速度 g 值较大,在实验中从几条纸带中挑选第一、第二两点间的距离接近2 mm,且点迹清晰的纸带进行测量。

1.5.6 新仪器介绍

1. 时间传感器

时间传感器是一个光电门(见图1.5.10),可以精确地测量运动物体经过光电门的挡光时间,结合配套的软件,可以测量物体运动速度的变化、瞬时速度、加速度等。使用时间传感器可以完成多种运动学和动力学物理实验,通常与多功能动力学导轨或气垫导轨配合在一起使用,也可以单独使用,如测量摆的振动周期等。

图1.5.10 光电门

2. 分体式位移(距离)传感器

图1.5.11所示分体式位移(距离)传感器是一种利用红外线和超声波测量物体距离的传感器,主要用来测量运动物体的位置随时间变化的规律。使用分体式位移(距离)传感器可以完成多种运动学和动力学物理实验,如研究匀速直线运动,加速度与外力、质量的关系,以及简谐振荡的图像等。

图1.5.11 分体式位移传感器

1.6　自由落体实验仪

自由落体实验仪是研究自由落体和测定重力加速度的专用仪器。仪器配合计算机计时器测定的重力加速度值的误差≤1%，效果令人满意。但作为研究自由落体运动，此仪器需增加光电门并与牛顿管实验配合使用。

1.6.1　结构和原理

自由落体实验仪的结构(见图 1.6.1)很简单，主要零部件是一根铝合金型材的立柱。立柱顶端安装一个用来吸放小钢球的电磁铁；立柱上安装若干个可以随意调节高度的光电门，从立柱内嵌入的标尺可以读出各个光电门及小钢球的位置；立柱下端安装在等边三角形的三个支脚上，支脚上有螺栓可以调节螺栓使立柱铅直。

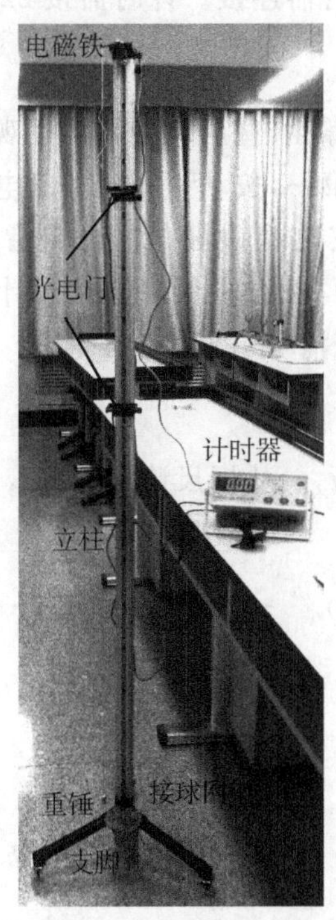

图 1.6.1　自由落体实验仪

自由落体实验仪需与配套的计时器组合使用。计时器从电磁铁释放小钢球时开始计时，小钢球通过光电门时计时器停止计时并显示小球从释放的位置落到光电门的位置所用的时间。根据公式 $g=2h/t^2$ 即可计算出重力加速度值。

1.6.2 主要技术指标

仪器总高≥1 600 mm；实验有效高度为 1 500 mm；电磁铁电源为 5 V DC；钢球直径为 12 mm。

1.6.3 使用要点

1. 组 装

① 将 3 个支脚与底座紧固，安装在立柱底端。

② 将电磁铁安装在立柱顶端，紧固。

③ 将光电门、接球网架安装在立柱适当位置上。

④ 将重垂线系到电磁铁的校正板上。

⑤ 将光电门、电磁铁与计时器连接。计时器接 220 V AC。

2. 调 试

① 调立柱铅直：调节支脚螺栓，直至从不同角度观察立柱均与重垂线平行为止。

② 检查电磁铁和光电门：第一，按动计时器上的电磁铁键。电磁铁指示灯亮，电磁铁可将钢球吸住。第二，再按电磁铁键。电磁铁指示灯灭，钢球下落，计时开始。第三，观察钢球是否从光电门中央通过，计时器是否计时。第四，第三次按电磁铁键（或按功能键），观察计时器是否清零（复位）。

3. 测定重力加速度

① 利用计时器测定 t_1、t_2、t_3。从标尺读出 h_1、h_2、h_3 的数据，如图 1.6.2 所示。数据处理有三种方法。

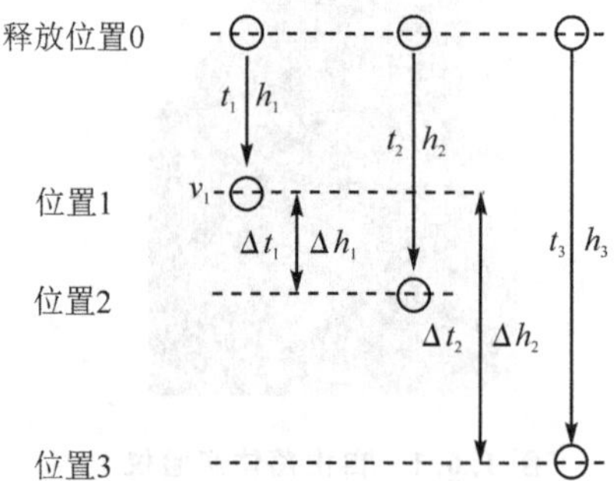

图 1.6.2 测定重力加速度数据处理

方法一：按公式 $g=2h/t^2$ 计算各个光电门测定的重力加速度及平均值。

方法二：按公式 $g=2\Delta h_1/(t_2{}^2-t_1{}^2)$ 计算测定的重力加速度及平均值。

方法三：按公式 $g=2(\Delta h_2/\Delta t_2-\Delta h_1/\Delta t_1)/(\Delta t_2-\Delta t_1)$ 计算测定的重力加速

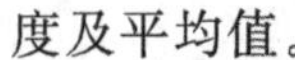

度及平均值。

方法一和方法二的数据处理方式,公式简单、测算方便,但测得的重力加速度 g 一般偏差较大,原因有:h 的精确测量有困难;电磁铁和钢球有剩磁,电磁铁断电的瞬间,钢球并不立即下落,使 t 值的测量有误差。方法三解决了剩磁所引起的时间测量精度,测量结果要比前两种方法精确得多。

② 利用计时器直接测定 Δt_1、Δt_2,读出 Δh_1、Δh_2。按公式 $g=2(\Delta h_2/\Delta t_2-\Delta h_1/\Delta t_1)/(\Delta t_2-\Delta t_1)$ 计算测定的重力加速度及平均值。

4. 注意事项

① 小钢球在被释放时的初始状态对实验有较大影响:第一,小钢球经常被电磁铁吸成图 1.6.3(a)的样子;第二,小钢球在晃动(见图 1.6.3(b))。上面两种情况下释放钢球,小钢球下落时会摆动,轨迹也不通过光电门中央。操作时要注意用电磁铁顶尖吸球,无晃动时释放。

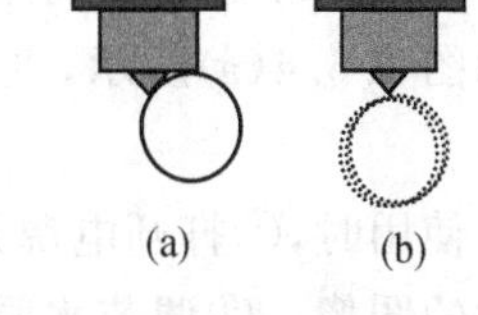

图 1.6.3 钢球初始状态

② 实验时阳光不要直射光电门影响光电门计时。

1.6.4 日常维护

自由落体实验仪不允许整体存放于实验室角落,因为仪器较高,易倒,易损坏。实验后应拆卸开,清点各零部件数量,包裹好装入仪器盒,存放在干燥清洁的仪器柜里。

1.6.5 教学中的应用

自由落体运动是生活中遇到的最典型的初速度为零的匀加速直线运动。完整的自由落体运动教学应从学生的生活经验开始:轻重不同的物体在同一高度同时释放,哪个物体先落地?经过探讨和实验,得到自由落体运动是初速度为零的匀加速运动的结论,并测定出重力加速度。与此教学过程相配合的系列实验如下:

1. 引发兴趣和争论的实验

准备纸张、羽毛、塑料球、钢球等质量不同的物体,从同一高度同时释放,观察先后落地的现象。

2. 牛顿管实验

需配备牛顿管和真空泵进行牛顿管实验。

① 使用不抽气的牛顿管做实验,观察管内物体下落状况。

② 使用抽气后的牛顿管做实验,观察管内物体下落状况。

③ 比较步骤①与步骤②,定义自由落体运动,并了解物体下落状况与物体质量无关。

3. 自由落体运动实验

需配备自由落体实验仪和计时器。

① 光电门等距离放置，计时。通过实验说明自由落体不是匀速运动。

② 光电门按 1∶4∶9∶16 的比例放置，计时。通过实验说明自由落体运动是初速度为零的匀加速运动。

③ 测定重力加速度。

1.6.6 自制教具案例

卢秀梅和倪玉军利用频闪照明技术自制了“自由落体运动规律演示仪”，其示意图如图 1.6.4(a)所示，主电路图如图 1.6.4(b)所示，获得了第六届全国自制教具一等奖。

使用时，①打开电源开关，稍后液滴从滴水口流出，这时可以看到成串的水滴下落时的图像。②调节水阀门，使水滴连续、均匀下落。③调整频闪速率旋钮，改变频闪速率，可以看到水滴间的距离改变，频闪速率越大，水滴间的距离越小。④微调频闪速率，可以使水滴形成的图像的每一点相对稳定在固定的位置。

由于选择了合理的光源投射角度及乳白色的液体，液滴非常清晰，运动轨迹非常明显、稳定。

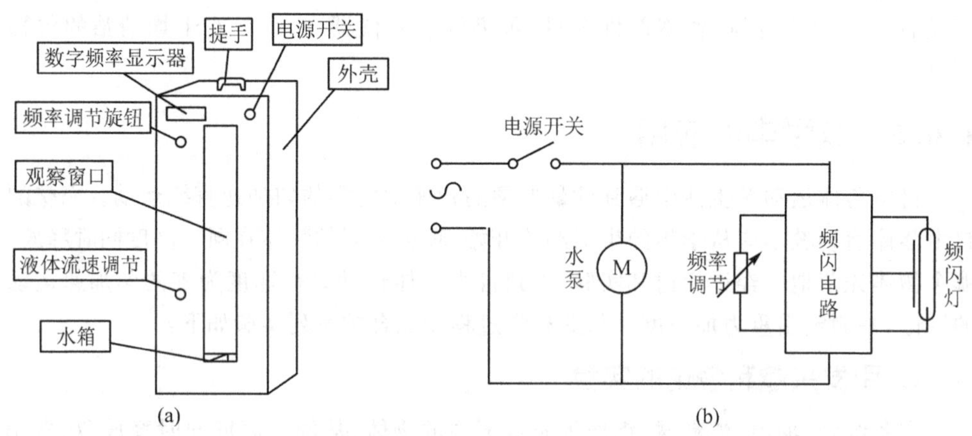

图 1.6.4 自由落体运动规律演示仪的示意图和主电路图

1.7 平抛运动演示器

1.7.1 结构和原理

平抛运动演示器结构如图 1.7.1 所示。仪器由背板、支架、3 个电磁铁、3 个小铁球、2 组电源，以及由三极管组成的电子电路、控制继电器和复位开关等组成。

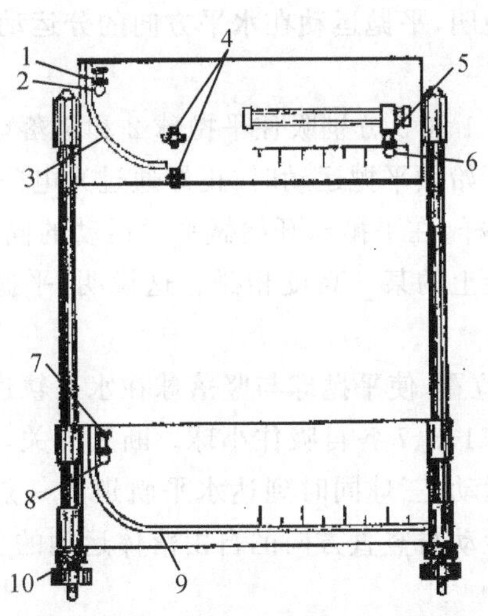

1—电磁铁；2—平抛球；3—平抛轨道；4—光电管和聚光灯；5—电磁铁；6—竖落球；7—电磁铁；8—水平运动球；9—水平导轨；10—支脚调节旋钮

图 1.7.1 平抛运动演示器

背板上有水平刻度。支架底部有水平调节螺旋，可以调节仪器背板的竖直和底座的水平。

电源开关接通后，将 3 个小铁球分别吸在电磁铁的下面。将开关断开，平抛球和水平球同时释放，平抛球即沿平抛轨道运动，当滚过光电门 4 时，电磁铁 5 释放竖落球，3 个小铁球基本在同一时刻相会。

小铁球 6 吸在电磁铁 5 的下面，它的下落标志着自由落体的下落时间，作为小铁球 2 和 8 的计时用，验证平抛运动、水平分运动和竖直分运动的等时性。

1.7.2 主要技术指标

聚光灯用交流 2～3 V，控制电路用直流 6 V。平抛小球直径为 16 mm。

电磁铁 1 与电磁铁 7 在轨道上的安装高度相同，以便小球 2 和小球 8 离开轨道切口时的水平速度相同。小球 2 达到水平切口时的水平位置与小球 6 在同一水平面上。

背板的背面有水准气泡，用以观察底座是否水平及背板是否竖直。

1.7.3 使用要点

① 调整支脚，使仪器背面的水准气泡在正中位置。

② 接通电源，各电磁铁分别吸住竖落球、平抛球和水平球。将开关断开，平抛球即沿平抛轨道运动，当滚过光电门 4 时，电磁铁 5 释放竖落球，表明电路完好。

③ 接通开关，电磁铁 1 和 7 分别吸住两球。切断开关，两球同时释放并沿各自的轨道滚下。在平抛轨道末端两球获得相等的水平速度，当两球运动脱离平抛轨道

后，平抛球2做平抛运动，水平球8沿直轨9做匀速直线运动。它们同时到达水平轨道9的一点而相碰。这说明，平抛运动在水平方向的分运动是匀速直线运动，其速度等于平抛物体的初速度。

④ 接通开关，电磁铁1和5分别吸住平抛球2和竖落球6。断开开关，平抛球2沿轨道运动。当球2刚开始做平抛运动时，正好通过光电门4，遮光一次，使电磁铁5断电而释放竖落球6。这样，在平抛球开始做平抛运动的同时，竖落球开始做自由落体运动。两球在运动路径上的某一高度相碰。这说明，平抛运动在竖直方向上的分运动是自由落体运动。

⑤ 调节电磁铁5的位置，使平抛球与竖落球在水平轨道上相碰。

⑥ 接通开关，电磁铁1、5、7各自吸住小球。断开开关，三球分别做平抛运动、自由落体运动和匀速直线运动，三球同时到达水平轨道的一点而相碰。证明平抛运动为水平方向的匀速直线运动与竖直方向的自由落体运动的合成。

1.7.4 日常维护

① 调整水平轨道的水平和立柱的垂直是实验成败的关键。

② 光电管和聚光灯上下要对齐，并保持光电管外表的洁净。直流电源6 V的正负极不可接反。

③ 按下开关后，一般不要超过5 s，防止电磁铁发热和对电源损失过大。

④ 实验完毕及时取出电池，以防电源短路。

1.7.5 自制教具案例

1. 定性实验

(1) 碰撞实验仪

林健和巫智杰自制碰撞实验仪(见图1.7.2)，定性探究平抛运动规律，获得第七届全国优秀自制教具二等奖。

碰撞仪有两条并排的轨道，球用电磁铁吸着，用断电方法保证两者同时下滑。内道球滑出轨道后直接做平抛运动。外道球滑出后则碰撞启动杠保证预先放在“放置处1”(或2)的同一高度球同一瞬间下落。演示时，先把碰撞仪放在水平的桌上，用毛毡盖好小桶。选一黑色球放入“小桶1”上方的“放置处1”，球体下方有钢丝挡着，不会下落。打开仪器左下方的电磁铁(开关向上扳动)，让电磁铁吸着平抛球和撞击球。然后关闭电源开关，电磁铁失磁，两球滑下。当平抛球离开轨道瞬间黑球也将同时下落。撞击球和黑球发生了碰撞，最后黑球不再落入“小桶1”中。由于两球质量相等，如果是正碰，撞击球将落入桶中。还可重复刚才的操作把黑球放入“小桶2”上方的“放置处2处”可以得出如下结论：同时下落的平抛球与自由落体球在任何时刻高度都相等。

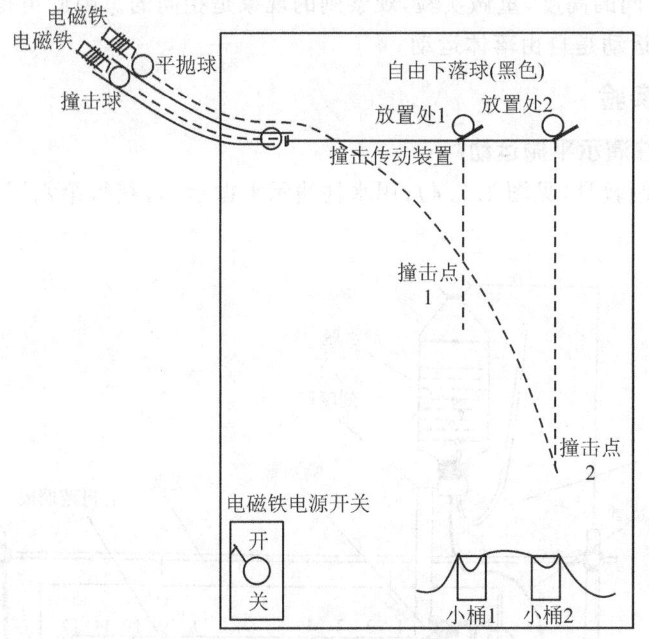

图 1.7.2 自动碰撞实验仪

(2) 平抛竖落演示器

鲍福顺、贾艳芹和张新忠利用可控硅作为开关管自制教具(见图 1.7.3)验证平抛运动的竖直分运动是自由落体运动,获得第六届全国优秀自制教具二等奖。

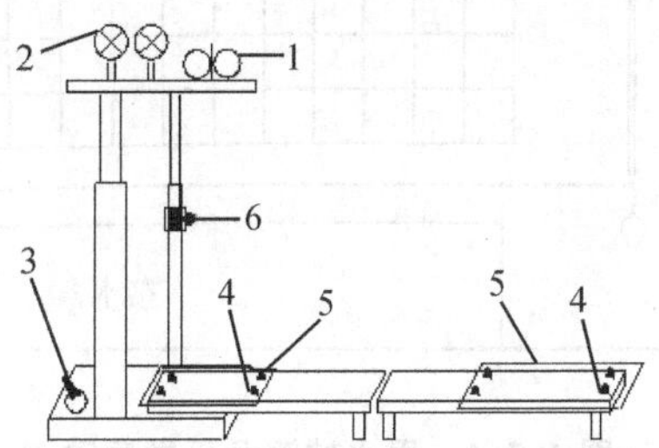

1—平抛器;2—小灯泡;3—接触开关;4—电源开关;5—可升降杆;6—升降旋钮

图 1.7.3 自制平抛竖落演示器

将接触开关置于有机玻璃板下,当小球落在上面时,相对应的小灯泡就会亮,通过观察两个小灯泡是否同时亮来判断两球是否同时落地。这不仅能保证两球水平抛出和竖直落下,而且学生可从不同的角度观察到灯泡是否同时亮,可见度大。

① 根据重锤位置调节仪器,使之水平放置。根据小球的落点位置,将两木板水平放好,插接两木板间的导线,放好有机玻璃板。

② 调节升降杆,选择适当的高度。将两小球放在平抛装置上,接通电源开关,按下手柄,可观察到两个小灯泡同时亮,说明两小球是同时落地的。

③ 选择不同的高度,重做实验,观察到的现象是相同的。因此可得出结论:平抛运动的竖直分运动是自由落体运动。

2. 定量实验

(1) 用水柱演示平抛运动

林名钟自制教具(见图 1.7.4),用水柱演示平抛运动,获得第六届全国优秀自制教具二等奖。

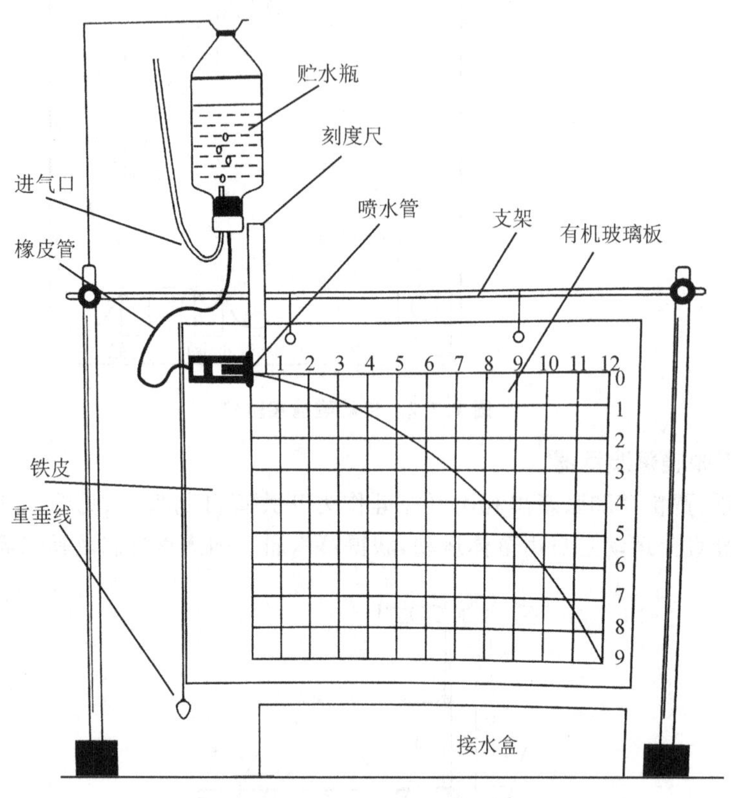

图 1.7.4　用水柱演示平抛运动

在贮水瓶内装上水,把瓶挂在支架上,用夹子把橡皮管夹紧。把喷水管水平放在"0"刻度处,放开夹子,可看到水柱成一条抛物线轨迹,从而得出平抛运动的轨迹为抛物线。

把喷水管接近竖直方向放置,让水柱竖直上喷,从刻度尺上读出水柱喷出的高度,由此高度即可求出水喷出的速度大小。接着让水柱向水平方向抛出。这时可求出水平方向每前进 10 cm 所用的时间。再测出水柱在水平方向每前进 10 cm 时在竖直方向下落的高度。由此即可求出水柱在竖直方向的下落加速度,若此加速度恰好等于重力加速度,则可证明平抛运动在竖直方向做自由落体运动。

(2) 平抛运动轨迹演示器

学生张倩、刁芳钰、陈玥在教师邱宇文、陈增明、唐学松的指导下，自制教具(见图 1.7.5)绘制了平抛运动轨迹，获得第七届全国优秀自制教具二等奖。

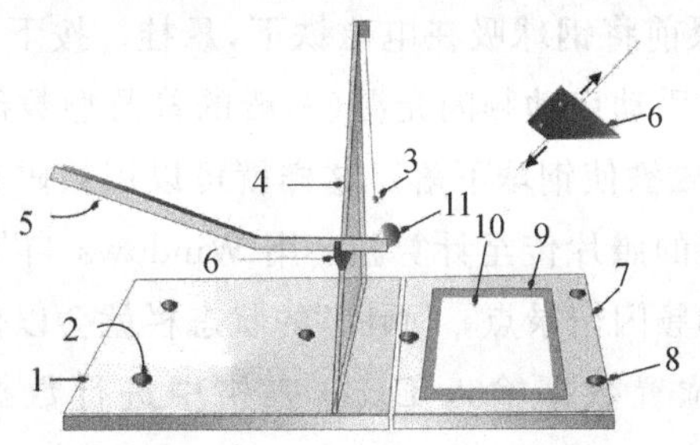

1—底座；2—底座水平调节悬钮；3—悬锤；4—45°斜槽滑板；5—斜槽；6—斜槽滑块；7—水平坐标板；8—调节悬钮；9—白纸；10—复写纸；11—小球

图 1.7.5 平抛运动轨道演示器

① 将斜槽轨道固定在滑块上，并把滑块卡入 45°直角三角板的斜边轨道上。

② 把空心板和水平坐标放到底座上，把斜槽和水平坐标板都进行水平调整。

③ 水平调整好后，将小球放在斜槽轨道上某点处，使其自由滚下，在水平坐标纸上打出一点。

④ 移动滑块，让小球在斜槽轨道上同一点滚落，在水平坐标纸上打出一点。重复几次操作，用平滑的曲线连接坐标纸上的各落点，便得到了小球的平抛运动轨迹。

平抛运动轨迹演示器利用 45°三角形轨道将平抛运动物体各处时刻的位置转移至水平坐标板上(见图 1.7.6)，但描出的轨迹所表示的运动性质不变。

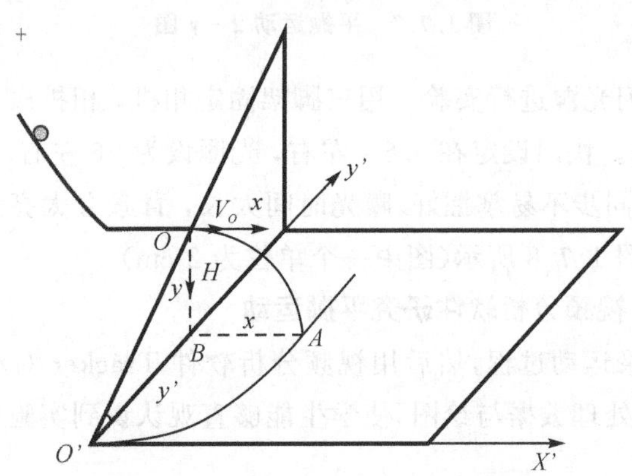

图 1.7.6 平抛运动轨迹演示器原理

(3) 用数码相机研究平抛运动

用三脚架固定相机，相机离立板约 2.5 m，高度与立板中部齐平。相机快门设定在 0.8 s 左右，光圈设为最小。频闪光源放置在离立板约 1.5 m 处，频闪频率设定为 40 Hz 为宜。拍摄前将钢球吸在电磁铁下，悬挂。按下快门按钮后，待相机定时装置即将启动快门时手动启动频闪光源(一般的普及型数码相机不设闪光同步装置)，同时遥控释放电磁铁使钢球下落。这样就可以用数码相机拍下其运动的频闪轨迹记录图像。将拍摄的照片传至计算机，用 Windows 自带“画图”软件打开。将光标指针移到照片上的频闪记录点，“画图”的状态栏就会以像素为单位显示记录点的位置。将每个点的位置数据输入 Excel 表格中进行数据分析和拟合绘图，如图 1.7.7 所示。

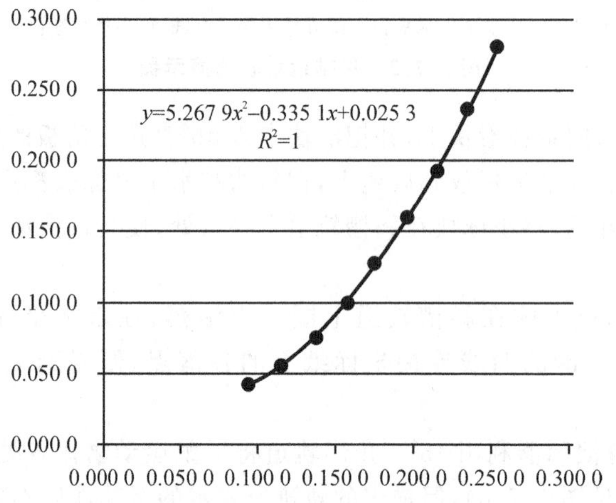

图 1.7.7 平抛运动 $x-y$ 图

也可以不用频闪光源进行实验。用三脚架固定相机，相机离立板约 2.5 m 。室内光线，要尽量明亮。快门设定在 0.6 s 左右，光圈设为 F6 左右(视室内光线强弱而定)。快门时间短，同步不易掌握好；曝光时间太长，背景会太亮。实验拍摄得到的平抛运动的图像如图 1.7.8 所示(图中一个单位为 2 cm)。

(4) 用 Tracker 视频分析软件研究平抛运动

用手机连续记录运动过程，然后用视频分析软件 Tracker 对小球运动进行数据提取，再利用 Excel 处理数据与绘图，使学生能够直观认识到实验中小球在下落阶段的运动规律。

Tracker 视频分析软件在空间和时间的动态分析上比打点计时器或火花计时器等更便捷和直观，且误差更小，相对于 DIS 数字化实验系统和频闪照相设备，其实验成本更低。

值得注意的是，这些改进方法也同时适用于研究自由落体运动等二维运动。

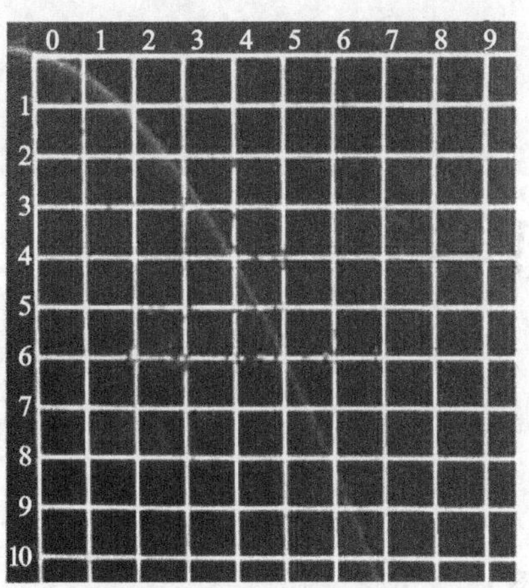

图 1.7.8　平抛运动图像

第 2 章

振动、波、热学

2.1 弹簧振子

2.1.1 结构和原理

1. 气垫式弹簧振子

气垫式弹簧振子(见图 2.1.1)是单弹簧水平式弹簧振子,原理最简单,也最有利于教学。气垫式弹簧振子的基本结构由导轨、滑行器(振子)、配重块、标尺、振动弹簧组成。导轨上有成排的气孔,配合小型气源或吹风机在滑块和导轨间形成薄气垫,使滑块水平运动的摩擦力很小。

2. 悬吊式弹簧振子

用悬吊的方法使振子振动时不受水平方向摩擦力的影响,其基本结构由底座、立杆、悬线、重锤(振子)、配重块、标尺、振动弹簧组成。悬吊式弹簧振子如图 2.1.2 所示。它用两根弹簧从两侧同时拉振子,振子振动过程中,两根弹簧始终处于拉伸状态。振子所做运动不是直线运动,振子所做的是一种近似的简谐振动。分析讲解较前述气垫式弹簧振子要复杂些,回复力 $F=-(k_1+k_2)x$,其中 k_1 和 k_2 为弹簧的劲度系数,x 为振子相对于平衡位置的位移。通常采用两根同规格的弹簧,即 $k_1=k_2=k$,则有 $F=-2kx$。

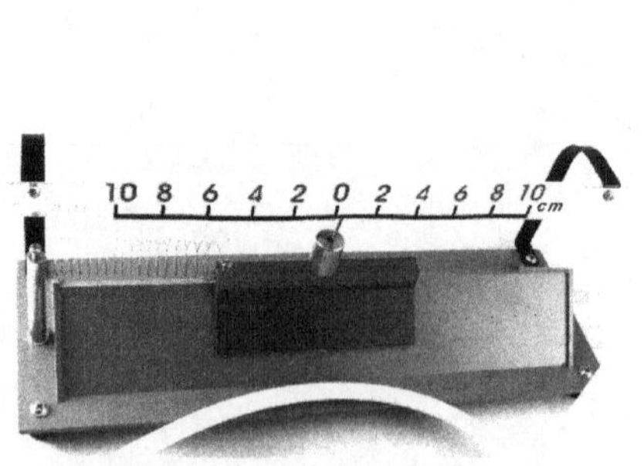

图 2.1.1 气垫式弹簧振子

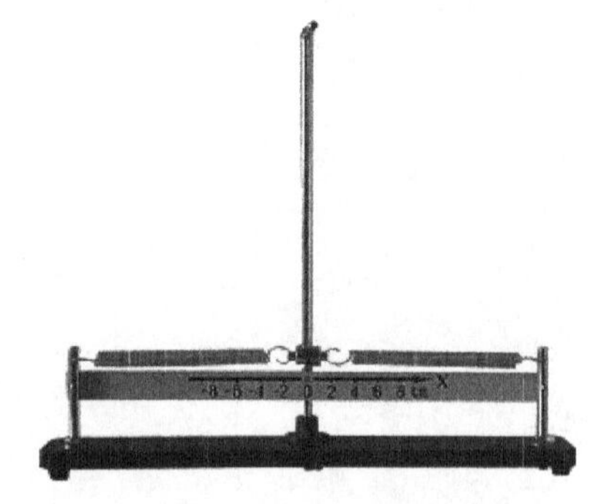

图 2.1.2 悬吊式弹簧振子

3. 自组水平弹簧振子

利用气垫导轨及其附件，采用双弹簧两侧钩拉滑块的方法，自己组装水平弹簧振子，振子会沿直线振动，弹簧始终处于拉伸状态。可利用气垫导轨配套的光电门和计时器进行周期测量，或使用数字化实验系统进行测量，还可改变滑块质量，方便定量研究。

4. 自组竖直弹簧振子

在铁架台上悬挂弹簧，并在弹簧下端悬挂适当钩码，可组装成竖直弹簧振子。教学中可通过分析证明其振动为简谐运动；也可利用位移传感器测绘出其振动曲线，从而直观判断其振动为简谐运动。竖直弹簧振子的回复力 $F=-kx$，其中 k 为弹簧的劲度系数，x 为振子相对于平衡位置的位移。

弹簧的劲度系数可测量，钩码的质量已知，所以该装置可用来定量研究振动周期与弹簧劲度系数和振子质量的关系，既可以演示，也可以由学生进行操作。

2.1.2　主要技术指标

弹簧振子应符合《JY 0332—1993 弹簧振子》的要求。

① 过振子质心位置在竖直方向上应有明显标志线，宽度不小于 2 mm，长度不小于 10 mm，放上配重块后标志线露出不小于 5 mm。配重块必须取放方便，安装牢靠。

② 标尺应在平衡位置、额定振幅和额定振幅一半等处有鲜明的标志线。标尺应能平移调整。

③ 弹簧振子允许的最大振幅应大于额定振幅。弹簧振子振动时，从额定振幅衰减至额定振幅的一半所经过的全振动次数应不少于 20 次。当振子质量相同时，用刚度较小的弹簧时的弹性振子的振动周期应为使用刚度较大弹簧时的 1.3～1.5 倍。

④ 气垫式弹簧振子配合小型气源或吹风机使用，滑行器浮起高度大于 0.1 mm。额定振幅为弹簧自然长度的 60%，配重块为(20±1)g，振动周期为 0.8～1.5 s。

⑤ 悬吊式弹簧振子立杆应垂直于底面，悬点牢固可靠，悬点与振子质心的距离不小于 600 mm。额定振幅为弹簧自然长度的 40%，配重块为(20±5)g，振动周期为 0.5～1.0 s。

2.1.3　使用要点

1. 气垫式弹簧振子

① 接通气源。要使气轨上的气量大且均匀，可选用一个与气垫导轨上的橡胶管配套的橡胶塞，中间开一合适直径的孔，插入玻璃管。玻璃管与弹簧振子的进气孔用橡胶管相连，橡胶塞塞紧在小型气源的出气管上。

② 水平调节。首先应使气垫导轨横截面的三角形底边达到目视水平，再调节气垫导轨轨面至水平(可使用静态调平法或动态调平法)。

③ 将振子沿水平方向拉向一侧，但不能超过标尺上所标的额定振幅的位置线，

放开手后振子即可开始振动。

④ 注意事项。由于受弹簧重力的影响，压缩较大时弹簧易产生侧向形变，所以振子的振幅不宜过大。使用气垫式弹簧振子时，应在振子静止后再关闭气源。

2. 悬吊式弹簧振子

先将两根弹簧的一端分别钩挂在振子两侧的小孔内，两根弹簧的另一端分别钩挂在底座两侧的小孔中。再仔细调节振子悬线的长度，使振子和两边的弹簧处于同一水平线上。最后将振子沿水平方向拉向一侧，放开手后振子开始振动。

无论是哪种弹簧振子，振子的振幅都不能大于额定振幅，以保护弹簧。拉开振子时一定要沿弹簧拉伸方向，保证振子沿直线振动。

3. 自组水平弹簧振子

先按要求对气垫导轨进行调平，再将两根弹簧分别钩挂在气垫导轨两端的挂钩上，接通气源，将两侧的弹簧分别钩挂在滑块两端的挂钩上，再将滑块轻轻放在气垫导轨上，使其沿气垫导轨做水平振动。注意应在振子停止运动后再关闭气源。

定量研究振子质量对振动周期的影响时，应在滑块上安装挡光条，光电门固定在平衡位置附近，使用计时器的周期测量挡位。改变振子质量增加配重块时要保持滑块质量分布的均匀。操作中要轻拿轻放，避免磕碰，也不能让滑块在没有通气源的气垫导轨上滑动。

4. 自组竖直弹簧振子

组装竖直弹簧振子时，铁架台要放置平稳，弹簧上端悬挂点应用皮筋或夹子固定好，以减小其横向摆动。悬挂钩码振动时，应始终使弹簧处于拉伸状态，并在其弹性限度内，振动幅度不宜过大。测量应在振动稳定后进行，振动应在竖直方向上，钩码不能有晃动。若使用位移传感器测量，位移传感器可放在振子正下方，应在振动稳定后再开始采集数据。

2.1.4 日常维护

① 气垫式弹簧振子的弹簧必须与底座固定牢固，防止发生侧向弯曲。

② 悬吊式弹簧振子使用完毕后，应将弹簧取下，避免弹簧长期处于拉伸状态，产生弹性疲劳。

2.1.5 教学中的应用

1. 定性研究

弹簧振子可用来观察和讲解振动的运动特点，如振幅、周期（频率）、回复力、能量、阻尼、相位差等内容。

例如：利用水平弹簧振子质量较小、阻尼相对作用较明显的特点，可在振子振动方向上安放距离传感器，利用数字化实验系统测绘出其振动曲线。随时间的推移，可观察到振动曲线的振幅逐渐减小。实验装置结构示意如图 2.1.3 所示。

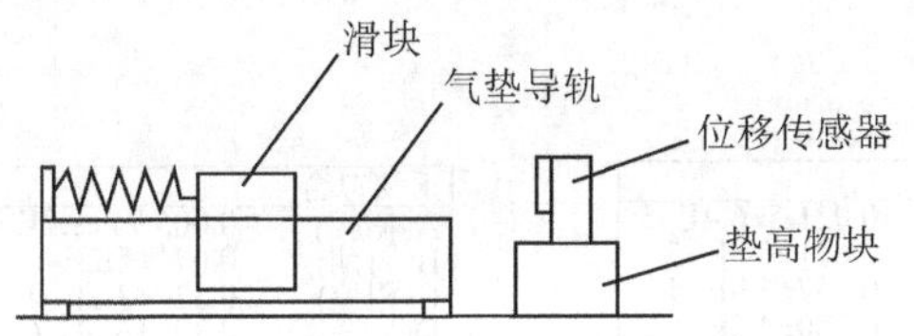

图 2.1.3　利用弹簧振子讲解振动的特点

例如：利用两个周期相同的竖直弹簧振子，并排邻近放置，使其平衡位置相平。同时从相同方向的最大位移处由静止释放(可使两振子的振幅不同)，可观察同相位振动的特点；同时从正向最大位移和负向最大位移处由静止释放，可观察反相位振动的特点；控制先后释放的间隔，可演示相位差为$\frac{\pi}{2}$等其他有相位差的振动的特点。

2. 定量研究

① 利用气垫导轨和配套弹簧、滑块、光电门、计时器以及天平，可研究简谐振动周期和振子质量间的关系。在滑块上安装挡光条，使用一个光电门，计时器选择周期测量，待振子振动平稳后，按下计时器上的复位按钮，计时器会自动记录 10 个周期的总时间，除以 10 即可得到振动的周期。多次改变滑块质量进行测量，可通过数据分析或用计算机 Excel 处理软件画出 $T-m$、T^2-m 或 $T-\sqrt{m}$ 图像进行研究。

② 利用数字化实验系统的位移传感器，可测量并描绘出振子的位移-时间图像。不但可直接观察到简谐运动的图像，还可经过正弦拟合后得到周期等信息，方便教学中使用。其组装结构示意图如图 2.1.4 所示。

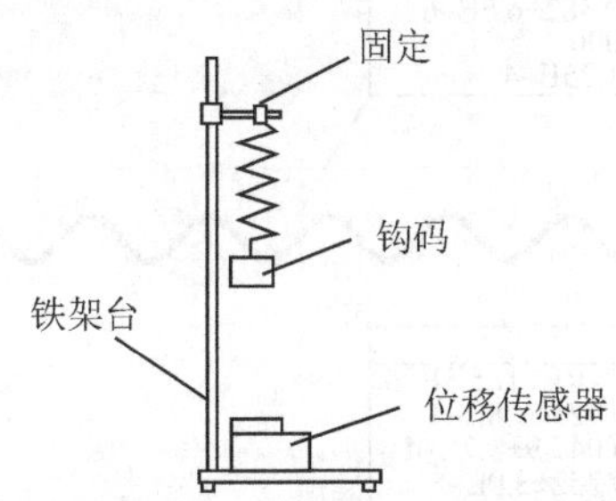

图 2.1.4　绘制弹簧振子位移-时间图像

图 2.1.5 所示为利用竖直弹簧振子和距离传感器演示振动周期与振幅无关的实验结果。弹簧和振子的质量不变，仅改变振幅，不论图像还是拟合所得的数据都说明，两次振幅不同，但周期相同。

图 2.1.6 所示为利用竖直弹簧振子和距离传感器演示振动周期与振子质量的关系的结果。下面图线对应的振子质量是上面图线对应振子质量的 2 倍，而其周期约为前者的 1.4 倍，因为本次实验只悬挂了一个钩码，弹簧的质量并不能忽略，所以和 $\sqrt{2}$ 倍略有差别。

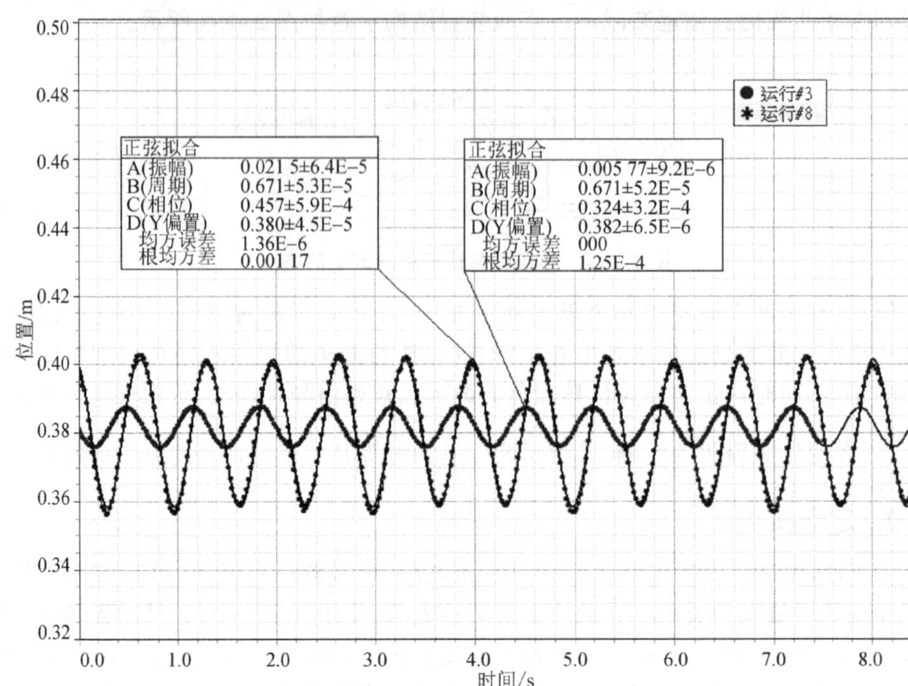

图 2.1.5　振动周期与振幅无关

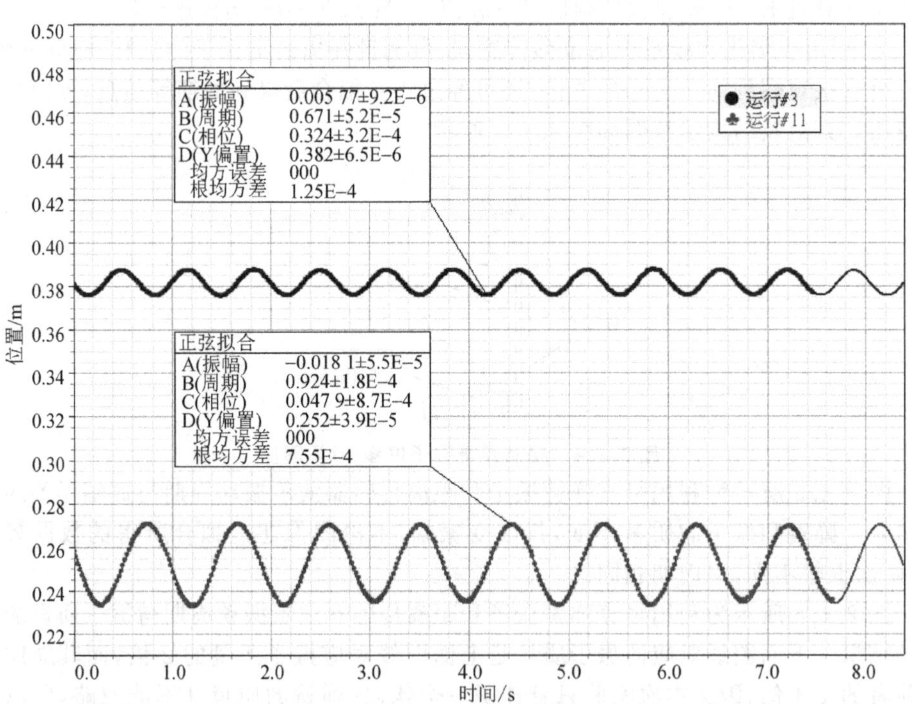

图 2.1.6　振动周期与振子质量的关系

2.1.6　自制教具案例

刘俊、谢海康和李建宁自制《便携式气垫弹簧振子》(见图 2.1.7),获得第七届优秀自制教具二等奖。

图 2.1.7　便携式气垫弹簧振子

便携式气垫弹簧振子把气泵底板上加装适宜的避震弹簧,起到减震减噪后和气垫轨道整合在一起,让气泵提供长久稳定的气流供气垫式弹簧振子使用,用感应闪灯代替刻度显示振子的往复运用情况,具有材料轻、便于携带、操作简单、现象直观明显、演示效果好等特点。

2.2　纵波演示器

2.2.1　结构和原理

螺旋弹簧纵波演示器(结构图见图 2.2.1,实物图见图 2.2.2)用细钢丝绕成螺旋弹簧,用双细线悬挂在支架上,背后有白帘反射布屏作背景提高可见度。螺旋弹簧的两端各有一个弹簧片振动源安装在底座上,螺旋弹簧与弹簧片上的卡座连接。将弹簧片稍稍拉开一定距离,弹簧片振动,牵动螺旋弹簧一起振动,形成纵波在螺旋弹簧上传播,可以清晰地看到螺旋弹簧上形成的疏密波。

核心部件的螺旋弹簧的钢丝线径为 0.4 mm,弹簧的内直径为 65 mm。移动重锤的位置即可改变弹簧片有效长度,就可以改变振源的固有频率。

本仪器可以完成纵波的传播、纵波波长与频率的关系、脉冲的传播、纵波的反射、波的基本性质(互不干扰)、驻波等实验。

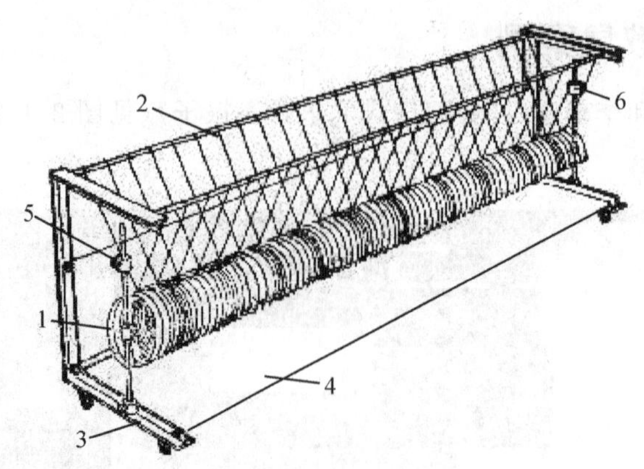

1—螺旋弹簧；2—双细线；3—底座；4—反射布屏；5、6—弹簧片振动源

图 2.2.1　螺旋弹簧纵波演示器结构图

图 2.2.2　螺旋弹簧纵波演示器实物图

2.2.2　主要技术指标

纵波演示器符合《JY 0333—1993 纵波演示器》的要求。螺旋弹簧吊线结点应在一条直线上，且分布均匀。螺旋弹簧的工作长度可以为 1 000 mm、1 250 mm、1 600 mm，螺旋弹簧在工作状态下应满足表 2.2.1 所列的要求。

表 2.2.1　螺旋弹簧工作状态要求

弹簧工作长度/mm	全长圈数	波速/($mm \cdot s^{-1}$)	波的传播可见距离
1 000	200±10	不大于 0.5	不少于 2 个单程
1 250	230±10		
1 600	250±10		不少于 1 个单程

其中波速的测量方法：适当调整振源，用手拨动振子，松手后使其自由振动，用秒表测量第二个密部从螺旋弹簧的一端传到另一端所需的时间，重复 3 次，用公式 $t=\frac{t_1+t_2+t_3}{3}$ 求得时间的平均值 t，再测量整个螺旋弹簧长度 L，则波速 $v=\frac{L}{t}$；或者观察计算若干个(用 n 表示)波的传播时间 t，计算出波的周期或频率，再求若干个波的长度，求出波长 λ，再求出波速，即周期 $T=\frac{t}{n}$，$f=\frac{1}{T}=\frac{n}{t}$，$v=\frac{\lambda}{T}=\lambda f$。两种方法测

量的波速可以相互印证。

2.2.3　使用要点

仪器安装时注意不要损坏螺旋弹簧，在没有安装完毕前请勿将小铁圈上的细线拆除，安装顺序如下：

① 取出机架。

② 将连接杆分别旋入端面，每端面依次旋入两根。

③ 找一根长于 1.5 m 直的铁丝和木棒，将螺旋弹簧穿入棒中(对弹簧应格外小心，不要挤压、拉长)，使弹簧自然下垂。由两个人同时将棒固定在支架上。

④ 把吊弹簧的小铁圈依次套入连接杆中。

⑤ 棒固定高低以振动杆为准，振动杆的上端处于弹簧中间。

⑥ 用线将弹簧的第一圈系成死结，细绳分两根分别系在连接杆上，上端暂时不系死，最好用火柴杆将线绳挤住，待全部调整后再固定。

⑦ 用线绳系弹簧，由振源一端开始，每隔 4 圈系一结(两线之间有 3 圈)，末尾一圈弹簧系在竖立的钢条上。

⑧ 在机架的背面套上反光白布。

2.2.4　日常维护和常见故障排除

1. 日常维护

① 弹簧不要过度拉伸，否则会超过弹性限度而变形。吊线不要弄断。安装好机架之前切勿解开弹簧的捆扎丝。

② 振源振动时不要弯曲过度，以免弹簧片变形。振动的维持时间与振幅过大无多大关系。

③ 长期保存可按照安装的逆顺序进行，将仪器恢复为图 2.2.3 所示的形式，将弹簧成束捆起来。拆卸前，按照每间隔 10 圈弹簧插入硬质纸片后小心并拢，并用 4 根小木片在其两侧将弹簧夹紧，然后拆下连接杆等物，妥善保存，以利于下次再用。杆子之间的拆装如图 2.2.3 所示。如果螺旋弹簧是钢片式的，并且是没有涂漆的，可以在弹簧上滴少许机油(或擦枪油)并放置在干燥阴凉处。

④ 自制保护装置。用美工刀将牛顿管包装泡沫板两端的泡沫削掉使其与圆弧形的凹槽一致，让 2 根铜丝分别从泡沫板两端穿过，A、B、C、D 是留在泡沫板外的铜丝；4 根细线分别系在 A、B、C、D 上，4 根线的另一端也分别系上铜电线弯成的钩子，把 A、B、C、D 上的钩子挂在吊弹簧的杆子上，挂点有编号 1、2、3、4 和标记“×”(如图 2.2.4)；重新调整钩子的长度，使吊弹簧的线弯曲，弹簧完全悬了起来，制作完成。

2. 常见故障排除

① 由于拉伸过度导致的弹簧变形、匝间距离增大，如图 2.2.5 所示。校正的方

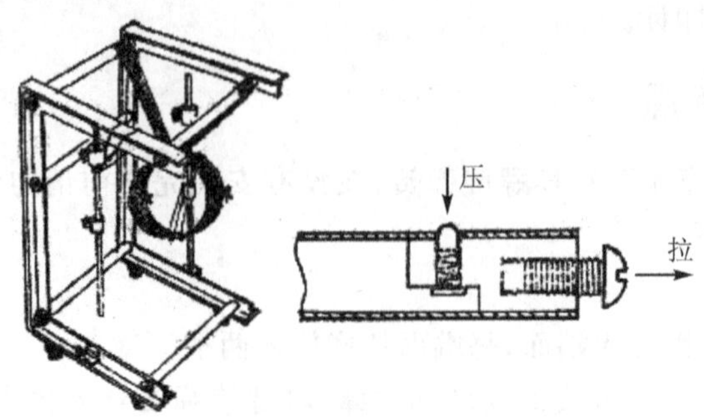

图 2.2.3　杆子之间的拆装

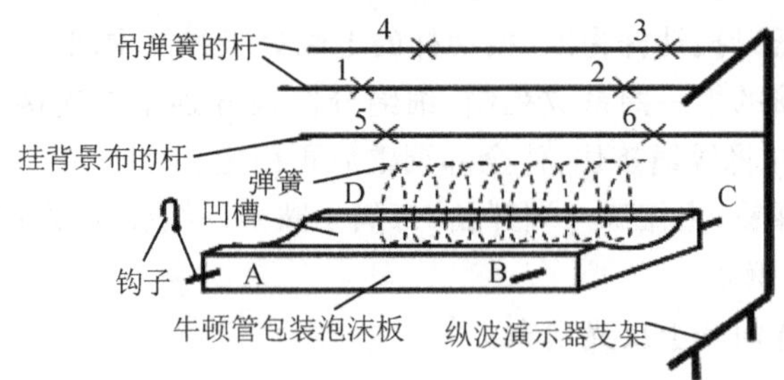

图 2.2.4　自制保护装置

法是将间距变大的两匝向互相靠拢的方向轻轻压缩，然后放开后恢复原状。

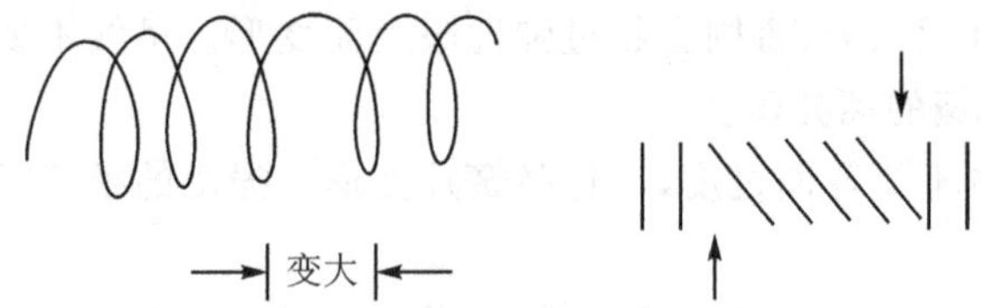

图 2.2.5　弹簧变形匝间距离增大

② 弹簧局部的匝圈变形导致弹簧吊装后匝圈与轴不垂直。校正的方法是按变形的相反方向稍用力拉动，使变形消失，吊装后匝圈即与轴重新垂直。用力要匀，不要过校正，如图 2.2.6 所示。

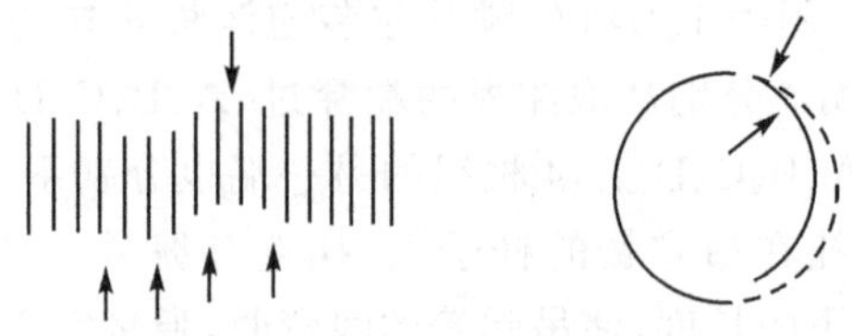

图 2.2.6　匝圈变形

③ 部分匝圈上下参差不同轴，如图 2.2.6 所示。其原因是匝圈变形不圆。校正

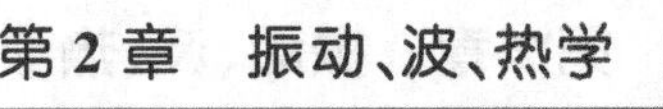

的方法是对变形匝圈做圆形矫正。

④ 遇弹簧形变太大，可剪去缠绕变形部分，如图 2.2.7 中 a、b 部分的弹簧，留下完好的部分。如果弹簧太短不能使用，可以用多个短弹簧首尾相连接而成，或选择电子制作元器件绝缘用的软形微小尼龙套管或细塑料管，长为 40 mm，孔径为 0.8 mm 左右。分别将剪去后留下的完好弹簧两头钢丝顺势插入套管后并采用 502 胶水渗透粘结，以达到完整连接。然后用涤纶丝线缚牢。连接固定用的套管很轻巧，只要在起振时策动力稍大些，其演示效果仍会明显。

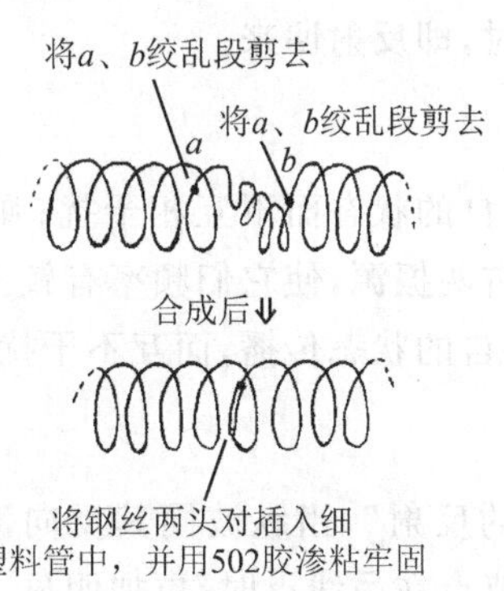

图 2.2.7　剪去变形后再合成

⑤ 如果几经修复，弹簧变形大而长度又很短时，即可将弹簧弃之不用。可采用直径 0.4 mm 的航空模型钢丝绕制而成，效果与新仪器相同。其加工过程是：首先找一个直径为 65 mm 的金属模具，而后用绕线机将细钢丝均匀地绕制在模具上，匝数为 220 圈，细钢丝的两个断头必须牢固，再将其放在电炉上烘烤至外观呈现红色时，迅速置于机油中经淬火热处理，待冷却后解开伸展长度不小于 1 100 mm，即告成功。

⑥ 新弹簧挂线时以透明丝线或白色细涤纶丝线缚之较好。这样在白色的背景上能更好地突出纵波波形疏密相间传递的醒目地位。

2.2.5　教学中的应用

1. 纵波的传播

将远离振源小球端吊弹簧的铁圈 5 只缩紧（以利于反射波的吸收），其余均匀分布。用手轻轻拨动振源小球，纵波自振源一端向另一端传播，疏密相间，即可显示纵波的传播，随着振源小球振幅的衰减，纵波自然消失。

2. 纵波波长与频率

螺旋弹簧吊装好后，改变振源小球在弹簧片上的位置，可得到不同波长的纵波和频率，可得出金属球纵波波长最短时频率最高的结论。

3. 脉冲波的传播

产生脉冲波的吊装方法如纵波的传播实验,拨动小球后,迅即用手捏住小球,一般可产生1～3 个密部,此时可观察脉冲的传播。

4. 纵波的反射

改变纵波的传播中弹簧吊线的位置,使其均匀排布。将弹簧另一端固定在另一振源上,将振源小球置于适当位置,按纵波波长与频率实验的方法产生一个或几个脉冲波,当脉冲波传到另一端时,即反射回来。

5. 波的基本性质

几列波相遇时能保持各自的状态而不互相干扰;弹簧吊装如纵波的反射实验时拨动两个振源小球(调节左右两振源,使它们频率有较大的差别)产生两列纵波脉冲,此时可见两列纵波能保持各自的状态传播,而互不干扰。

6. 驻 波

弹簧吊装方法如“纵波的反射”,当纵波同其反向波相遇时即可观察纵波现象。适当调整振源小球位置,当节点在吊线点时,更加明显。

2.2.6 新仪器介绍

由于螺旋弹簧纵波演示器的螺旋弹簧的劲度系数很小,在演示实验和移动过程中一不小心就会造成螺旋弹簧变形损坏。

① 螺旋弹簧的两端容易变形。因为支架上有两个竖直的弹簧片分别与螺旋弹簧两端直接连接,作为振源。正常拨动弹簧片即可以连续推拉螺旋弹簧,从而使弹簧产生明显的摆动,固定在振源上的弹簧向另一方向传播振动,可以清晰地看到弹簧上传播着疏密相间的纵波形态。如果人为以过大角度拨动弹簧片,就会造成弹簧片和螺旋弹簧两端固定处的形变,以致损坏。

② 在取拿和搬运纵波演示器的过程中,由于没有将螺旋弹簧收集缩小起来,也会造成螺旋弹簧与挂线缠绕套住。

③ 螺旋弹簧上的丝线强度不够,容易断落。拆卸时一不小心也会造成丝线和弹簧绞在一起,很难理顺。

针对螺旋弹簧纵波演示器以上的缺点,出现了一些新的纵波演示器。

1. 箱形波动纵波演示器

如图 2.2.8 所示,箱形波动纵波演示器在水平方向共有 5 个红色和 10 个黑色的质点,用来说明纵波形成的过程。摇动演示器侧边的转动手柄,第一个红色质点先向左(或向右)做水平运动,形成靠近(或远离)第二个质点的运动。然后第二个质点跟随第一个质点运动,当第一个质点做返回运动时,第二个质点也跟随做返回运动,以此类推，形成15个质点在水平方向做疏密往复运动。

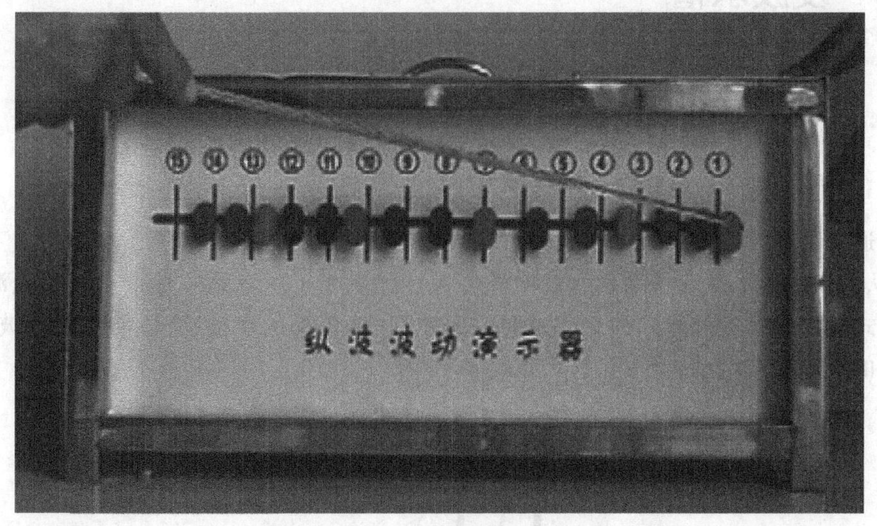

图 2.2.8　箱型波动纵波演示器

该仪器重点在于描述纵波的形成过程。该仪器的质点排列是模拟纵波运动，不是真实的纵波。

2. 新式螺旋弹簧纵波演示器

新式的螺旋弹簧纵波演示器（见图 2.2.9）的螺旋弹簧不是用钢丝做成，而是用钢片做成的片状螺旋弹簧。它比钢丝螺旋弹簧有很多的优点，最主要的是安装后，螺旋弹簧不容易相互咬在一起。钢丝式螺旋弹簧，相邻的钢丝圈经常相互咬在一起，不容易解开，影响了使用。新式的片状螺旋弹簧演示器避免了这一缺点，并且可以着色，更加便于观察，纵波形成与传播过程都很清晰。

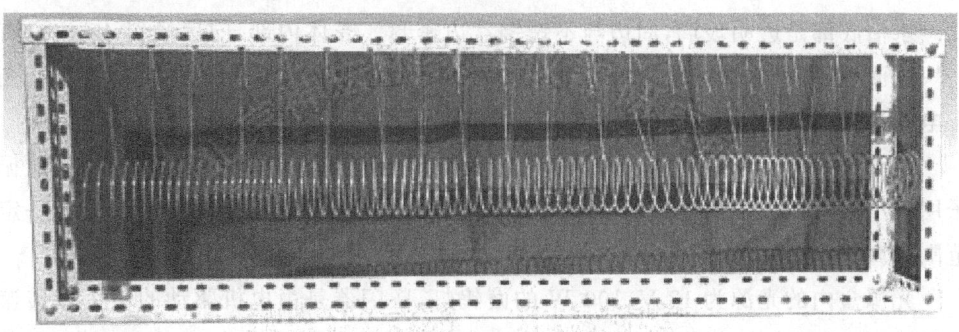

图 2.2.9　新式螺旋弹簧纵波演示器

2.3 发波水槽

2.3.1 结构和原理

1. 结 构

通常是在发波水槽浅水槽侧边放置频率可调的电动振子，振子在水面处上下振动，从而在水面上激起一系列水波向外传播。图 2.3.1 所示是一种带有频闪光源的直投式发波水槽的外形结构。其主要由壳体、壳体顶部的水槽、壳体前部的毛玻璃、上部的光源盒和电动振子组成。

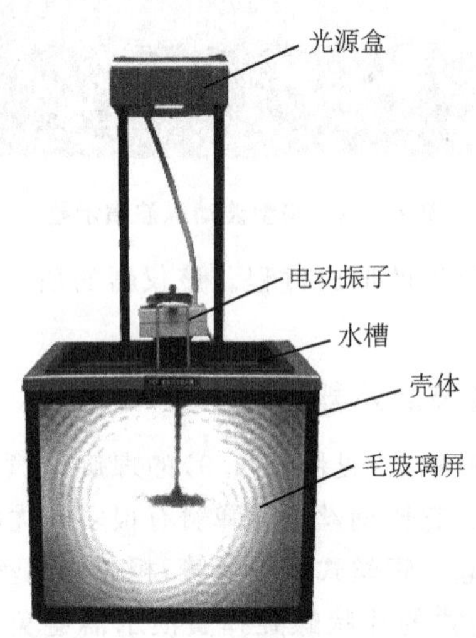

图 2.3.1 带有频闪光源的直投式发波水槽

水槽底部是透明玻璃，周边与不锈钢盆边密封。壳体内部，向后倾斜 45°放置有一块平面镜，可将水波的投影反射到毛玻璃屏上。壳体的底部靠后的位置，安装有变压电源。

电动振子部分可做整体升降调节，振杆上部有控制振幅的螺钉，振杆上有插放振子用的承接块。振子由电磁驱动发生振动，其振动频率可由相应调节旋钮进行一定范围的调节。

光源盒内的光源为 12 V、100 W 的卤钨灯，频闪器是由电机驱动的一个旋转遮挡叶片，遮光频率为 50～60 Hz。遮光片旋转时可加速盒内空气流动，起到降温的作用。

仪器配备有单振子、双振子、平面波振子及挡板 2 块，用于观察水波及其干涉衍射现象。

2. 原　理

振子振动时激发出的水波由振子处向外传播，水面出现水波纹。这种水面有规律的起伏变化，经强光照射投影在前部的毛玻璃屏上，屏上就出现明暗相间的波纹。

频闪光源的使用是为了让学生便于观察，当振子的振动频率与频闪光源的频率相等时，水波就像凝固下来一样。便于观察波长、形状及加强区和减弱区的特点。但应注意，这相当于在某个时刻给水波拍了一张照片。实际上，水波波纹是不断向外运动的，不会静止不动。

2.3.2　主要技术指标

水槽底部周边要密封良好，不能漏水。

振子高度要能调节到合适的高度，并振动平稳，调节振幅螺钉，使振子在振动过程中能形成清晰稳定的波形。水槽周边不应出现明显的反射波而干扰到对原始波的观察。

调节振动频率，应能达到水波波纹的投影在屏上静止不动的效果。

2.3.3　使用要点

仪器放置平稳，在水槽中注入适当深度的清水（参考深度 5～8 mm），使水槽四周和振子及挡板都充分湿润。

在承接块中插入所需振子，调节电动振子的整体高度，使振子下端深入水中 1～2 mm，应保证振动中振子下端不离开水面。

注意事项：①水温不要低于室温，以免在水槽的下表面结露而影响投影观察效果。②振子振动时其下端应始终在水面以下。水槽中水的多少以及振子下端浸入水中的深浅、振子振幅的大小等对于演示效果都有影响，应反复实验，直到取得最佳效果。③因光源处的溴钨灯工作时会产生大量的热，所以实验时间较长时，不要触碰光源盒外壁，以免烫伤。

2.3.4　日常维护和常见故障排除

若接通电源后仪器不工作，请检查各插头是否有松动，保险丝是否完好。

若光源不发光，则检查溴钨灯的灯脚是否松脱，灯丝是否烧断。

实验结束后要旋转振幅调节螺钉，使其与振杆分开，此时振杆还原为自由状态。最后清理好水槽底，以免留下水垢。

2.3.5　教学中的应用

实际演示中，要事先调整好水的深度、振子浸入水中的深度及振幅，使投影波纹清晰稳定。在调节振子振动频率时，应使投影波纹向外运动，避免投影波纹向内收缩的情况发生。

1. 演示水波的衍射

水波的衍射可选用单振子或平面波振子进行实验。调整挡板间距，观察在缝的大小与波长接近或更小时水波的衍射现象。也可施放宽度不同的障碍物，观察在障碍物尺寸与波长接近或更小时，波的衍射现象。小障碍物可以用钉子。

2. 演示水波的干涉

水波的干涉选用双振子，适当减小双振子间的距离，可使强弱区的宽度有所增加，便于观察分析。可采取遮挡屏幕的方法，使学生只观察屏幕上一列加强区或一列减弱区。学生可发现，减弱区液面亮度几乎不变，但加强区则有明暗相间的部分不断向远离波源处运动，这是因为双振子的振幅几乎相同，减弱区的液面几乎不振动，而加强区液面的振幅最大，形成峰谷相间并不断向远处运动的情形。

3. 演示入射波和反射波的干涉

入射波和反射波的干涉选用单振子或平面振子进行实验。将挡板靠近振源放置，可观察到在振源和挡板间的区域出现了水波的干涉条纹。

2.4 内聚力演示器(改进型)

2.4.1 结构和原理

早期的内聚力演示器由两个涂有不同颜色的铅圆柱体组成，如图 2.4.1 所示。刮削器如图 2.4.2 所示，用于将两个圆柱体的截面沿同一方向刮削，使圆柱体截面光亮平整。

现在有一种新式的内聚力演示器，其铅柱是中空的。图 2.4.3 所示是配备的挤压器，图 2.4.4 所示是扳动杆和刮削器，图 2.4.5 所示是铅圆柱体。同样新式的内聚力演示器也带有刮削器，用于对筒形圆柱体对接面的刮削。外径仅 1.8 cm 的中空铅柱，靠徒手挤压吸合纵向悬挂重物，一般在 400 N 以上；靠简易挤压器吸合的，可达 1 600 N 以上；横向破坏性悬重达 400 N 以上。刮削器嵌立刀，保证铅端面刮削过程中，只有刀刃接触铅端面，使端面刮削得光亮，克服了传统实心铅体吸痕往往只一处，且在偏离铅柱中心轴线附近位置，造成力臂小、力矩小，只有脱开转矩、无反脱开转矩的弊病。一般情况下实验成功率达到 95%以上。

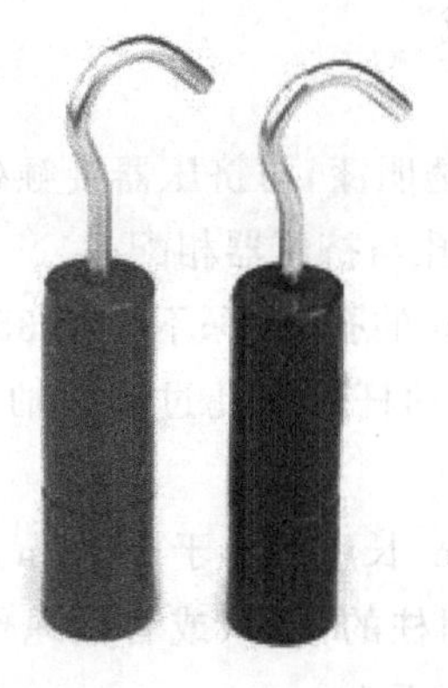

图 2.4.1 内聚力演示器

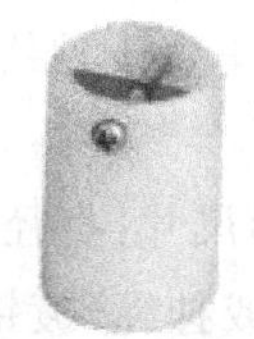

图 2.4.2 刮削器

图 2.4.3 挤压器

图 2.4.4 扳动杆和刮削器

图 2.4.5 铅圆柱体

2.4.2 主要技术指标

1. 老式的内聚力演示器

① 圆柱体直径 ϕ20 mm、长 50 mm。

② 铅的纯度不低于 99.9%。

③ 铅的有效使用长度不小于 30 mm。

④ 挂钩镀铬。安装在圆柱体端面的中心，允许偏差不大于 1 mm。

⑤ 圆柱体无砂眼气孔，表面漆层均匀、美观。

⑥ 削平两圆柱体端面压接在一起后，承受纵向拉力不小于 60 N。

⑦ 本仪器附旋转式刮刀。

2. 新式的内聚力演示器

内聚力演示器符合《JY/T 0417—2010 内聚力演示器》的要求。产品由两个铅圆柱体、转式刮削器、挤压架和两根扳动杆组成。

(1) 铅圆柱体

① 铅圆柱体内部无砂眼、气孔，表面涂透明漆，与挤压器接触处镶有一段铁质圆柱，并且端面中心有挤压定位孔。挤压定位孔与挤压器相配。

② 每个铅圆柱的挤压面中心都有 8 mm 的孔，孔深不小于 35 mm，孔与圆柱同心。圆柱中部有一垂直于轴线的通孔(插扳动杆)，通孔过圆柱轴。孔径应为 5 mm ±0.5 mm。

③ 铅圆柱外形尺寸：直径不小于 20 mm、长度不小于 50 mm。

④ 重物挂钩(或挂绳)镀铬，安装在铅圆柱的中心(或者挂绳作用线通过端面中心)，挂钩作用力线与铅圆柱同心度误差不大于 1 mm。

⑤ 两根铅圆柱外沿过通孔的母线宜有标志线。

(2) 刮削器

① 削平的两铅圆柱体端面压在一起后，承受纵向拉力不小于 60 N。

② 刮削器由转柄、刀片和刀轴组成。

③ 刮削器刀轴外径为 8 mm，伸入圆柱体长度不小于 12 mm。刀片插入刀轴后刀刃面与刀轴垂直。

④ 刀片为一整刀，刀长不小于 22 mm，插入刀轴后伸出刀轴部分长度在刀轴两边相同并应能安装固定。刀片插入刀轴后刀面与刀轴线平行。

(3) 挤压器

① 挤压架采用铁质结构，两个铅圆柱体能装入挤压器中，通过简单机械实现挤压。

② 挤压器装入铅圆柱体挤压至人力不能挤压时，在挤压方向的变形不大于 0.25 mm。

(4) 扳动杆

扳动杆由圆钢组成，外径为 4 mm±0.5 mm，长不小于 100 mm。

2.4.3　使用要点

1. 老式的内聚力演示器

用刨刀，将两个圆柱体的截面沿同一方向刮削，使圆柱截面光亮平整。然后，用手将两平整截面顺刀纹推压，当两圆柱面的精密结合面较大时，由于分子间的引力，两块圆柱就会结合在一起。将一端的挂钩固定，另一端加一定的钩码，不能将两圆柱拉开。

2. 新式的内聚力演示器

用刮削器将两个柱体的表面刮削平整光滑，刮削平整后将两个柱体对齐，放到支架上，用支架上的螺旋向下旋转，将两个柱体挤压紧密，从而成为一体。取下柱体将柱体上的吊绳悬挂到铁架台上，下面的柱体吊绳就可以挂钩码。

一手握持穿有扳动杆的铅体，另一手握刮削器刀柄，让刀轴穿进铅体中心孔内，使刀刃接触铅环面，两手挤压并向相反方向旋转一周，即可刮下一层厚0.1～0.2 mm的铅刨花。两手握持刮削过穿有扳动杆的两铅体并对接，在挤压下拨动扳动杆，使两铅柱体端面相互错开一个较小角度(一般在5°左右)，当手感费力时，停止拨动，两铅体即牢固吸合在一起。折断再演示时，不必再刮，只要凭铅体壁刻线标志，改变原吸合的相互位置，对接时错开原吸痕，再挤压拨动，则效果不减。所以，一次刮削，能实现多次吸合，如利用挤压器，将刮削过的两铅体刻线对齐，置于挤压器架内，旋动转柄，使螺栓杆尖端顶住铅体凹处不松动时，再旋紧转柄180°左右，拨动扳动杆使两刻线错开一个较小角度，凭手感费力时，停止拨动，两铅体可牢固吸合，吸合后两铅体再分开时，可用扳动杆拨开。

2.4.4 日常维护和常见故障排除

如果一次实验没有成功，就要重新刮削平整后，再次实验。新式的内聚力演示器，刮削一次，可以多次使用。

老式的内聚力演示器的缺点比较明显，往往不容易成功，原因是两圆柱体的平面不容易刮削成光滑平整的平面。在一次对接不成功时，不要再次推压对接。应将平面上较高处(在用力推压后颜色发灰处)刮削一下，再推压对接，直至成功。因为推压是用人的手，力量有限，同时如果用力时稍有偏斜，就很难成功。

不管哪种内聚力演示器的铅柱，都不能摔落到地面上，以免将柱体的对接面摔坏。如果发生这种情况，就要将变形的部分刮削平整后方能使用。

2.5 气体定律演示器(压力表型)

2.5.1 结构和原理

气体定律演示器的外形结构如图2.5.1所示，由注射器(含外筒与活塞)、压力表、长度刻度盘(表示体积)以及固定支架组成。压力表与活塞的连接关系如图2.5.2所示，压力表芯的铜管与活塞中心的管道相连。活塞的侧壁有一个油孔，活塞下部有硅油，可以从油孔进入注射器外筒与活塞之间进行润滑，以减小活塞与注射器壁之间的摩擦。当注射器内封闭的气体压强和体积发生变化时，压力表芯的弯曲铜管就要伸直或更加弯曲，铜管顶端位置的变化，牵动杠杆和齿条指针的运动，达到指示压强的目的。

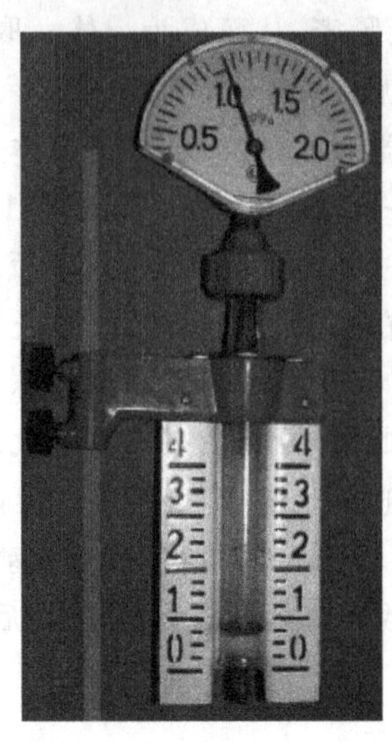

图 2.5.1 气体定律演示器

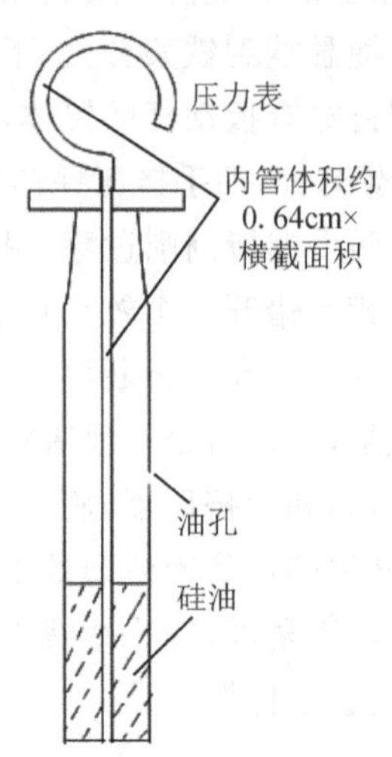

图 2.5.2 活塞剖面图

该仪器的封闭气体体积长度用注射器外部的刻度板上的刻线表示，单位为 cm，气体体积 V＝长度 $L\times$活塞横截面积 S。但是该读数产生了比较大的系统误差，原因是该体积读数没有包含活塞中内管的气体体积(含压力表弯曲铜管中的气体)。因此，该仪器只能粗略地观察气体压强与体积的关系。如果要做比较精确的定量实验，就需要对活塞内管的气体体积进行测量，将该体积与注射器中气体体积相加后作为封闭气体的总体积，这样实验结果就比较精确。除此之外，活塞与外筒之间的摩擦也是影响气体压强读数的原因。

2.5.2 主要技术指标

气体定律演示器符合《JY 46—1987 气体定律演示器》的要求，由外管、活塞、压力表、体积标尺和固定夹等零部件组成。

1) 外管及活塞 ：①材料为优质硬质玻璃、经退火处理消除材料应力。②耐 80 ℃温差的急冷急热。③外管长不小于 150 mm，内径为 21 mm。④外管与活塞配合后有良好的滑动性能与气密性。

2) 密封与润滑：①耐热性：在 100 ℃使用时，10 分钟内，管壁油膜不干燥。②耐寒性，在－40 ℃条件下贮存 2 小时，恢复常温后不影响活塞在外管中滑动。

3) 体积标尺：①经历－40 ℃和 100 ℃的贮存后不应有明显的弯曲变形。②分度线刻度总高度不小于 100 mm，粗线宽度为 1.5 mm。

4) 压力表：①压力表为 4 级真空压力表，刻度盘的刻度半径不小于 50 mm，量程为 50～200 kPa(0.5～2 kgf/cm)(1 kgf＝9.806 65 N)，最小分度值为 10 kPa。②分度线和数字应工整、清晰，粗线宽度为 1.5 mm。

5）仪器垂直安放，当环境温度为 20 ℃±5 ℃时，基本误差不超过 6 kPa。轻敲外壳指针，指示值的变动量不超过 3 kPa。均匀增减负荷过程中，指针不应有跳动和停滞现象。

6）用本仪器验证波义耳-马略特定律和气态方程时，实验误差不大于 10%（指没有对系统误差进行纠正的指标）。

2.5.3　使用要点

① 仪器安装在铁架台上，注射器轴线在竖直方向，尽可能减小活塞与外筒之间的摩擦。

② 先将外筒底部的橡皮帽拔下，将活塞向上提起，使活塞底部与红色线的中间对齐。再将橡皮帽盖上，密封注射器中的气体。

③ 手捏住活塞与压力表连接处的塑料盖，向上提起活塞或向下压活塞，改变封闭气体的体积，同时观察压力表的压强变化，分别记录若干次数据。

④ 实验过程中手不要与外筒接触，以免改变封闭气体的温度。

⑤ 如果要比较精确的测量数据，进行定量研究，则要对体积数据进行修正，即将活塞与压力表弯曲铜管中的气体体积加到外筒中封闭气体的体积中去，该数据为 0.64 cm（是山东临沂第一中学杭清平老师测定的数据）。具体的计算方法如下：（外管气体长度+0.64）×活塞面积＝修正后的封闭气体体积。

进行波义耳-马略特定律实验，没有修正体积的实测数据见表 2.5.1，图像见图 2.5.3、图 2.5.4。

表 2.5.1　没有修正体积的实测数据

次　数	V(LS)	$1/V$	$10^{-2}\cdot p$/kPa
1	3.50	0.286	0.65
2	3.00	0.333	0.75
3	2.50	0.400	0.86
4	2.00	0.500	1.10
5	1.50	0.667	1.44
6	1.00	1.000	2.10

修正封闭气体体积后实验数据见表 2.5.2，其图像见图 2.5.5、图 2.5.6。从图像可知经过修正后的实验数据，描绘的图像更加合理。$p-1/V$ 图线更接近过原点，纵轴上没有截距。

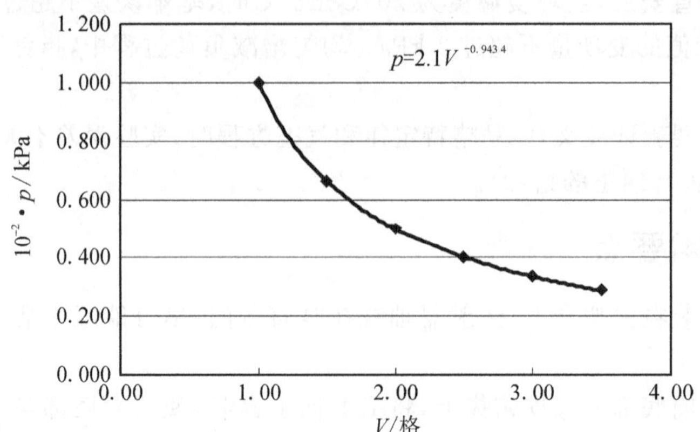

图 2.5.3 无修正的 $p-V$ 图像

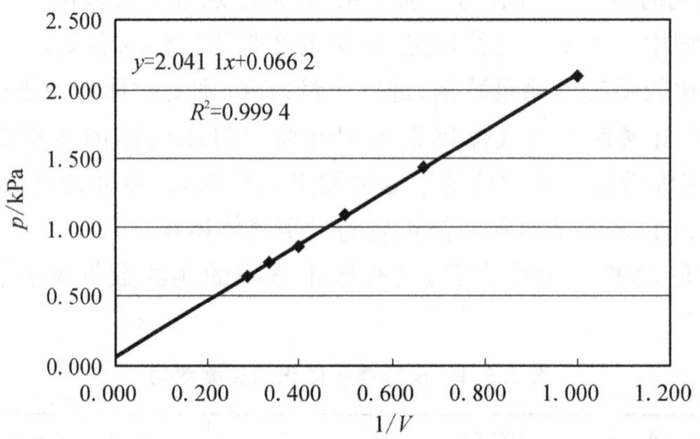

图 2.5.4 无修正的 $p-\frac{1}{V}$ 图像

表 2.5.2 修正封闭气体体积后的实验数据

次 数	V/cm	$1/V$/cm^{-1}	p/atm
1	4.52	0.221	1.015
2	4.14	0.242	1.115
3	3.82	0.262	1.215
4	3.52	0.284	1.315
5	5.04	0.198	0.915
6	5.54	0.181	0.815
7	6.54	0.153	0.715

注:1 atm=101.325 kPa。

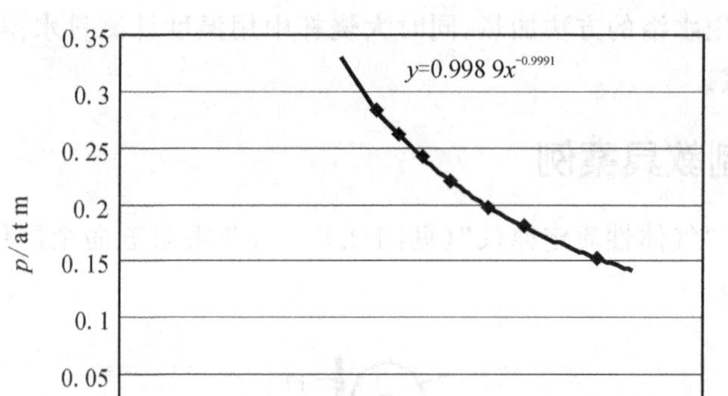

图 2.5.5　修正后的 $p-V$ 图像

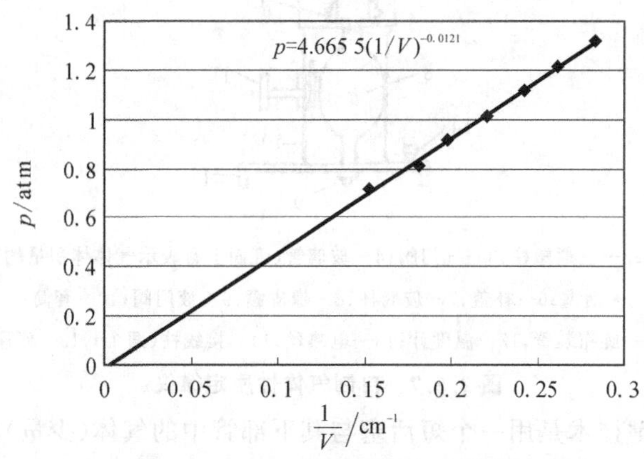

图 2.5.6　修正后的 $p-(1/V)$ 图像

2.5.4　日常维护

仪器不使用需要长期存放时，应将外筒底部的橡皮帽摘下，擦去橡皮帽上的硅油，用滑石粉涂于橡皮帽表面内外，防止橡皮帽老化。然后将仪器放入盒中保存。

保持活塞下部有一定数量的硅油。如果硅油太少，则不足以润滑活塞与外筒之间的摩擦，要及时补充硅油。

注射器外筒与活塞不要受到外力或坚硬物体的冲击，以免破碎。

2.5.5　教学中的应用

① 可以改变封闭气体的体积，研究不同质量的气体压强与体积的关系。

② 如果需要研究封闭气体的压强与温度，或体积与温度的关系，可以将注射器

放入大烧杯中，用水浴的方法加热，同时大烧杯中用温度计测量水温，测得数据后再研究其数量关系。

2.5.6　自制教具案例

肖毅自制了“气体性质定律仪”（见图 2.5.7），获得第五届全国优秀自制教具一等奖。

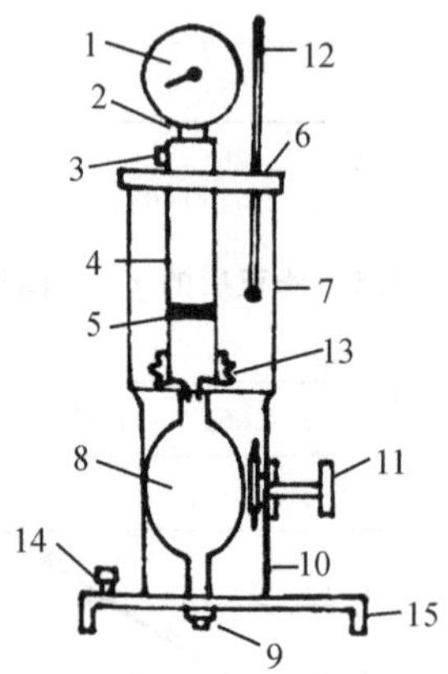

1—气压表；2—三通塑柱；3—气门阀；4—玻璃管（管面上有表示气体体积量的刻度线）；5—活塞；6—杯盖；7—玻璃杯；8—橡皮囊；9—液门阀；10—套筒；11—旋钮装置；12—温度计；13—电热丝；14—接线柱（两个）；15—底座

图 2.5.7　自制气体性质定律仪

该仪器的关键技术是用一个短活塞与其下部管中的气体（少量）和液体来共同密闭活塞上部的气体（研究的对象）。这既确保了研究的气体质量一定，又确保了研究的气体不会变成饱和气体，从而总可视为理想气体。该仪器对研究气体的压强和体积的控制是利用液压传动原理，通过控制活塞运动来实现的；对温度的控制是利用电流的热效应来实现的。气压表的示数为研究气体的压强；活塞上表面所在位置的玻璃管上的体积刻度值，为研究气体的体积；温度计的示数为研究气体的温度。该仪器与原有的各种同类仪器相比，具有以下突出的优点：①不再使用国际上严格控制的毒性大的水银；②作为研究对象的气体不会变为饱和气体，从而总可视为理想气体；③杜绝了在采用活塞来密封气体时的漏气问题；④活塞所受的摩擦力已不影响实验的精确度；⑤它能做的气体性质的 4 个实验，误差均可小于 1%；⑥使用方便，操作简单，且 p、V、T 数据均为直接读数，既能节省课时，又能减轻学生负担。

该仪器可验证波义耳定律、盖・吕萨克定律、查理定理，以及验证理想气体状态方程。

2.6　道尔顿板

2.6.1　结构和原理

道尔顿板外形如图 2.6.1 所示。其结构可以分为三部分：小钢球的投放部分（入口在仪器的顶端）；碰撞室（小钢球通过的有规则排列的钉板部分）；小钢球收集部分（由若干个相互分隔的等宽竖直狭槽组成，在板的前面覆盖一块玻璃板，用于显示正态分布曲线。下端有曲面斜槽用于收集狭槽中的小钢球，从出口流出）。

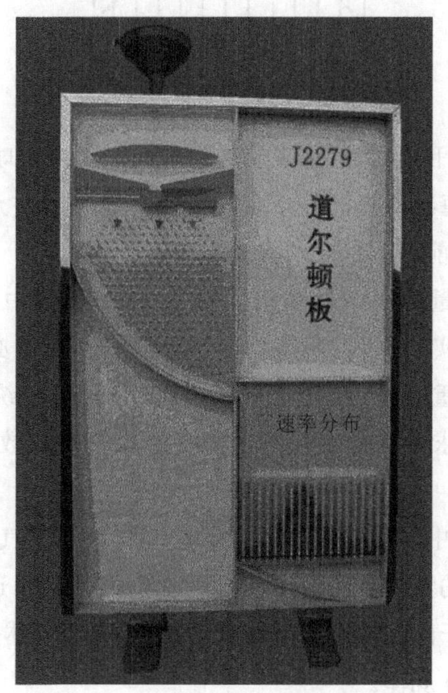

图 2.6.1　道尔顿板

如果从入口处放入一个小球，小球在下落过程中先后和许多钉子碰撞，最后落入某一狭槽。重复多次实验，每次小钢球落入哪个槽内，完全是偶然的，并无规律可循。如果同时倒入大量的小球，则可看到最后落入各狭槽的小球数目并不相等，在中央槽内小球分布的最多，在离中央越远的槽内小球越少。用笔在玻璃板上按小钢球的分布可画出一条连续曲线。如果重复多次实验，则会发现每次所得的分布曲线彼此近似地重合，如图 2.6.2 所示。

实验表明，具有相当数量的小球，在铁钉排列形式不变的条件下，不管这些小球是一次倒入，还是分批、分个倒入，它们在狭槽中的分布总是形成一条确定的曲线。

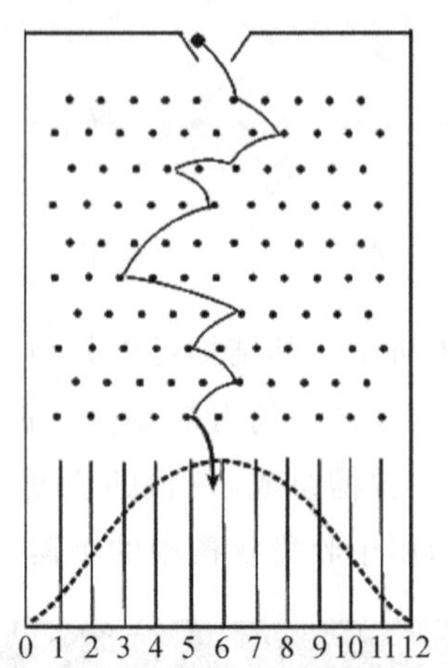

图 2.6.2 道尔顿板工作原理

这便是在一定宏观条件下，“大数量”现象的稳定性。如果小球的数目不是大量的，重复多次的实验将发现，每次所得的分布曲线彼此有显著的差别，且无规律，所以统计规律必须以“大数量”为前提。

实验还表明，对大量的小球做多次实验，小球在狭槽中的分布，虽遵循一定的规律，但就其中每一次实验来看，所得的分布曲线将在这个必然规律附近做微小的摆动，即曲线只能近似重合，不能完全一致。由此说明，在统计规律中一定出现起伏或涨落现象，因此所求得的宏观量不可能是绝对精确的数值，只能是一种统计平均值。

在气体分子的运动中，气体分子是“大数量”的，就一个气体分子的速率而言，是无规律可循的，而大量的气体分子的运动是无规则运动。用道尔顿板中大数量小球的运动，来模拟气体分子的无规则运动速率的规律，说明气体分子的运动速率是无规则的运动，但是服从统计规律。

2.6.2 主要技术指标

道尔顿板设计符合《JY/T 0389—2007 道尔顿板》要求。道尔顿板按结构可分为固定速率和可变速率两种(是指倾倒入漏斗的小球放入钉板部分时的速率)。其中可变速率类别中又具有两种速率或两种以上速率的不同产品。

仪器的结构为方形扁盒，观察面透明。固定速率的道尔顿板入口在中间，可变速率的道尔顿板入口在一边，并可左右移动。小球入口下方有弧形导球板。

钉子直径为 2～3 mm，间距为 9～10 mm，上下行距为 9～10 mm，上下行错位 1/2 间距，排列整齐，每颗钉子都垂直于底板。固定速率的道尔顿板第一行不少于

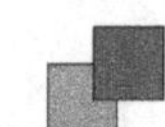

4 颗，第一至九行逐渐增加，第 10 行以后每行不少于 16 颗，总行数不少于 19 行。可变速率的道尔顿板前五行每行不少于 12 颗，以后各行可逐渐减少，总行数不少于 12 行。

小球直径为 2.5～ 4 mm，数量不少于 2 000 颗，采用钢材或玻璃制成。

接小球窄槽宽度为 7～8.5 mm，窄槽数不少于 17 个，排列整齐，高度应大于包络线的峰值。

仪器有收集小球和注入小球的装置。注入和收集装置操作应方便，不使小球散落外部。

2.6.3　使用要点

根据仪器说明书，调整安放仪器。

用适当的容器装入全部小钢球，倾倒入仪器上面的漏斗中。当全部小钢球都已经进入狭槽，形成正态分布曲线时，可以用笔在外面玻璃板面上描绘出小钢球在狭槽中大体上的分布情况。多做几次，描绘分布曲线，进行比较。

小钢球进入钉板部分的释放速率与形成小钢球的正态分布曲线无关，实验时可以选择不同释放速率，比较小钢球形成的正态分布曲线的异同。

实验完毕，将小钢球从底部出口放出，妥善保存。

2.6.4　日常维护

使用时，仪器要竖直放置。注意释放小球时的速度，使小球能够自由、迅速地从漏斗中下落。不要遗失小球，防止小球数量减少。不要让小钢球与磁性物体接触，防止小钢球被磁化，增大了磁性力，改变了原有的随机条件，影响实验效果。存放时，小钢球远离强磁体。

2.7　空气压缩引火仪

2.7.1　结构和原理

空气压缩引火仪用于演示机械能转化为内能的现象。下压活塞时，空气被压缩，内能增大，温度升高，使气缸内的可燃物燃烧。学生通过观察下压动作和气缸底部出现的火光而感知该现象。

空气压缩引火仪是由底座、气缸、端盖、活塞、活塞杆和手柄组成的，其基本结构如图 2.7.1 所示。

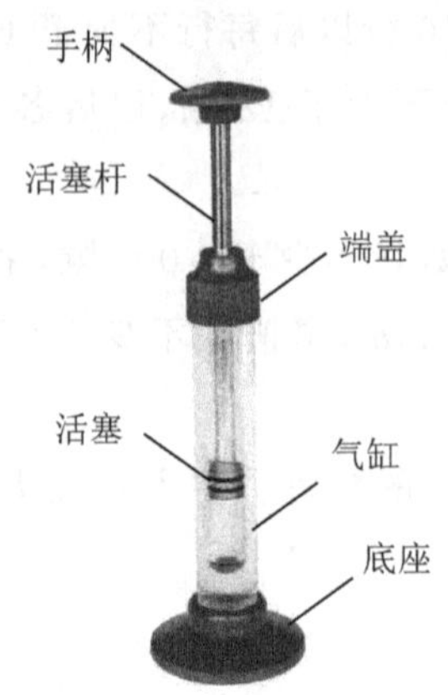

图 2.7.1 空气压缩引火仪

2.7.2 主要技术指标

空气压缩引火仪设计符合《JY 137—1982 空气压缩引火仪》的要求。气缸由有机玻璃或机械性能与之相当的材料制成,缸体透明度好,表面无划痕。底座与缸体连接牢固,放置平稳,活塞与气缸气密性良好。手柄表面光滑,无毛刺。活塞杆表面镀铬,手柄与活塞杆应连接牢固并具有足够机械强度。产品在正常冲击力下,实验效果应明显。连续压缩引火 100 次,密封圈使用效果不变。

活塞与气缸气密性检测:涂少量凡士林于密封圈上,将活塞下压至距气缸底部 10 mm 左右,消除外力,活塞应自由上升至压缩前气柱的二分之一高度以上。

2.7.3 使用要点

使用空气压缩引火仪前应检查活塞与气缸的气密性,要求气缸内无燃烧残渣。气缸内为新鲜空气。

操作时,取很少量的松散状脱脂棉粘挂在活塞底部,将活塞插入气缸内,拧好端盖,活塞距气缸底的距离约为气缸长度的三分之二即可。将仪器置于水平桌面上,一手扶住气缸的中上部,另一只手的手掌贴紧手柄,准备好后,突然迅速下压活塞至最低点,即可观察到脱脂棉燃烧的火光。

使用中的注意事项:

① 可准备一根圆棒,其外径略小于气缸内径,长度大于气缸长度,在重复实验时,可将其放入气缸内再取出,从而实现换气。

② 所用脱脂棉的量一定要少,而且蓬松,呈若干棉丝即可。

③ 下压活塞时,有的老师担心力量不够,用手击打手柄,这个方法并不好。建议的做法是,手掌贴紧手柄,准备好后,以大臂带动小臂和手,突然迅速下压活塞至最低点,操作时可借助上身的力量,但一定要竖直下压,一定要果断、迅速,一压到底。

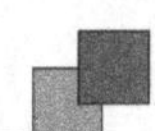

④ 使用蓬松的丝状脱脂棉进行实验即可达到很好的效果，但也有老师采用诸如火柴头粉末、硝化棉或其他经过易燃处理的材料。但应注意用量，例如用硝化棉的量过大时，可能会使活塞冲破端盖的阻挡，造成仪器的损坏甚至出现危险。

2.7.4　日常维护和常见故障排除

当活塞与气缸的气密性不满足实验要求时，应在密封圈上涂抹适量的凡士林，或更换老化的密封圈。

2.7.5　自制教具案例

用引火仪做空气压缩引火实验时，每做一次实验都需要旋下引火仪上端盖来添加脱脂棉，非常不方便且费时费力。对此，王准[1]设计出具有添加脱脂棉功能的空气压缩引火仪（见图 2.7.2），能有效地克服上述缺点和不足。

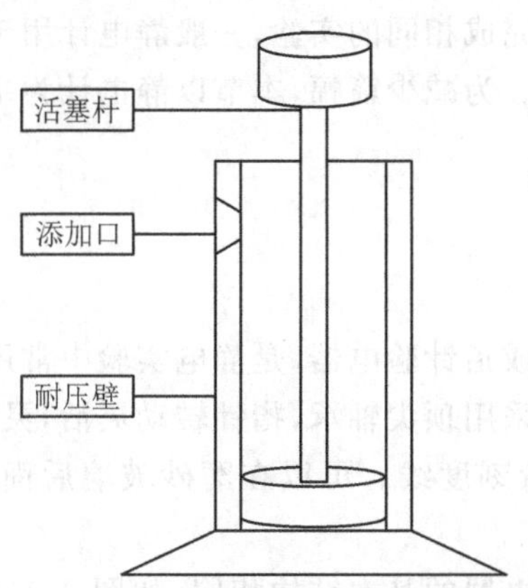

图 2.7.2　空气压缩引火仪的改进装置

在引火仪的耐压壁上端距开口 1 cm 处，钻直径 2 mm 的倒锥形圆孔，用于添加脱脂棉。使用时，老师不再需要旋下引火仪上端盖来添加脱脂棉，仅用手把活塞杆拉到顶位，从添加脱脂棉口添加适量的脱脂棉团，即可开始做压缩引火实验了。由于倒锥形圆孔很小且开在耐压壁上端距开口处，故不影响实验现象。同时还能减小活塞杆回位的阻力，从而加快活塞杆回位。

第3章

电磁学

3.1 静电计(箔片验电器、金箔验电器)

静电计、箔片验电器、金箔验电器都是静电实验的必备仪器。它们原理相同，结构略有不同。它们都可以完成相同的实验，一般静电计用于演示实验，箔片验电器和金箔验电器用于学生实验。为减少篇幅，本节以静电计为主介绍三种仪器。

3.1.1 结构和原理

1. 结 构

静电计又叫电势差计或指针验电器，是静电实验中常用的半定量测量仪器，结构如图 3.1.1 所示。静电计采用顶尖轴承，指针转动灵活，灵敏度很高。后玻璃面采用磨砂玻璃，并喷涂了半定量刻度线。可以在磨砂玻璃后面外加灯光照明，使背景明亮，以利于观察。

箔片验电器和金箔验电器的基本结构相同，如图 3.1.2 所示。箔片验电器与金箔验电器结构的区别是，箔片验电器把铝箔片挂在导电杆下面的金属钩上，而金箔验电器是把极薄的纯金箔贴在导电杆下面。金箔验电器的灵敏度优于箔片验电器。

静电计和验电器的导电杆上可以根据实验需要加接金属球、法拉第冰桶等，也可以用导线与其他导体连接。

静电计和验电器均按两只为一套出厂，灵敏度基本一致，供比对实验使用。

2. 原 理

静电计不带电时，指针下垂，跟导电杆并拢；带电时，导电杆因与指针带同种电荷而相互排斥，静电力对转轴(顶尖)形成静电力矩，使指针张开。但指针的重心略低于转轴，重力对轴形成恢复力矩。当静电力矩跟恢复力矩平衡时，指针与导电杆形成张角 θ。静电计带电量增大时，张角 θ 也随之增大。

当静电计带电时，由于静电感应，静电计外壳内表面产生与导电杆性质相异的电荷。若静电计外壳不接地，外表面将产生与导电杆性质相同的电荷；若静电计外壳接地，外表面将不带电。不论哪种情况，由于静电计结构的对称性，我们都可以粗略地认为指针的张角仅由导电杆所带电量决定，所以静电计可以用来测量电量。

图 3.1.1　静电计

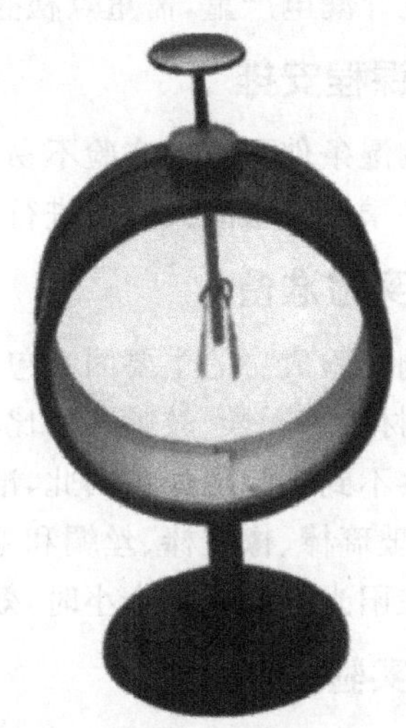

图 3.1.2　箔片验电器

静电计的导电杆与外壳用绝缘塞隔开，成为一个具有一定电容值的电容器。因此张角 θ 也反映出导电杆与外壳间电势差($U=Q/C$)。

3.1.2　主要技术指标

静电计设计符合《JY 203—1985 指针验电器技术条件》的要求。

静电计壳体应连接牢固、平整周正，底座平稳，表面无明显划痕。壳体的演示面应有指针张开角度的刻度。如有活动门，则门与壳体之间的配合应严密且活动方便。

圆球或圆盘及导电杆用金属制成，镀铬抛光后，表面应光洁无毛刺。圆球或圆盘与导电杆之间用 M4 螺纹配合，装配后整体平整周正。

指针用薄金属片制成；长度不小于 100 mm，针体平直，表面光滑无毛刺，下部呈箭头形，漆红色。指针架用金属制成，镀铬抛光后表面光滑无毛刺。指针装在指针架上时，动作应灵敏可靠，不能前后偏斜摇摆，电荷消失后应能顺利回零。

在圆球或圆盘上连接 9 kV 直流高压电源的一极时，指针张开角度不小于 45°；移去高压后，指针保持 30°以上的时间应不小于 10 min。

两只验电器的灵敏度指针指示张角在 0°～60°范围内不得有明显的偏差。指针指示中不应有跳动现象。

3.1.3　使用要点

实验环境力求清洁、干燥、无静电干扰。若需同时使用两个静电计做比对实验，则须检查两静电计灵敏度是否基本一致。

使用前应检查静电计顶尖轴承松紧是否适度，指针转动是否灵活；擦拭仪器，要特别注意清除绝缘塞上的污垢和残留电荷;静电计带电时,若发现指针迅速下垂,则说明静电计漏电严重,需重点检查绝缘塞并排除故障。

1. 课程安排

因潮湿条件下静电实验不易成功,而秋冬季节和晴朗天气空气干燥,所以课程安排在秋冬季节或晴朗天气时进行实验效果好。

2. 实验准备

影响实验成功的主要因素包括:空气潮湿、器材的绝缘性能不够好、器材表面有污垢、器材不够干燥、教师的手比较湿润等。这些因素都会导致实验现象不明显,甚至是观察不到实验现象。因此,准备实验时要把器材用肥皂水洗净晒干。然后在上课前,把玻璃棒、橡胶棒、丝绸和毛皮等放入烘箱烘烤。如果上课当天阳光比较好,把器材放在阳光下晒一两个小时,效果也很好。

3. 实验操作

为防止电荷从教师的手上传导,做实验时可戴着干燥的橡胶手套,也可因地制宜在手中抹一些粉笔灰来保持干燥。若遇空气湿度很大的天气也必须做实验,可考虑把实验器材架在红外取暖器上。通过取暖器的照射,实验器材表面能一直保持干燥,实验教学效果很好。

与毛皮摩擦过的橡胶棒接触验电器金属球时,带电棒不要只是触到金属球就离开,还要将带电棒紧靠在金属球上再往前推一下,以便让带电棒上更多的电荷转移至金属箔,使金属箔片张开的角度更大。

演示实验应避免将静电计前挡板透明玻璃对着阳光(这样会因玻璃表面发生镜面反射而看不清内部),应把后挡板的毛玻璃对着亮光。这样提高了装置的光照亮度,增加了实验的可见度。

3.1.4 日常维护和常见故障排除

1. 日常维护

使用静电计时应该保持双手洁净,当使用完时,应用玻棒或金属丝触一下金属球使指针恢复到原来的位置。老师应用手帕擦去主件的灰尘与粉笔尘后移交给实验员。实验员清除主件与附件的尘埃,洗净丝绸,晾干后与玻棒等装入塑料袋,与主体一起放入实验柜,待下次实验使用。

2. 常见故障排除

静电计最常出现的故障就是指针不发生偏转,主要原因是漏电造成的。一方面,虽然塑料胶盖起绝缘作用,但平时沾有灰尘或人手的汗液(含有食盐导电物质),电荷直接从金属杆、塑料胶盖、金属壳传向大地,指针得不到电荷,故不发生偏转。另一方面,塑料胶盖虽是绝缘体,但由于摩擦起电的电荷的电压高达 1 000 V 以上,在这

样高的电压下,原来不导电的绝缘体变成了导体。电荷极易由金属杆、塑料胶盖、金属外壳直接传入大地,指针因得不到电荷,不发生偏转。为了防止漏电现象,可以在塑料胶盖外围涂上熔化的石蜡,但要涂均匀。待石蜡冷却后,将胶盖放进金属壳的接口处,重做摩擦起电实验,原来的指针不偏转,现在发生了偏转,且能保持较长时间指针不恢复到原来的位置。这里石蜡真正起到了绝缘作用。

箔片验电器的箔片易断,可以将铝薄片剪成宽 6 mm,长约 120 mm 的长条,插入金属杆的金属丝里,再双叠打折制成约 45 mm 的金属箔片,另一片同法制取。即可投入使用。

3.1.5　教学中的应用

静电计(箔片验电器、金箔验电器)与其他静电仪器配合能完成的实验很多。

1. 检验物体是否带电

在静电实验中,我们常用静电计来检验物体是否带电。检验方法有两种:感应法和接触法。

(1) 感应法

手触一下导电杆,使静电计不带电,指针自然下垂。把待测物体由远及近移向静电计。若静电计指针依然下垂而不张开,则说明物体不带电;若指针逐渐展开,θ 角逐渐增大,再由近及远离开静电计,θ 角逐渐减小,指针合拢,则说明物体带电。用感应法检验物体是否带电时要注意的是,防止物体因带电量太大或与静电计距离过小而发生放电。

(2) 接触法

把待测物体与不带电的静电计接触,静电计指针张开,移开后指针依然张开,说明物体是带电体;若接触时指针不张开,移开时仍闭拢,则说明物体与静电计的接触部位不带电,但不能认为物体其他部分也不带电,因而不能确定物体整体是否带电。

2. 检验物体带电性质

用静电计检验物体带电性质有两种方法:感应法和接触法。不论使用哪种方法检验,检验之前,都需使静电计带上已知性质的电荷(例如:把丝绸摩擦过的玻璃棒放在静电计旁边,用手轻触一下导电杆,移走玻璃棒,使静电计带上正电),指针指在半满度为宜。

(1) 感应法

把待测的带电体逐渐移向静电计,若指针张角只是单向增大;再把待测的带电体逐渐移离静电计,若指针张角只是单向减小,则可以判定,带电体所带电荷与静电计的电荷是相同性质。

把待测的带电体逐渐移向静电计,若指针张角先逐渐减小,合拢后复而增大;再把待测的带电体逐渐远离静电计,张角仍然是先逐渐减小,合拢后复而增大,则可以判定，带电体所带电荷与静电计的电荷是相反性质。

如果物体带电量很少或距静电计较远，当带电体移近静电计时，指针张角只是单向减小。也可以判定，带电体所带电荷与静电计的电荷是相反性质。

使用感应法检验带电性质需注意：物体带电量不可太大，距静电计不可太近，以避免放电。只要不产生放电现象，用感应法可以重复验证，且判定正确可靠。

(2) 接触法

把带电体与带电的静电计接触，若指针张角变大，则带电体的电荷与静电计的电荷同性；若指针张角变小，则为异性。

如果带电体带电量很少，那么接触法操作简单，直观易懂，判定可信。但是，如果带电体的带电量很大且性质与静电计相反，那么极易漏察指针迅速闭合再张开的过程，可能造成误判，而且不能重复验证。

3. 测量带电量

用静电计测量带电量时，需在导电杆上加装一个法拉第冰桶。然后把待测的带电体全部放进冰桶。

如果待测物是导体，则其全部电荷都将转移到冰桶外表面，分布于导电杆和指针上。如果待测物是绝缘体，则它跟冰桶接触的这一部分电荷将转移到冰桶的外表面；另一部分没有跟冰桶接触的电荷，由于静电感应，冰桶内表面产生等量的异性电荷，外表面产生等量的同性电荷。外表面两部分电荷总量即为绝缘体的全部带电量。所以，不论带电体是导体还是绝缘体，静电计指针指示的均为带电体所带的全部电量。

4. 导体与绝缘体

两个静电计，使其中一个带电，另一个不带电。分别用绝缘体和导体连接两个静电计，观察两个静电计指针的开合变化。

两个不带电的静电计，先后与绝缘体和导体连接，然后用带电的玻璃棒使其中一个带电，观察另一个是否也带电。

用于连接静电计的绝缘体和导体，实验前须将其在酒精灯的火焰上稍烘烤，消除残留电荷。

3.1.6 自制教具案例

梁玉祥在指针验电器的基础上自制了《指针式正负验电器》(见图 3.1.3)获得第六届全国优秀自制教具一等奖。指针式正负验电器既可以检验物体是否带电，同时又能自动识别所带电荷是正电荷还是负电荷。带正电荷时，指针正向摆起，带负电荷时指针负向摆起。

由于正负极板与外壳之间构成1个小电容，增大了验电器的带电量，因而有利于延长验电器的保持时间。实验表明，即使在江南的阴雨潮湿天气下，验电器的保持时间都在数小时以上。磁阻尼的引入，可使指针摆起或回摆时只经1个往复摆动，就能

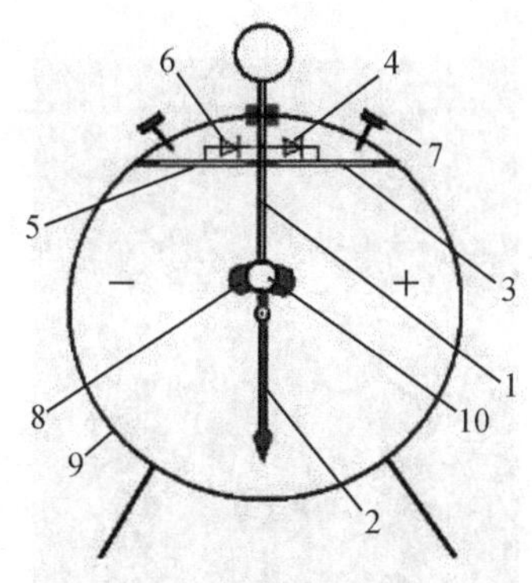

1—指针架；2—指针；3—正驱动极板；4—高压二极管 D_1；5—负驱动极板；

6—高压二极管 D_2；7—指针(快速)回零按钮；8—指针阻尼片；9—外壳；10—阻尼磁铁

图 3.1.3　指针式正负验电器

停在平衡位置。

3.2　感应起电机

感应起电机于 1882 年发明，沿用至今，是静电实验中用来获取高电压、大电量的传统仪器。目前多数学校均已配备传统的感应起电机，以满足基本教学需要。

3.2.1　结构和原理

1. 结　构

感应起电机的结构如图 3.2.1 和图 3.2.2 所示。

① 感应起电机有两个共轴的起电圆盘。两个圆盘分别与两皮带轮连接。前皮带为“O”形，后皮带为“8”字形。当顺时针转动摇把时，前起电盘顺时针方向转动，后起电盘逆时针方向转动。

② 两个圆盘外侧分别安装了一个与圆盘的水平直径成 45°的感应电刷。前电刷杆的位置是“左上右下”，即左侧电刷在左集电梳上方，右侧电刷在右集电梳下方。后电刷杆与前电刷杆交叉放置，夹角成 90°。感应电刷的作用是用来连通两个圆盘外侧对称粘贴的导电箔片。

③ 放电叉、电梳、莱顿瓶构成一个储电系统。放电叉一端是放电球，另一端是绝缘手柄，可以手控调节放电球的放电距离。

2. 原　理

图 3.2.3 是面对摇把看过去的感应起电机的起电原理示意图。图中：P 表示起电圆盘、d 表示导电箔片、s 表示感应电刷、E 表示电梳、Q 表示放电球、C 表示莱顿瓶、有上角标 * 码表示内盘(无上角 * 码表示外盘)、箭头表示圆盘的转动方向。

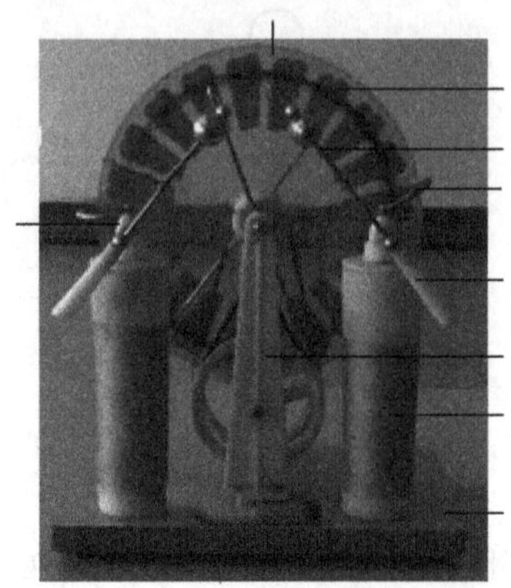

图 3.2.1　感应起电机结构图 1

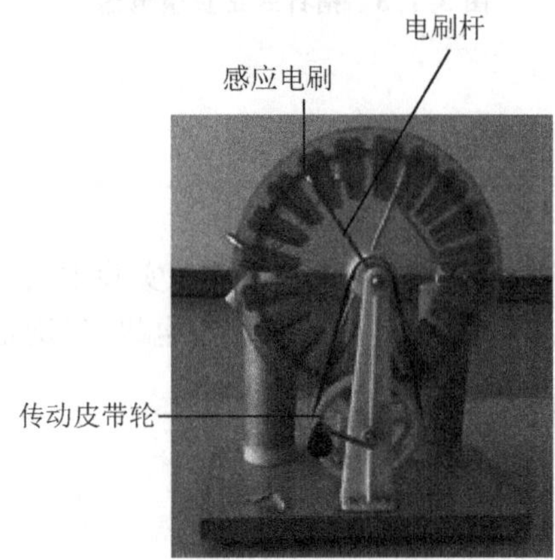

图 3.2.2　感应起电机结构图 2

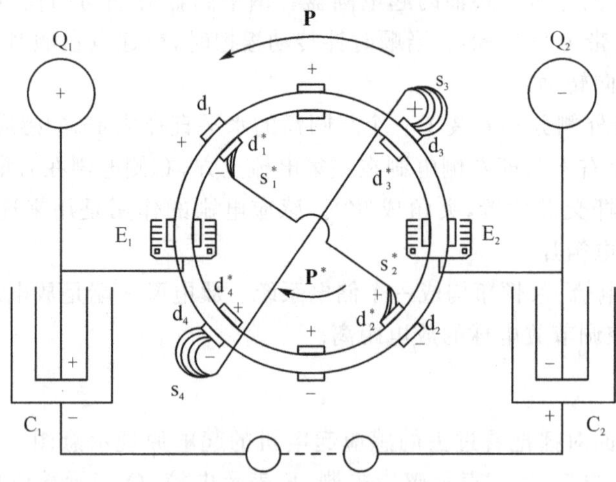

图 3.2.3　起电原理示意图

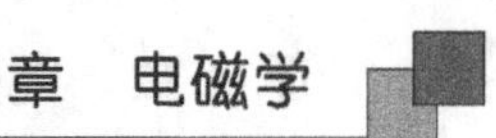

空气中存在一些被电离的正负离子，有些离子会吸附在物体上。假设感应起电机外盘的导电箔片 d_1 吸附了一些离子，带上了正电。当 d_1 和内盘的导电箔片 d_1^* 恰好同时转到内盘感应电刷 s_1^*、s_2^* 所在的位置时，由于静电感应，电刷的 d_1^*、s_1^* 端产生了负电，d_2^*、s_2^* 端产生了正电。跟导电片 d_2^* 相对的外盘导电箔片 d_2 将产生负电。同样道理，当刚才感应了负电的内盘导电箔片 d_1^* 转到外感应电刷 s_3、s_4 的位置时（即图中 d_3^* 的位置），d_3、s_3 端产生正电；d_4、s_4 端产生负电。内盘的导电箔片 d_4^* 感应产生了正电。至此，可以看到：外盘上半区的导电箔片和内盘下半区的导电箔片都带上了正电；而外盘下半区的导电箔片和内盘上半区的导电箔片都带上了负电。当圆盘继续转动，两个盘上的带电箔片先后通过电梳 E_1 和 E_2。电梳 E_1 静电感应而带负电，在箔片尖端放电，使莱顿瓶 C_1 的内金属箔带正电，外金属箔带负电。由莱顿瓶 C_1、放电球 Q_1 和放电叉构成正电储电系统。同时，电梳 E_2 静电感应而带正电，跟箔片尖端放电，使莱顿瓶 C_2 的内金属箔带负电，外金属箔带正电。由莱顿瓶 C_2、放电球 Q_2 和放电叉构成负电储电系统。导电箔片通过电梳放电后已不带电，又开始新一轮的感应起电和静电存储。

感应起电机的基本原理虽然很简单，就是利用静电感应起电，但是构思异常精妙，反复地利用静电感应现象，不断地累积电荷，从而获得高电压、大电量的静电。老师不妨利用课余时间跟学生一起研究探讨，将有助于提高学生的创造能力。

3.2.2　主要技术指标

感应起电机设计应符合《JY 115—1982 感应起电机》的要求。起电机两电梳之间采用无横梁、悬臂式结构。底座采用绝缘性能优良的塑料或其他具有同等性能的材料制成。起电盘径向跳动，两盘跳动量不大于 1.5 mm。两盘盘面不平度应使起电盘在转动中两盘内侧任一点间距离不小于 2.5 mm，最大不超过 5.5 mm。起电盘中心轴横向窜动量不大于 1 mm。手摇转柄轴横向窜动量不大于 2 mm。起电盘转动应平稳灵活，在手摇转柄转速不大于 120 转/分的条件下，仪器无颤动现象。电刷在起电盘上与铝箔接触良好。电梳由针状金属杆或束状裸铜丝制成。起电盘上铝箔粘接应整齐牢固。莱顿瓶极板涂敷高度应不低于 120 mm，涂敷层牢固，不得有划伤或局部脱落。

3.2.3　使用要点

① 使用时感应起电机表面必须保持清洁干燥，否则很难起电。由于潮湿空气的影响，使用前要用日晒或软布将圆盘表面及金属部分的所有灰尘清除干净，使其保持清洁干燥。

② 使用前应先将起电机缓缓地转一周，观察集电梳的针尖是否与箔片相碰，以及电刷与圆盘的接触是否良好，防止转动时因碰撞将箔片刮坏。

③ 使用时按顺时针方向由慢到快摇转起电机，带电球之间的距离由近逐步到

远，调节到需要的位置。摇转不宜过快，过快会影响电刷与导电层接触，甚至不能起电。结束摇转需慢慢地进行，可以在松手后靠摩擦作用使起电机自然停止，不然由于转动着的起电盘的惯性，会使起电盘从转动轴上松脱。

④ 使用毕，首先应将手抓在放电叉的绝缘柄上，使放电球互碰数次，待充分放电后方能接触可动导体部分，否则放电球之间的电压很高，容易受到电击。

⑤ 观察实验现象时，在光线较暗的教室观察比较直观，从产生的电火花中可以清楚地看出电刷及集电梳的作用，在放电叉杆上可以明显地看到放电现象。因此，观察实验现象时最好拉上窗帘。

⑥ 如果用连接片连接两个容量瓶外面导电层，得到的放电火花较明亮，两次放电间隔的时间加长，这是因为莱顿瓶总电容量增加了。如果连接片向外拉开，相应电容量就减少了，这时得到的放电火花较小，两次放电间隔的时间缩短。这就很容易看清楚电容量的变化情况。

⑦ 在干燥的天气里，每万伏特电压能够击穿空气的厚度约 1 厘米，因此我们可以测量带电球放电的火花长度，估计两个放电球之间的电压。

⑧ 确定放电球的极性需在暗室进行。方法是断开连接两个莱顿瓶的金属条，略分开两带电球，轻缓启动起电机。此时可以看到：一个球上出现微弱的紫光；另一个球上出现分叉的小火花。判定前者带负电，后者带正电。

使用注意事项：第一，电刷杆头的刷毛是柔软并且有弹性的，与起电盘上箔片轻轻接触，因此不能紧紧压住箔片。第二，夹在起电盘两侧的∪形集电梳上的针状金属不得蹭到箔片。第三，感应起电机的带电系统在起电中或停止后都具很高的电压，不慎触及会使人产生强烈的电击感。这种电击虽然电压很高(数万伏)，但电流很小(数微安)，对人体无大伤害。为避免电击，应使用放电叉的绝缘手柄调节放电球距离。实验后两放电球接触放电。

3.2.4 日常维护和常见故障排除

1. 日常维护

感应起电机的故障主要是因天气潮湿而不起电。如果使用正确，其他故障一般很少发生。要做好每年使用周期后的入库维修保养，以利来年顺利使用。

① 检查电刷刷毛：把刷毛捋顺、合拢，使刷毛与各个导电箔片都触刷良好。

② 调整电刷位置，使电刷与圆盘水平直径夹角约为 45°(不能小于 30°)。两电刷夹角约 90°(不能小于 60°)。

③ 检查和调整电梳，使放电针针尖到两个圆盘的距离相等且不刮蹭导电箔片。

④ 检查皮带和皮带轮，若皮带太松导致其与皮带轮打滑，可剪去一段皮带，重新驳接或在使用前用一点松香水(松香的酒精溶液)涂在皮带上。

⑤ 检查皮带轮的转轴，注一点润滑油。

⑥ 用细砂纸仔细打磨导电箔片和其他导电部位的毛刺。最后用软布擦拭，清除灰尘和金属细屑。

⑦ 用防尘罩或塑料袋罩好，放入清洁、干燥、无尘的仪器柜内。

2. 常见故障排除

感应起电机不起电，原因一般有两种现象。

(1) 能听到有轻微的放电声

这说明有电荷，但未能完全集中存储。第一，检查莱顿瓶的内、外导电层有无破损断裂，外层底部连线的接触是否良好。在较暗的环境中可以观察到这些间隙放电的位置。第二，莱顿瓶内层的导电杆上端与放电杆及集电梳是否接触，出现间隙时可将导电杆向上顶实。下端接触不好，可在瓶底加些碎铝箔。第三，检查两莱顿瓶的连接片是否接好。连接片是将两个瓶并联（即两个电容器并联），断开连接片时电容量是原来的二分之一。若放电距离明显减小，应查看连接片上的导线是否断开或接触不良。

(2) 听不到有"吆吆"声

① 可能是箔片没有电荷，可用硬橡胶棒、有机玻璃棒等摩擦带电后，去接触一些箔片，先使部分箔片带有电荷，再转动摇把即可起电。

② 阴雨天气或实验的地方潮湿，感应起电机不易起电。原因一，仪器不清洁。污垢、灰尘加水汽使绝缘失效产生漏电。原因二，水汽不纯净，溶有导电物质。空气相对湿度超过85%时，起电圆盘的绝缘性能将不能保证实验进行。解决办法：清洁仪器，并用烘干（环境温度不应超过70 ℃）、日晒、电吹风器吹干等方法驱逐潮气。

③ 检查箔片间是否有黑灰色刮痕。箔片与箔片间应是绝缘的，时常由于电刷过硬或电刷与箔片的接触过紧，当起电盘转动时，电刷将箔片上的金属刮下，成细粉末粘附到起电盘上，使箔片与箔片间导通，整个盘变成一个大箔片，失去起电作用。我们看到片与片之间的黑灰色划痕，就是被刮下来的导电粉末。可用酒精棉一格一格地擦净。

④ 检查电刷刷毛。电刷称为中和电刷，它的作用是将电刷两端刷毛所接触箔片上的不同电荷中和掉，以便从另一侧的箔片上感应成另一种电荷。它的作用是中和而不是摩擦。所以并不是电刷与箔片压得越紧越好，只要轻轻地接触就可完成任务。如果刷毛损坏，应采用弹性良好的细磷铜丝替换。紫铜丝弹性差，不宜采用。

3.2.5 教学中的应用

1. 雷电现象

用感应起电机可直接演示雷电现象。两个放电球相当于两块带电云。断开莱顿瓶的连接片，启动起电机。两球间连续放电并伴有轻微的嘶嘶声，显示两块带电云距离较近或带电较少的放电现象。连通莱顿瓶的外壳，把两球移开较大距离，启动起电机。两球间发生强烈的断续放电并伴有明亮的火花和清脆的啪啪声。显示两块带电云距离较远但累积电量极大的放电现象，即雷电现象。

2. 尖端放电

在演示雷电现象时用放电针（加绝缘手柄的缝衣针。自制）针尾接触任一放电球，针尖指向另一带电球（也可以指向任何方向），雷电现象顿时消失，显示了尖端放电现象并表明了避雷针的原理。

用感应起电机还可以做一些有趣的尖端放电实验：把上述实验的放电针针尖指向点燃的蜡烛火焰，可以看到火焰被离子风吹歪；若指向小风车，则小风车会转动。

3. 电场线

从感应起电机的两个放电球引导线连接到模拟电场线演示仪上。摇动感应起电机，观察悬浮物模拟的电场线（见图3.2.4和图3.2.5）。

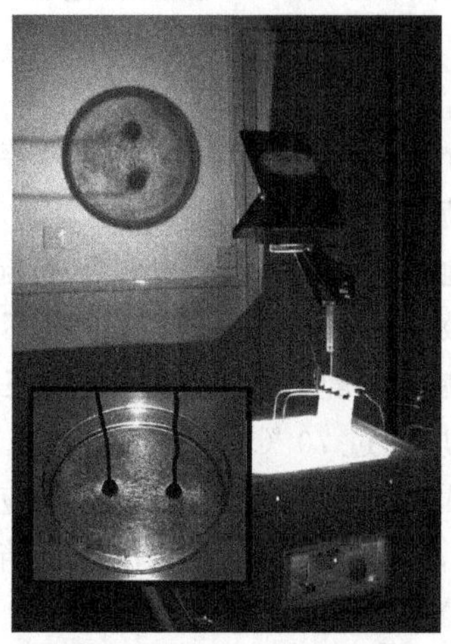

图3.2.4 演示电场线

图3.2.5 演示电场线效果图

3.3　电子感应圈

感应圈是实验室中用低压直流电获得高压脉动直流电的一种装置。机械式感应圈发明于18世纪中叶，至今有100多年的历史，是学校传统配备仪器。随着电子技术的发展，20世纪80年代开始有分立元件的电子式感应圈，21世纪又出现了集成电路的电子感应圈。这些电子感应圈都可以作为替代机械式感应圈的仪器。

3.3.1　结构和原理

电子感应圈是在传统的机械式感应圈的基础上发展而来的。无论机械式感应圈或电子式感应圈，其主要结构可以概括为两大部分：不对称交变电流产生器和高压变压器。

机械式感应圈和电子式感应圈的高压输出部分原理相同，都是用高压变压器把输入的低压升压到10～100 kV输出。

机械式感应圈和电子式感应圈的不对称交变电流产生方法和原理完全不同。

机械式感应圈（见图3.3.1）是把12 V的稳恒直流通过机械断续器输入高压变压器的初级。变压器初级在通电瞬间，由于自感而产生阻碍电流增大的感生电动势$E_{通}$。而断电瞬间产生阻碍电流减小的感生电动势$E_{断}$。$E_{通}$和$E_{断}$不仅极性相反，而且$E_{通} \ll E_{断}$。所以通过初级的电流已不是稳恒直流，而是正负半周幅度差别很大的不对称交变电流。经变压器升压后输出的是正负半周幅度差别很大的不对称交变电压。实际使用时在负载上只能单向导通，因此可视为高压脉动直流。

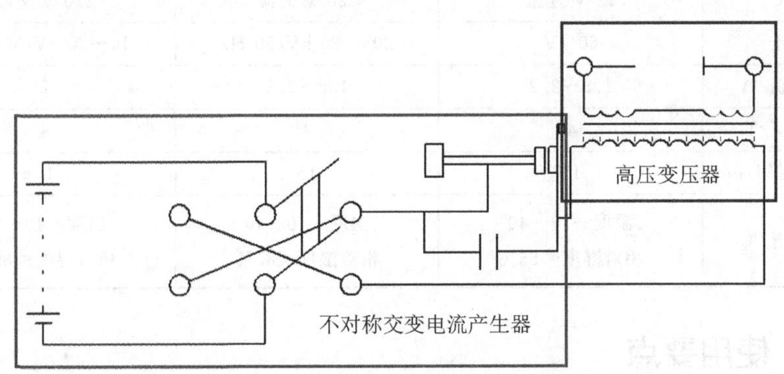

图3.3.1　机械式感应圈原理示意图

20世纪80年代生产的电子感应圈用可调变压器输入0～220 V的正弦交流电，利用可控硅电子开关，向高压变压器初级输送一个正负半周幅度差别很大的交变电流，经升压输出峰值为20～120 kV的高压。

现在的新型电子感应圈(见图 3.3.2)输入 220 V 交流电,经输入变压器和整流成为 12 V 直流电,向两块 555 时基集成电路和达林顿管提供工作电流。两块 555 时基集成电路和达林顿管分别实施调压(0～12 V)和调频(300 Hz)产生脉动直流,再经高压变压器升压,输出 30 kV 高压脉动直流。

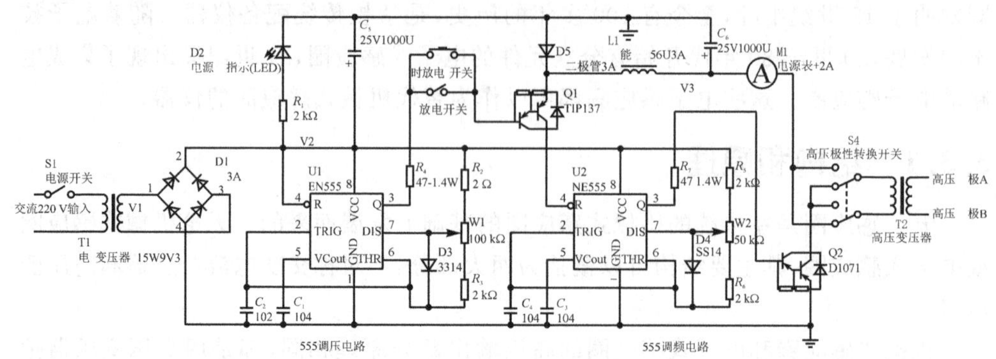

图 3.3.2 集成电路电子感应圈原理图

3.3.2 主要技术指标

电子感应圈设计应符合《JY 0019—1991 感应圈》的要求。不同类型感应圈具体指标见表 3.3.1。

表 3.3.1 感应圈主要技术指标

	机械式感应圈	电子感应圈(可控硅)	电子感应圈(集成电路)
输入	12 V 直流	220 V 交流	220 V 交流
输出	60 kV	20～120 kV/50 Hz	10～30 kV/300 Hz
工作电流/A	1.5～2.2	1.5～2.2	2
温升限值/℃	4	4	4
连续工作时间/min	15	15	15
工作环境/℃	温度－10～40 相对湿度＜85％	温度－10～40 相对湿度＜85％	温度－10～40 相对湿度＜85％

3.3.3 使用要点

① 感应圈输入市电～220 V,这时感应圈上面的指示灯亮,输出端用导线与实验器材相连,准备工作就绪。

② 根据实验对象不同,选择电火花距离,并选用点开关或长开关,实验就可进行。

③ 实验中如电极需要换向,可拨动换向开关。

④ 实验后关闭电源。

⑤ 实验中身体不要触及高压输出端，以防电击。实验中发现异常现象，立即关闭电源。要注意养成接好电路再开启电源及结束实验及时关闭电源的习惯。不要随意打开底盖，以防触电或造成产品损坏。

3.3.4　日常维护和常见故障排除

① 电子感应圈应存放在干燥无尘的仪器柜里。电子感应圈的主要构件是高压变压器和电子线路板，使用时无机械损耗。一般经检验合格出厂的产品不易出现故障。

② 可控硅电子感应圈采用分立元件，故障多因元件年久老化或失效引起。此时需焊下损坏元件，购置相同型号的元件焊上。

③ 生产厂商若有维修承诺，最好送回厂商修理。

3.3.5　教学中的应用

电子感应圈为需要高压直流的实验器材，例如为光谱管、低气压放电管、阴极射线管及X射线管等提供电源，完成教学要求的一些演示实验。实验方法很简单，只需把感应圈的输出端接到上述管子的两端，再闭合电源开关即可。

1. 频谱管放电实验

频谱管放电实验如图3.3.3所示。

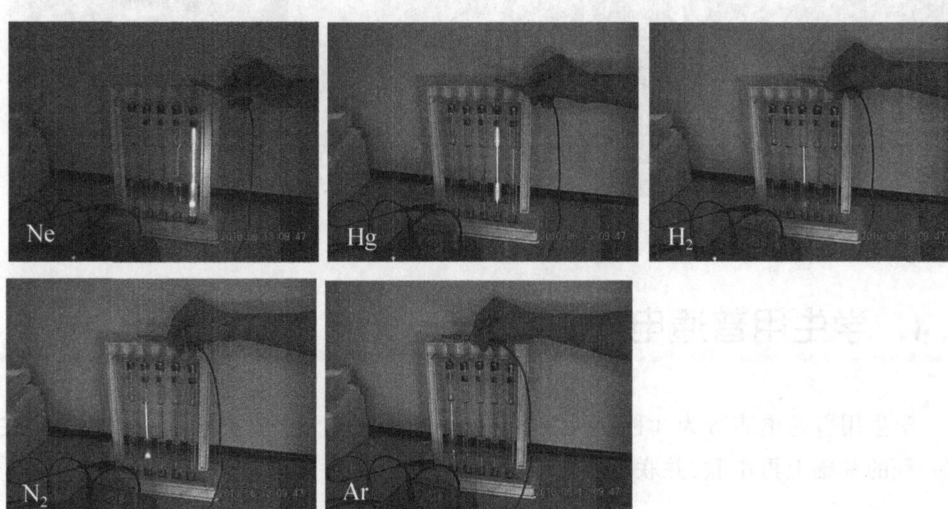

图3.3.3　频谱管放电实验

2. 低气压放电管实验(40～0.02 mmHg)

低气压放电管实验如图3.3.4所示。

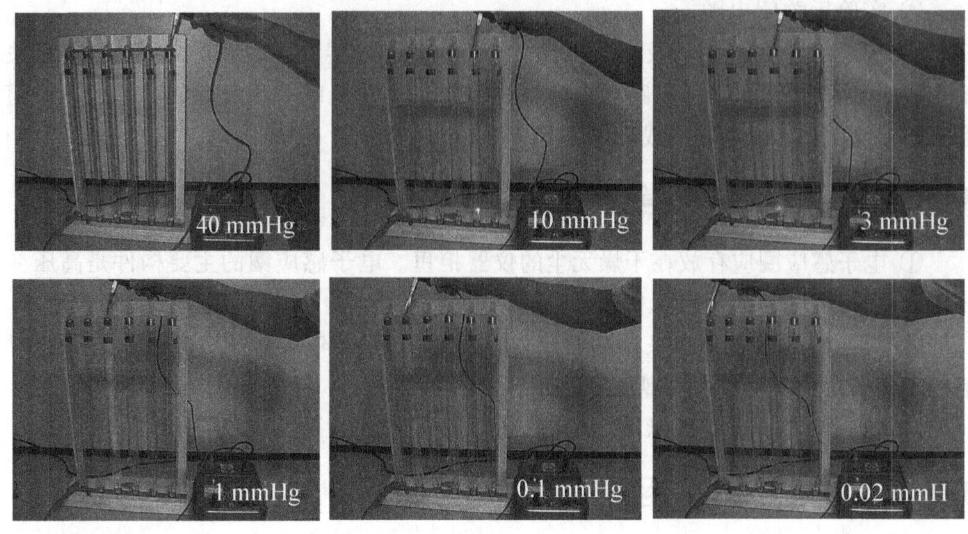

图 3.3.4　低气压放电管实验

3. 阴极射线管实验

阴极射线管实验如图 3.3.5 所示。

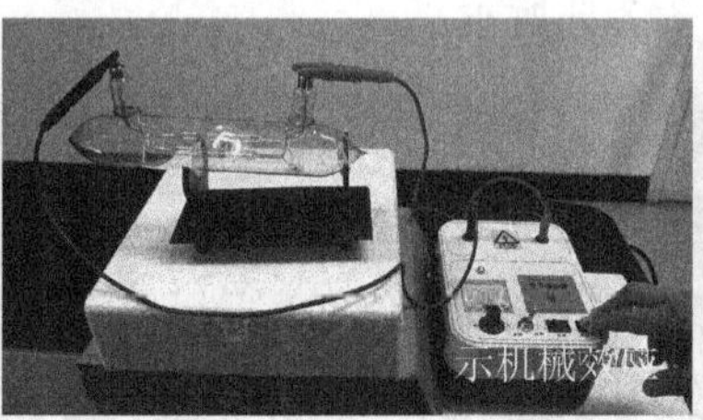

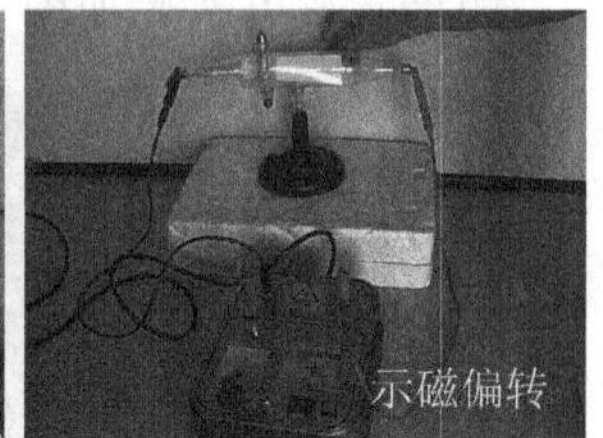

图 3.3.5　阴极射线管实验

3.4　学生用普通电表

学生用普通电表分为 3 种:灵敏电流计、直流伏特计、直流安培计。后两种是在前一种的基础上再串联、并联电阻而形成的。

3.4.1　结构和原理

1. 灵敏电流计

灵敏电流计的表头是磁电式,外形如图 3.4.1 所示,内部结构如图 3.4.2 所示,电路如图 3.4.3 所示。永久磁铁的两个极上连着带圆筒孔腔的极掌,极掌之间装有

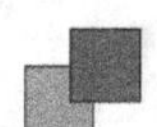

圆柱形软铁芯，它的作用是使极掌和铁芯间的气隙中产生强磁场，并且磁力线是以圆柱的轴为中心呈均匀辐射状。在圆柱形铁芯和极掌间空隙处放有长方形线圈，线圈上固定一根指针，当有电流流通时，线圈就受电磁力矩而偏转，直到跟游丝的反扭力矩平衡时，指针就停在某一位置上，指示被测量的数值。线圈偏角的大小与所通入的电流成正比，电流方向不同，偏转方向也不同，这是磁电式电表的工作原理。两个红色接线柱为正极，分别标有 G0、G1，黑色接线柱为负极，表内没有附加测量电路。调零器在读数窗下面。

图 3.4.1　灵敏电流计

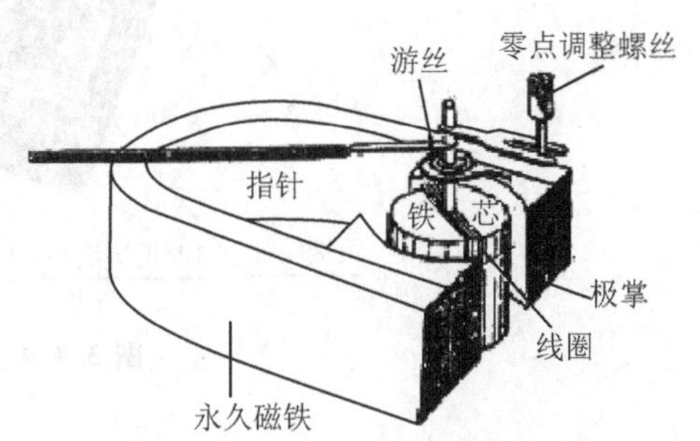

图 3.4.2　灵敏电流计内部结构

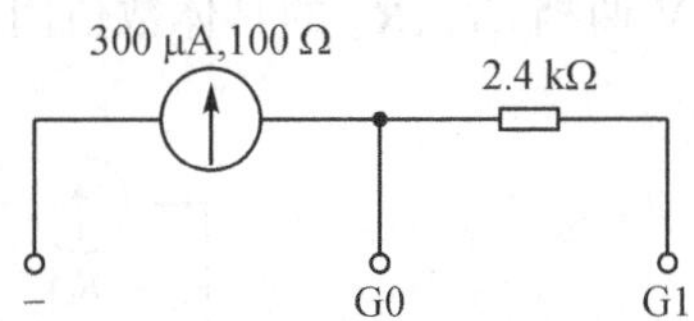

图 3.4.3　灵敏电流计电路图

2. 直流伏特计

直流伏特计的外形如图 3.4.4 所示，它是用灵敏电流计的表头增加串联分压电阻而成，其内部电路如图 3.4.5 所示。标尺上下有两种刻度，分别是－5、0、15 和－1、0、3。调零器在读数窗正下方。接线柱分别标有“－”“3”“15”标记，其中“－”接线柱为公共端。

磁电式表头本身只能测量很小的电压，不能满足实际的需要。为此就要给表头增加一个分压电阻。如已知表头满偏电流是 I_0，满偏分压是 U_0，若要求测量更大的电压为 U，则需要串入一个分压电阻 R，使大于 U_0 的电压降落在电阻 R 上。此时，虽然表头上的电压仍是 U_0，但是指针所指示的却可以为 U，即把量程扩大了。

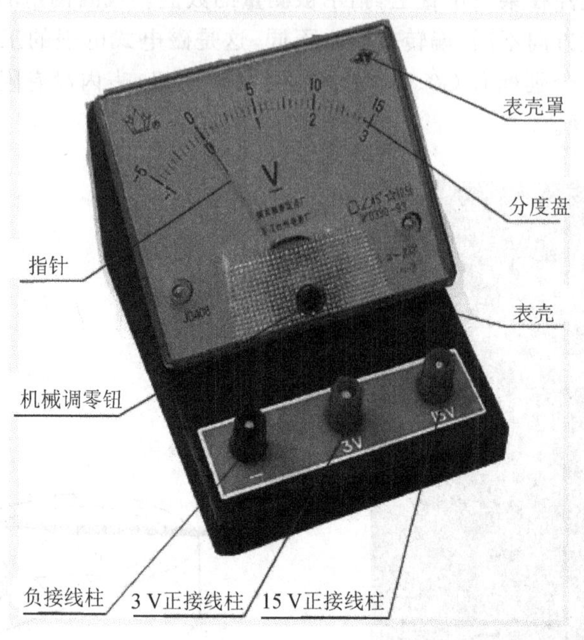

图 3.4.4　直流伏特计

根据 $I_0=\dfrac{U}{R_0+R}$，要使 I_0 不变，而使量程扩大 n 倍，就必须使 R_0+R 扩大 n 倍，表头内阻为 R_0，就需要串联一个比 R_0 大 $n-1$ 倍的分压电阻。实际的结构见图 3.4.6，分别为 3 V 和 15 V 两挡，R_1、R_2 的具体数值因不同厂家而有一些不同。

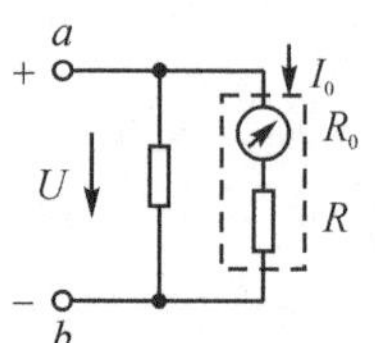

图 3.4.5　直流伏特计内部电路图

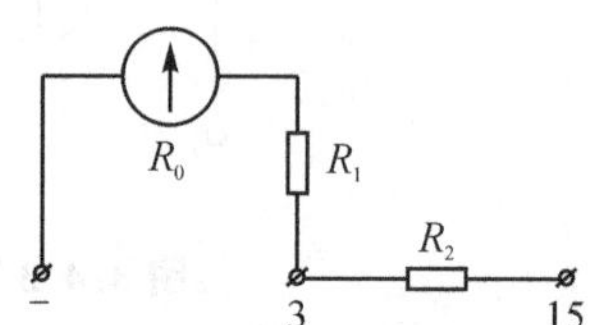

图 3.4.6　直流伏特计实际结构图

3. 直流安培计

磁电式测量机构(表头)用作电流表时，只要被测电流不超过它的电流允许值，就可以将测量机构直接与负载相串联进行测量。但是，磁电式测量机构所允许通过的电流一般是很小的，这是因为动圈本身的导线很细，允许通过的电流很小；且引入测量机构电流的游丝，也不允许通过大电流。所以，磁电式测量机构直接测量的电流值，一般在几十微安到几十毫安之间。要想测量较大的电流，就必须扩大量程。磁电式电流表是采用分流的方法来扩大量程的。具体的办法是在测量机构上并联分流电阻 R_L。安培计外形如图 3.4.7 所示，内部电路如图 3.4.8 所示。表头配有刻度盘，盘上有上下两种刻度标尺。接线柱分别标有"－""0.6""3"标记，其中"－"接线柱是公共端。

图 3.4.7　安培计

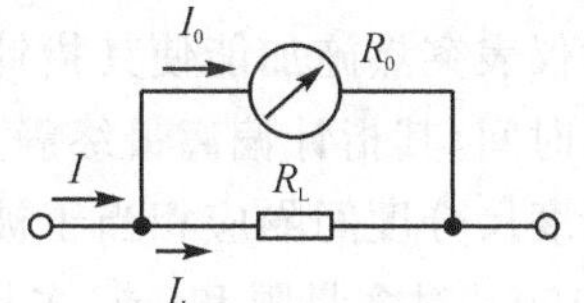

图 3.4.8　安培计内部电路

根据并联电路的特点，即并联各支路的电压相等，总电流等于各支路电流之和，得

$$I = I_0 + I_L$$

式中：I_c 为通过表头的电流；I_L 为通过分流电阻的电流，各支路电流的分配由电阻 R_L、R_c 决定。

因为

$$I_0 R_0 = \frac{R_0 R_L}{R_0 + R_L} I$$

所以

$$I_0 = \frac{R_L}{R_0 + R_L} I \quad ①$$

由式①看出，若 R_L 和 R_0 为常数，则 I_0 与 I 之间存在着正比例关系，I 大，I_0 也大；I 小，I_0 也小。

式①也可表示为

$$I = n I_0 \quad ②$$

式中：n 就是扩大量程的倍数。将式②代入式①得

$$\frac{R_L}{R_0 + R_L} = \frac{1}{n}$$

$$R_L = \frac{R_0}{n-1} \quad ③$$

式③说明,要将磁电式表头的量程扩大成几倍的电流表,分流电阻 R_L 应为表头内阻的 $n-1$ 分之一。

分流电路如图3.4.9所示。R_0 为表头内阻,R_b 为温度补偿电阻,R_{L1} 为分流电阻1,R_{L2} 为分流电阻2。表头配合一定的分流电阻,就形成一定的电流测量范围。

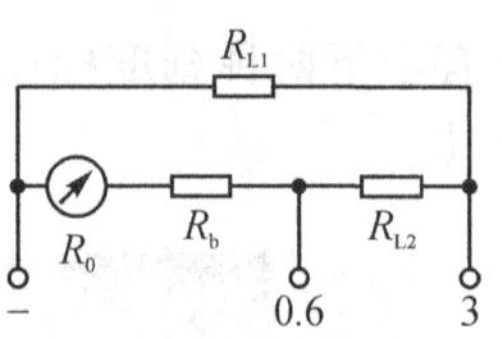

图 3.4.9 分流电路

3.4.2 主要技术要求

学生用普通电表设计应符合《JY 0330—1993 教学用指针式电表》的要求。

全偏角小于180°的仪表的过冲不得超过标度尺长度的20%。

对仪表突然施加能使其指针最终指示在标度尺三分之二处的激励,在4 s之后的任何时间,其指针偏离最终静止位置不得超过标度尺全长的1.5%。

标度尺分度间隔应相当于被测量单位或指示单位的1、2、5倍或该单位乘以或除以10、100。对多量限和(或)多标尺的电表,至少有一个测量量限或标度尺满足上述要求。分度值不得小于基本误差的极限值。

标度盘正面为无光白色,色调柔和,刻度线条平直不间断,清晰鲜明,色差明显。标在标度盘上的分度数字,不得超出三位数(整数或小数)。配合标度尺的标度值应采用我国法定计量单位及词头。

电表偏离零位不得超过标度尺的1%。零位调节器的全部调节范围不应小于标度尺长的2%或2°,取其较小值,零位调节应旋转灵活。

表壳外形造型要美观,边沿要平直,表面平整光滑,无破损开裂,无划痕、麻点,不得有凹凸不平缺陷。表壳应做防静电处理。

3.4.3 使用要点

1. 灵敏电流计

① 调零:将表座放平,观察指针是否对准零位。若有偏差,可用小改锥轻旋调零器,把指针调至零位。

② 检测微弱电流时,把检流计串联在被测电路中。以指针是否偏转来判断电路中有无电流通过。若指针向右摆动,说明电流方向从接线柱正端到负端;若指针向左摆动,说明电流方向从接线柱负端到正端。

③ 检测微小电势差时,应该把检流计并联在电路两被测点间。

④ 若指针偏转超过满度,应立即切断电源以防撞坏指针或烧坏动圈,并适当调

节电路以保证仪表正常工作。

2. 直流伏特计

调零与“灵敏电流计”相同。

① 调零后把伏特计并联在被测电路两端，“－”接线柱接于低电势点。

② 3 伏量程用“－”和“3”两接线柱，标尺每小格 0.1 V，可反指 1 V；15 V 量程用“－”和“15”两接线柱，标尺每小格 0.5 V，可反指 5 V。

③ 估计被测电压，选择适当量程。可用 15 V 量程试触，即将“15”接线柱引线，接触被测电压高电势点，如指针偏转 3 V 以内，则改用 3 V 量程；指针偏转在 3～15 V 之间，则将 15 V 端引线接入电路。指针反转说明表接反了。

3. 直流安培计

调零与“灵敏电流计”相同。

① 0.6 A 量程用“－”和“0.6”两接线柱，标尺每小格 0.02 A；3 A 量程用“－”和“3”两接线柱，标尺每小格 0.1 A。

② 调零后把安培计串联在电路中，使电流从“3”（或“0.6”）端流入，从“－”端流出。

③ 估计被测电流大小，选择适当量程。如不能估计大小时，可用 3 A 量程先试，即将“3”接线柱引线触及被测电路电流流入端，若指针偏转小于 0.6 A，则改用 0.6 A 量程；若指针偏转在 0.6～3 A 之间，则可接入电路。若指针反指，说明接反。若指针偏转超过满度，说明电流过大，已超过量程，应改用更大量程的电流表。

3.4.4 常见故障排除

1. 灵敏电流计

灵敏电流计常见故障及原因如表 3.4.1 所列。

表 3.4.1 灵敏电流计常见故障

故障现象	故障原因
指针卡阻	磁钢工作气隙内有铁屑等异物； 轴尖脱落或斜歪使动圈与磁钢产生机械摩擦
不能调零	调零器出槽； 游丝变形损坏
通电后指针不动	内部接线开焊或动圈烧毁

(1) 清除异物

用洗耳球将气隙中的异物吹出，或用尖镊剔出。注意不要用力过猛，以防损坏线圈、阻尼铝框和轴尖。

(2) 调整游丝

一般的变形可用两把尖镊在一块平玻璃上调整,使游丝弧形圆滑、圈距相等、螺旋在同一平面上。调整后的形状要与正常状态大体一致,并用香蕉水清洗干净。

(3) 重绕动圈

拆除旧线后用香蕉水把动圈铝框清洗干净。将调整后的铝框装入尺寸与框内孔相配的硬模中,以防绕线时铝框变形。在铝框上涂一层绝缘清漆,漆干后即可绕线(注意排线要紧密均匀)。每绕一层线涂一次胶合剂,绕完后再涂一层胶合剂。两边所留线头各不小于50 mm。

(4) 重装轴座

清除轴座上的残留粘接物,用粘合剂在轴座下粘一纸片(比轴座大0.3～0.5 mm)。在线圈原粘合处涂一层胶,放上轴座并轻轻压实。在胶未干时使轴尖与铝框中心线吻合。可使用梯形中心板目测(见图3.4.10)。

(5) 测量机构的安装

把全部零件清理干净,注意不要使磁钢吸附铁屑等物。外磁式机构(磁钢在动圈外)按下述步骤安装。

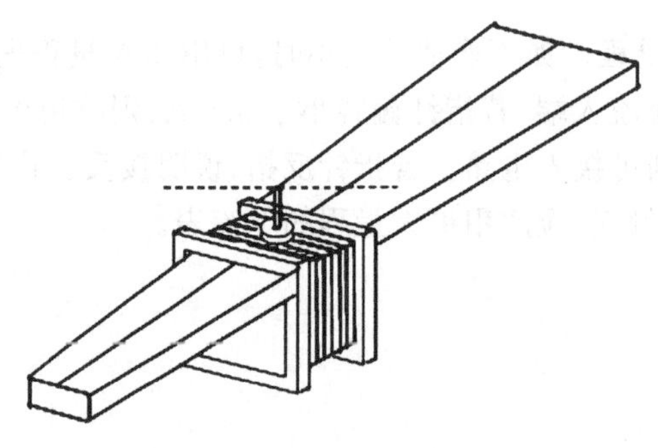

图3.4.10 重装轴座

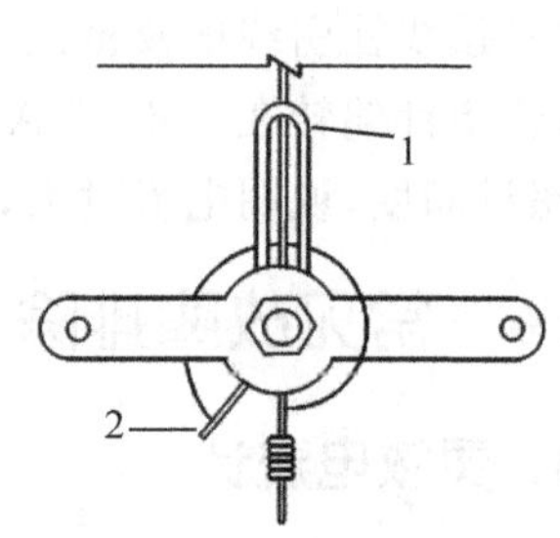

图3.4.11 焊接游丝

① 把铁芯套上动圈装到支架上。

② 把支架装到极靴上,调整工作气隙,使之均匀。

③ 把动圈轴的一端放入轴承内,调节两个轴承螺丝,使动圈位置适中,并使轴尖与轴承间隙适度。操作上是先旋进轴承螺丝,使之刚刚顶住轴尖,再把螺丝往回退半圈多,以动圈刚能灵活转动为好。调整好后用改锥顶住螺丝不让它转动,同时旋紧螺丝上的锁母使其位置固定。

④ 焊接游丝:先焊游丝内端,再焊外端。焊外端时要把调零器1调到表盘中间位置(见图3.4.11),再使指针指零,在游丝呈自然状态下焊住外端2。这样才能保证调零器使指针在零点左右范围内调整。

⑤ 若接线柱松动打滑,使表内接线扭断或脱焊,可卸下接线重新焊接连好,并用

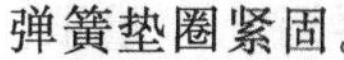
弹簧垫圈紧固。

内磁式机构(磁钢在动圈内),事先在支架上装好动圈然后再装入磁环,其余与以上相同。

2. 直流伏特计

测量机构(表头)的维修与灵敏电流计相同。被测电路的故障一般有两种:①分压电阻断路。R_1 断路,测量时两挡指针均不动;R_2 断路,测量时用 3 V 量程有指示,用 15 V 量程无指示。②分压电阻变值,使指示值偏大或偏小,超过表的精度允许范围。

这时,要更换分压电阻,并重新调试测量电路。方法是选一块标准表 V_1(最好是 0.5 级表),与被测表 V_2 组成如图 3.4.12 所示的连接电路。①调 R_n,使标准表 V_1 指示在要调的电压挡位上,读出被调伏特计 V_2 指示的数值,如 $V_2<V_1$,则应减小分压电阻;反之,增大分压电阻。②调节分压电阻。选一略小于计算值的固定电阻(功率在 1/4～1/2 W)和一段康铜丝,一起与表头串联;改变康铜丝的接触位置,直至 V_2 的示值与 V_1 基本一致,这时两串联电阻的阻值就是应选的分压电阻值。先调 3 V 挡的分压电阻 R_1,再调 15 V 挡的分压电阻 R_2。

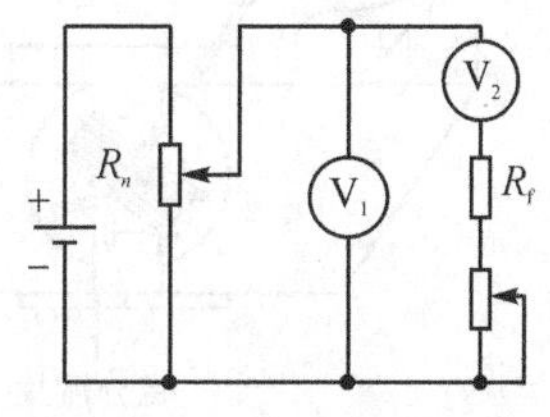

图 3.4.12 测量分压电阻

3. 直流安培计

(1) 基本误差超过规定范围(即超差)

① 表头灵敏度降低。这时由于长时间工作,磁钢退磁引起的。处理的办法是调节磁分流片。可以拆开表头,用小改锥旋松螺丝,移动磁分流片,增大工作气隙的磁通,以提高仪表的灵敏度,如图 3.4.13 所示。

② 分流电阻的阻值发生改变。处理办法是更换分流电阻。分流电阻的阻值可按公式 $R_L=\dfrac{R_0}{n-1}$ 计算。J0407 型安培计的 R_0 由三部分决定,即动圈内阻、单只游丝电阻、温度补偿电阻。根据计算结果,配备分流电阻,并调整和更换分流电阻。

当两挡调节好后再进行一次测试。测试时选一块标准表(最好是 0.5 级电表),与被测表按图 3.4.14 所示串联起来。

R_1 是保护电阻,$R_1\approx\dfrac{E}{I_n}$,R_1 的功率 $W>R_1I_N^2$,I_N 表示量限。

调节 R_2,在量限范围内比较两表的示值。若被测表 A_2 示值比标准表 A_1 小,则应加大分流电阻;如果 A_2 示值比标准表 A_1 大,则应减小分流电阻。直至两表满度值相对误差小于 2.5%。

参见图 3.4.12,调的时候要两挡兼顾,先调 0.6 A 量限。如果没有双电桥,可用

一根 ϕ1.8 mm、长约 710 mm 的康铜丝接"－""0.6"两端。调好后再调 3 A 量限。还用那根康铜丝，两端仍接"－""0.6"，用康铜丝中间部分接触"3"接线柱（这样在调节 R_{L1} 时，$R_{L1}+R_{L2}$ 的总值不变），左右移动康铜丝与"3"端的接触点，直至两表示值一致。记下这时康铜丝与"3"端接触点的位置，并从该处将康铜丝切断，取短的一段（约长 14 mm）为 R_{L1}，接在"－""3"两端。再用一根 ϕ0.7 mm 康铜丝接"0.6""3"两端重调一次 0.6 A 挡。

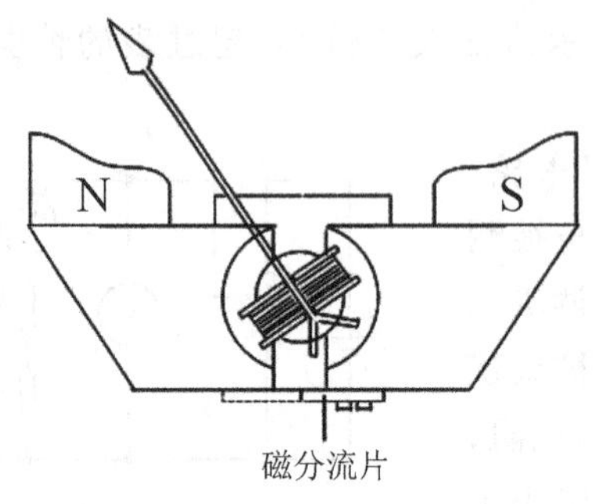

图 3.4.13　提高仪器灵敏性

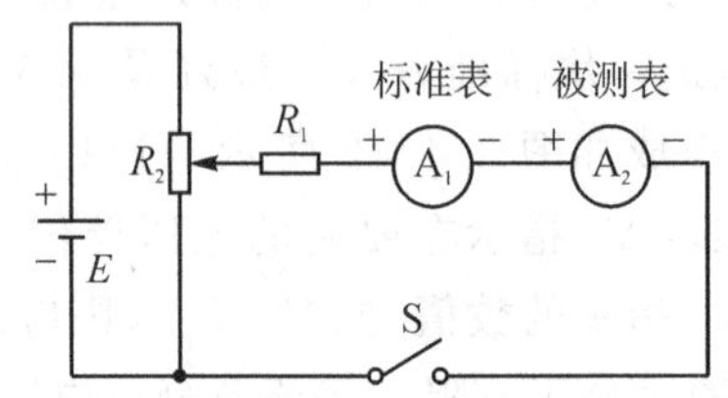

图 3.4.14　测试电路图

(2) 通电不指示

一种情况是分流支路完好，表头断路。一般情况是动圈接头脱焊或断线。处理办法是拆开表头，将动圈焊头焊好。

另一种情况是游丝变形，与支架相碰，造成动圈被短路。处理办法是调整游丝，具体方法见灵敏电流计的维修。

3.4.5　新仪器简介

数字式多用电表是一种将所测的模拟量转换为数字量，由液晶板或 LED 数码管显示测量值的数字化测量仪表，外观如图 3.4.15 所示。与指针式多用电表相比，数字式多用电表主要有以下优点：

① 以数字方式在屏幕上显示测量值，读数直观，无需估读，测量结果的准确度高。最低挡的数字表，一般可得到 3 ～ 4 位有效数字；其准直流电压挡和直流电流挡的误差分别为±0.5%和±0.8%。

② 具有自动调零、极性显示、超量程显示等功能，某些型号的数字表具有自动选择（变换）量程的功能，使用起来更简便。

③ 增设了快速熔断器和过压过流保护装置，使过载能力加强。

④ 具有防磁抗干扰能力，测试数据稳定，即使在强磁场中也能正常工作。

⑤ 测量项目多。可测量微电流、小电压、高电阻；有些产品还能够测量温度、频率和实现读数保持等。

手动选择量程　　　　自动变换量程

图 3.4.15　数字式多用电表

⑥ 测量直流电压、电流时,不限制红表笔必须接高电势端,反接时也可得到测量数值,只是在前面加有负号。

⑦ 电压挡的内阻极大,约 10 MΩ。

数字表的缺点是它是间断地对被测的信号采样而显示数值的,对于采样速率太慢(约每秒采 3 次)的数字表是不适于观察连续变化的电流或电压,比如,观察电容器充放电过程。

3.4.6　教学中的应用

数字多用电表的基本应用是它具备的各项参数的测量。更可以利用它的优点改进和设计许多物理实验。

1. 测量电池的电动势和内阻

实验电路见图 3.4.16 。实验中,电池的路端电压 U 变化很小,因此减小实验误差的关键是提高测量 U 值的精度。学生用的指针式电压表(J0408 型)3 V 挡最小分度只有 0.1 V,不能满足要求。改用数字表的 2 V 挡,能测到 0.001 V,利用它的高精度很好地解决了这个问题。用学生用的指针式电流表 0.6 A 挡测量电流 I。

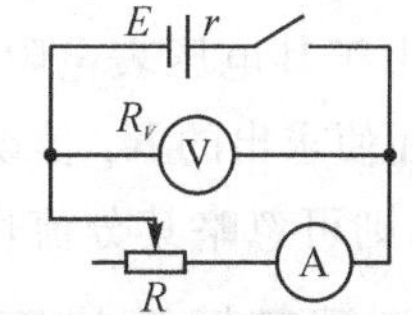

图 3.4.16　测量电池的电动势和内阻

表 3.4.2 是对一只新拆封的一号电池测量得到的数据。由它画出的数据点分布良好,如图 3.4.17 所示。用 Excel 做线性拟合得到结果:$E=1.538$ V,$r=0.49$ Ω 。

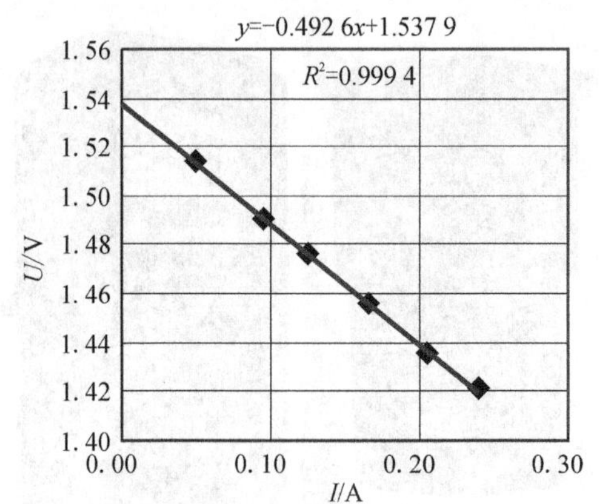

图 3.4.17 $U-I$ 图像

表 3.4.2 测量新拆封 1 号电池电流电压数据

次	I/A	U/V
1	0.240	1.421
2	0.205	1.436
3	0.165	1.456
4	0.125	1.476
5	0.095	1.491
6	0.050	1.514
7	0	1.550

说明：表 3.4.2 中第 7 组数据是在断开电路后测出的，供参考，未用来作图。

2. 伏安法测电阻

伏安法测电阻实验，其电路图如图 3.4.18 所示。教学中用指针式电压表测 R_x 的电压，由于其电压表电阻不够大，分流作用会导致电流表测出的 I 值有很大的系统误差，从而使求出的 R_x 值误差很大。现改用数字表，利用它电压挡的极高内阻（R_V=10 MΩ），则可忽略其分流作用。

3. 测量二极管的正向伏安特性

以测量硅二极管（型号 1N4004，整流用）为例说明。实验电路见图 3.4.19，与测量钨丝灯泡类似，但有一项重大区别，就是二极管有一定的导通电压（约 0.6 V）。如果使用指针式电压表，它的内阻 R_V 不很大，那么在二极管两端未达到导通电压时，电流表显示的并非通过二极管中的电流 I，而是通过电压表的电流，造成假象。在从开始微微导通到充分导通的过渡过程中，电压表的分流也会给测量二极管中的电流带来明显的误差。

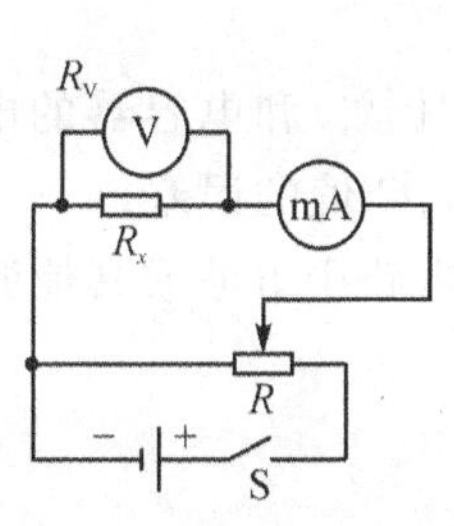

图 3.4.18　伏安法测电阻

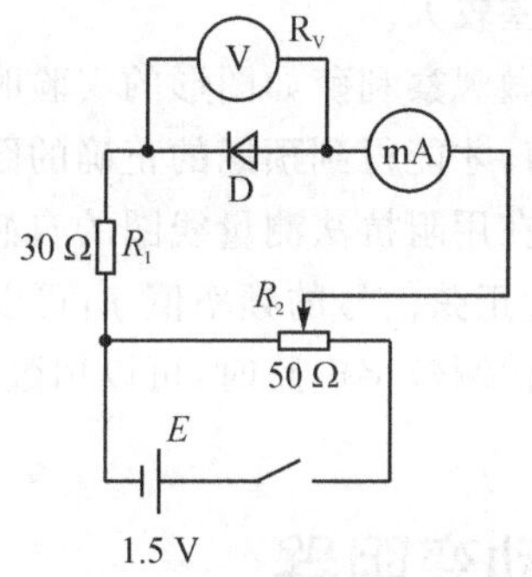

图 3.4.19　二极管的正向伏安特性

改用极高内阻的数字电压表，则可以避免上述问题，能测绘出精确的伏安曲线。

4. 由实验建立电容的概念

如果实验能够显示：对于同一个电容器，U 与 Q 近似成正比，即比值$\dfrac{Q}{U}$为定值，但对于不同的电容器，其比值$\dfrac{Q}{U}$不同，就可以引出电容 C 的概念，并定义 $C=\dfrac{Q}{U}$ 。实验能否成功的关键是测量已充电电容器的电压，用指针式电压表不行，因为电容器要通过电压表较小的内阻放电，使电压值迅速下降，无法读数。

选用大容量(几千微法)的电解电容器，并改用内阻极大的数字电压表测量电压，则可以看到，在几秒钟内电压的示数无明显下降，可以读出稳定的数值。

5. 测量线圈的自感系数

电路见图 3.4.20 。L 为待测线圈，是用 J2423 型可拆变压器的 400 匝线圈套在闭合铁芯上。电压表和电流表分别为两只数字多用表的交流电压 2 V 挡和 20 mA 电流挡。G 为低频正弦信号发生器，输出的信号频率 $f=300$ Hz。读出电压值 U 和电流值 I，可求出线圈的感抗 X_L。再由 X_L 和 f 求出线圈的自感系数 L 。需要说明：数字表的交流挡虽然是用 50 Hz 标定的，但对于不太高的频率(例如 300 Hz)还是可以使用的，不会有明显的附加误差。

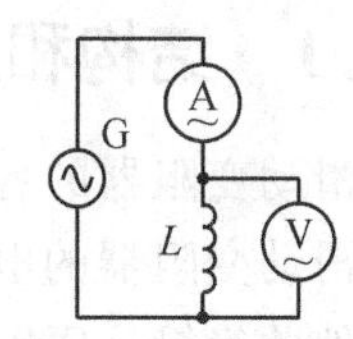

图 3.4.20　测量线圈自感系数电路

例如某次实验测出 $U=1.302$ V，$I=2.97$ mA，则线圈对交流电的阻抗 $Z=U/I=438\ \Omega$。又已知所用线圈的电阻 $r<10\ \Omega$。现在 $r\ll Z$ ，则可认为线圈的感抗 $X_L\approx Z$ 。依据感抗公式 $X_L=2\pi f L$，可求出 $L=0.232$ H。

6. 测量周期性电信号的频率

有些教学用的低挡低频信号发生器，其输出信号的频率值是由度盘或指针式电表显示的,误差较大。

例如,在做观察利萨如图形的实验时,可以用数字表的频率挡来测量,以校正信号的频率数值,才能得到预期的正确的图形。

又例如,在用阻抗法测量线圈的自感系数 L(见上文)和电容器的电容 C 时,使用数字表测量正弦信号的频率值 f,可以减小所得 L、C 值的误差。

又例如,检测数字电路时,可以用数字表来测量电路中方波或其他波形的脉冲信号的频率。

3.5 滑动变阻器

滑动变阻器(见图 3.5.1)是电学实验中用来控制电路的电压和电流的必备仪器。为适应不同电路的需要,实验室应配备多种不同规格的滑动变阻器。

图 3.5.1 滑动变阻器实物图

3.5.1 结构和原理

滑动变阻器的各零部件用支架组合,其基本结构如图 3.5.2 所示。

滑动变阻器的电阻丝,是用表面经过氧化处理的康铜丝密绕在瓷管上,各匝线圈之间彼此绝缘。康铜丝两端用接线柱引出(见图 3.5.2 中③、④)。滑动键套在滑杆上,可沿滑杆左右滑动。滑杆两端也用接线柱引出(见图 3.5.2 中①、②)。滑动键的触点紧压在电阻丝上。当滑动键左右滑动时,触点把康铜丝的氧化膜划破,使滑动键跟电阻丝导通。选择滑杆的任一端和电阻丝的任一端,把滑动变阻器接入电路。移动滑动键就可以改变接入电路的电阻丝长度,滑动变阻器即为一个阻值可以调节的电阻。滑动变阻器的工作原理是通过改变接入电路中电阻线的长度来改变电阻的,从而逐渐改变电路中的电流和电压大小。滑动变阻器的电阻丝一般是熔点高,电阻大的镍铬合金,滑杆一般是电阻小的金属,所以当电阻横截面积一定时,电阻丝越长,电阻越大,电阻丝越短,电阻越小。

滑动变阻器经常使用的方式有两种。

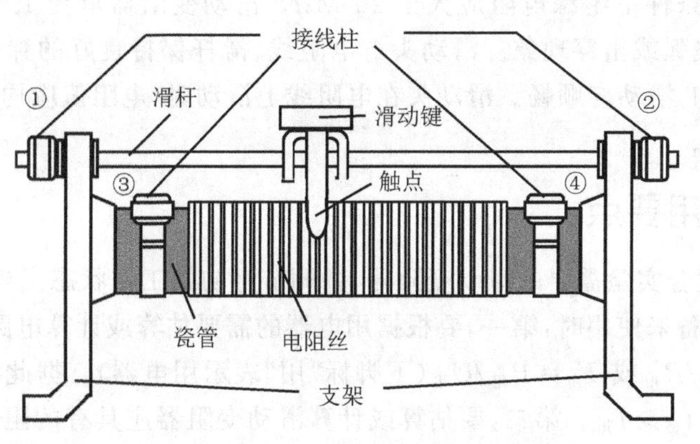

图 3.5.2　滑动变阻器基本结构

一是把滑动变阻器作为降压限流设备来使用。这是使用得最多的方式。电路如图 3.5.3 所示。使用时分别选择滑杆和电阻丝的任一接线柱，把滑动变阻器接入电路(例如接线柱①和接线柱③)。电流的在滑动变阻器中的路径是接线柱①→触点→接线柱③。利用的是触点至接线柱③之间这段电阻丝的电阻值。当滑动键向左移动时，变阻器的阻值变小；向右移动时阻值变大。滑动变阻器阻值的变化，不仅改变了外电路的总电阻值，使电路电流强度发生变化；还改变了外电路各段电路的电压分配，使各用电器两端电压发生变化。达到降压限流的使用目的。

二是把滑动变阻器作为分压器使用。在一些实验中也常使用。电路如图 3.5.4 所示。使用时，电阻丝两端的接线柱③、④接电源；用电器一端接电阻丝的接线柱(例如③)，另一端接滑杆的接线柱(例如②)。滑动键从接线柱③移动到接线柱④时，用电器即可获得电源从 0 至 $U_{端}$ 所有的输出电压值。

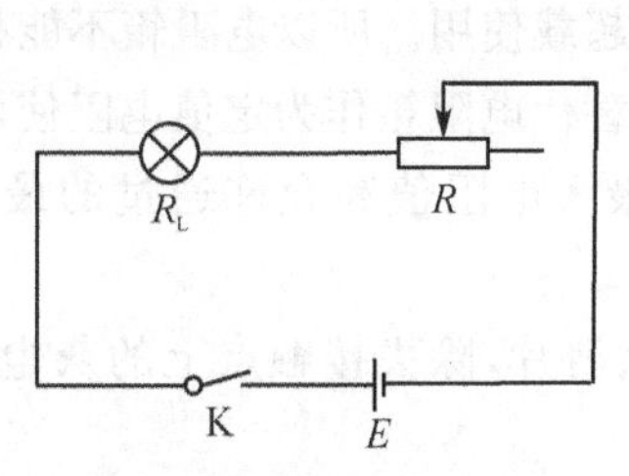

图 3.5.3　降压限流

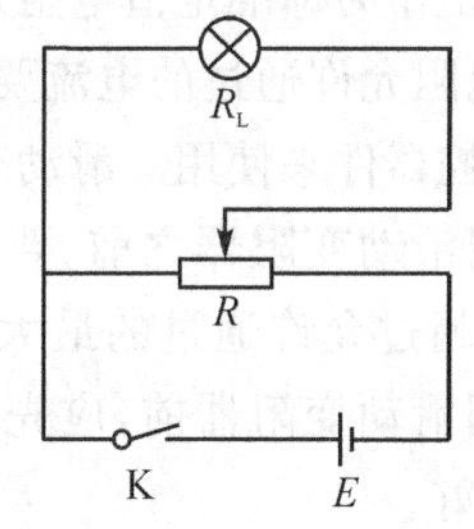

图 3.5.4　分　压

3.5.2　主要技术指标

滑动变阻器符合《JY 0028—1999 滑动变阻器》的要求。电阻值误差应小于 10%。电阻线绝缘层承受不低于 1.5 V 的电压不被击穿。在额定电流下工作时，温升不应超过 300 ℃，试验后绕线无松动，绝缘层无破损现象。瓷管表面上釉，光滑平整，无裂纹。

常温常湿条件下绝缘电阻应大于 20 MΩ。滑动变阻器承受 1.5 kV 的电压实验,不应出现飞弧或击穿现象。滑动头与电阻线、滑杆保持良好的弹性接触,触头应圆滑,压力均匀,滑动应顺畅。滑动头在电阻线上滑动时,电阻值应均匀变化,不得有间断跳跃现象。

3.5.3 使用要点

① 选择适合实验需要的滑动变阻器,并调节好初始工作状态。当滑动变阻器作为降压限流设备来使用时:第一,要根据用电器的需要估算或计算电路的电流。计算公式:$I_{用}=U_{用}/R_{用}$ 或 $I_{用}=P_{用}/U_{用}$(下脚标"用"表示用电器)。据此,选择滑动变阻器的额定电流 $I_{额}>I_{用}$。第二,要估算或计算滑动变阻器应具有的阻值。计算公式:$R=(U_{端}-U_{用})/I_{用}$(下脚标"端"表示电源端电压,"用"表示用电器)。据此,选择滑动变阻器的额定电阻值 $R_{额}>R$。第三,实验开始之前,滑动变阻器的阻值应调节到最大值。实验时再逐步减小。当滑动变阻器作为分压器使用时:第一,在未接入用电器时电源的端电压直接加在滑动变阻器两端,这时通过变阻器的电流 $I=U_{端}/R_{额}$;接入用电器后电路的电流将大于 I。因此,应选择 $I_{额}>I$ 的变阻器。第二,接通电源前,滑动键应推到阻值最小的位置。实验时再逐步加大,直至达到用电器需要的电压为止。

② 检查电路连接是否正确。熟谙滑动变阻器滑动键移动时电路的电压和电流的可能变化,实验过程中注意观察。

③ 实验过程中要随时检查滑动变阻器的发热状况,若过热,应停止实验,并查找原因。

④ 滑动变阻器和电阻箱不能相互替代使用。滑动变阻器是电路实验中的调控器件,其阻值不要求十分准确,允许通过的电流范围较宽,可以短时间过载使用。而电阻箱在实验中是作为标准定值电阻来使用的,电阻箱的各个电阻都是阻值准确的定值电阻,各定值电阻允许通过的电流要求严格,不能超载使用。所以电阻箱不能替代滑动变阻器作为调控器件来使用。滑动变阻器也不能替代电阻箱作为定值电阻使用。

⑤ 使用滑动变阻器之前,要弄清楚它的最大电阻值和允许通过的最大电流值.使用时不得超过允许通过的最大电流值。

⑥ 使用滑动变阻器前,应先来回滑动几次滑片,除去接触点上的灰尘等污物,以保证接触良好。

⑦ 正确连入电路,注意不要接成固定电阻(把电路分别接到电阻线两端)或接成短路(把电路分别接到金属棒两端)。

⑧ 实验时谨防损伤电阻丝绝缘层,以免造成匝间短路。

3.5.4 日常维护和常见故障排除

一台合格的滑动变阻器使用时手感应轻、柔、顺、滑,而无阻滞;阻值变化平稳、连续,而无跳跃。技术标准要求触头往返滑动的寿命应在 25 000 次以上,因此一台合

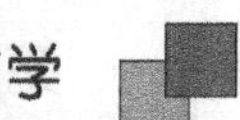

格的滑动变阻器是不易出现故障的。新滑动变阻器使用不久便出现阻值跳跃不稳定、接触不良或不导通、产生刺耳噪声等故障,往往是零部件原材料偷工减料、制作装配不良、设计缺陷等造成的。这样的变阻器屡修屡坏,越用越坏。建议从采购中排除这些产品。

推动滑动键费力的原因可能是:①滑动键的套环不同心。可以拆下套环,夹在台钳上对症矫正。②触头压簧太硬,使触头对电阻丝压力过大。可以卸下触头压簧,在台钳上将压簧开口稍稍扳大。③滑杆压簧太硬对滑杆压力过大。可以稍稍掰松滑杆压簧。若滑动键过于松动,则原因与②、③相反,解决方法也与②、③相反。

滑动变阻器引起的电路不通的原因可能是:①触头跟电阻丝接触不良。此时可以用细砂纸打磨触头,并稍稍掰紧触头和触头压簧加大对电阻丝的压力。②接线柱松动,造成电阻丝与接线柱接触不良。此时可以用细砂纸打磨电阻丝和接线柱的压紧螺母,再用扳手上紧。

变阻器上的接线柱多采用一根机螺钉、一个接线柱帽和若干螺母及弹簧垫片组成,但组装方法不同。图 3.5.5(a)的方法接线柱容易松动,接线柱帽容易丢失。图 3.5.5(b)的方法接线柱不容易松动,接线柱帽不会丢失。建议采用图 3.5.5(b)的方法。

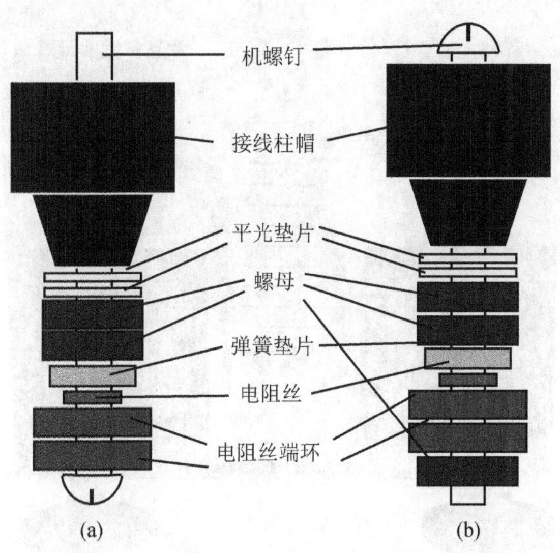

图 3.5.5　变阻器接线柱组装方法

电阻丝两端若松动或断裂,应先用胶带将电阻丝包裹好再修理,以免线圈整个松脱。

收存入库时,要按规格整齐码放在清洁干燥的仪器柜中。堆摞乱放极易磕坏电阻丝和零部件,因此要避免堆摞乱放。

3.5.5 教学中的应用

电源、电键、定值电阻、电阻箱和滑动变阻器是电学实验组建直流电路的基础元器件。几乎所有需调控的电路都离不开滑动变阻器。所以滑动变阻器在教学中的应用是经常的和广泛的。

1. 探究焦耳定律

焦耳定律演示器如图 3.5.6 所示，当探究电流产生的热量与电流大小的关系时，要先把左边容器里的两个电阻并联在一起，再与右边容器里的电阻串联，则通过右边容器里电阻的电流比左边容器里支路上电阻的电流要大，从而得出：在电阻、通电时间一定时，电流产生的热量与电流大小成正比。这样操作的电路，是一个繁杂的混联电路，学生不易理解，很难操作。为此，可以改用滑动变阻器来完成实验，如图 3.5.7 所示，利用两根电阻丝串联，通过调节滑动变阻器改变电路中的电流大小，在相同时间内比较同一电阻产生热量的多少，从而很容易得出焦耳定律的结论，操作简单，学生容易理解。

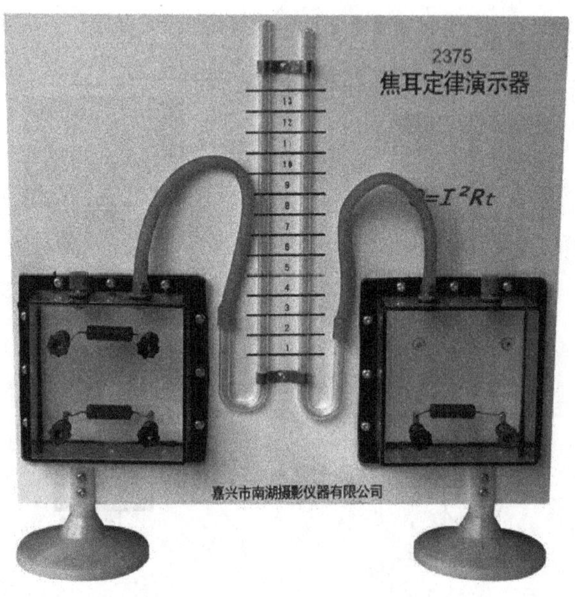

图 3.5.6 焦耳定律演示器

2. 探究电话的工作原理

电话话筒和听筒的结构如图 3.5.8 所示。如果取一个废旧电话的听筒，接入电源、开关、滑动变阻器，如图 3.5.9 所示，就可以形象地演示电话机的工作原理：闭合开关，移动滑动变阻器的滑片（话筒的作用就相当于变阻器），改变电路中的电流大

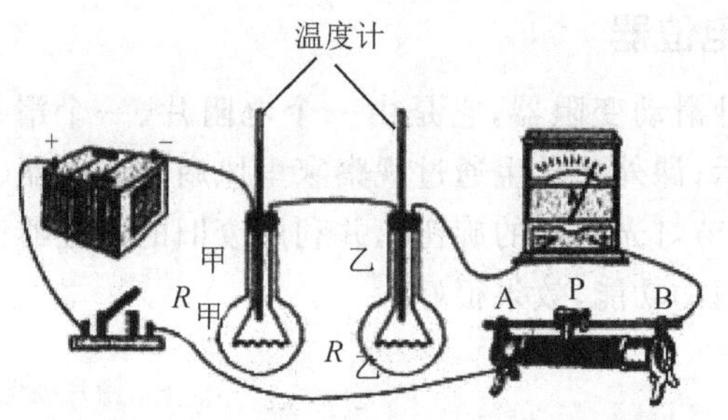

图 3.5.7　利用滑动变阻器演示焦耳定律

小,发现电磁体的磁性强弱随之改变,对薄铁膜片的吸引大小也不同,产生的振动大小不同,从而发出不同大小的声音。

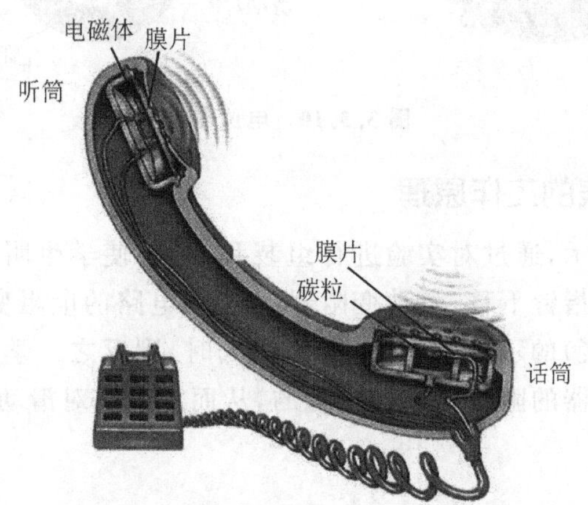

图 3.5.8　电话话筒和听筒的结构

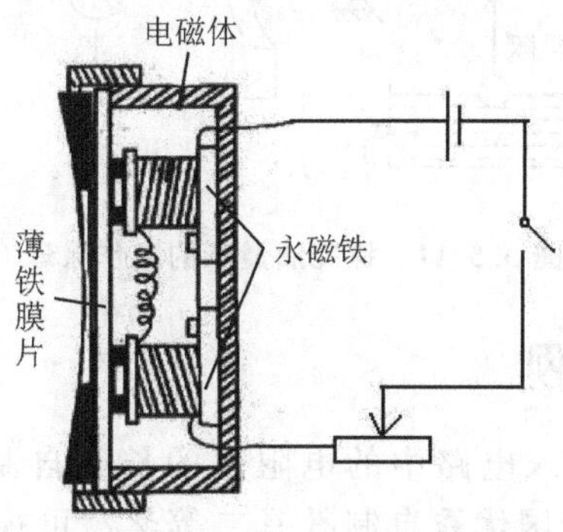

图 3.5.9　电话机工作原理

3. 练习使用电位器

电位器就是一种滑动变阻器，它是由一个电阻片、一个滑动片和几个接线端组成，如图3.5.10所示，课外让学生通过观察家里风扇的调速器（或音响上调节音量大小的旋钮；台灯上调节灯光亮度的旋钮），并利用废旧的电位器设计一个操作实验，来感知电位器改变电阻的功能，效果很好。

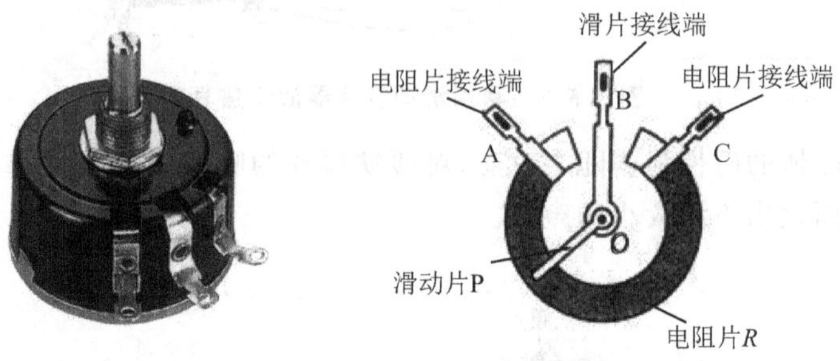

图3.5.10 电位器

4. 探究油量表的工作原理

如图3.5.11所示，通过对实验进行组装和操作，使学生明白：当油面升高时，浮标上升，浮标推动指针下移，滑动变阻器 R 连入电路的电阻变小，电路中的电流变大，电流表（油量表）的示数变大；当油面降低时，则反之。学生在观察油面升降时，看清了滑动变阻器的阻值是如何变化的，从而加深了对滑动变阻器工作原理的理解。

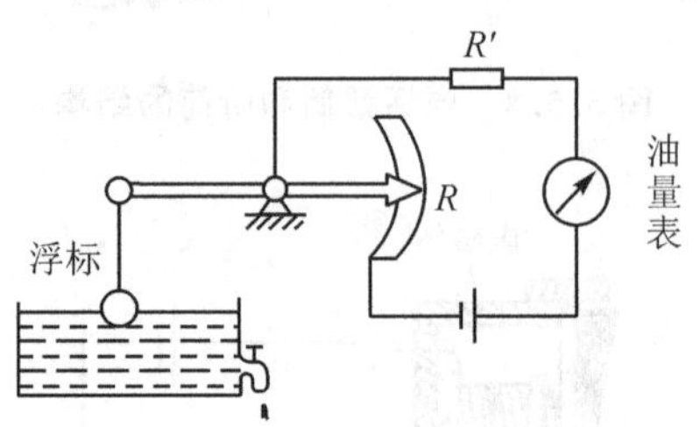

图3.5.11 探究油量表的工作原理

3.5.6 自制教具案例

徐德阳用光来显示接入电路中的电阻丝的长度自制了可视滑动变阻器（见图3.5.12），获得第七届全国优秀自制教具二等奖。可视滑动变阻器使滑动变阻器的某一部分电阻丝接入电路中的教学形象化，模拟现象科学、生动、有趣、可见度好。

① 将本教具安装在测小灯泡电阻的电路中，或测小灯泡电功率的电路中。通过

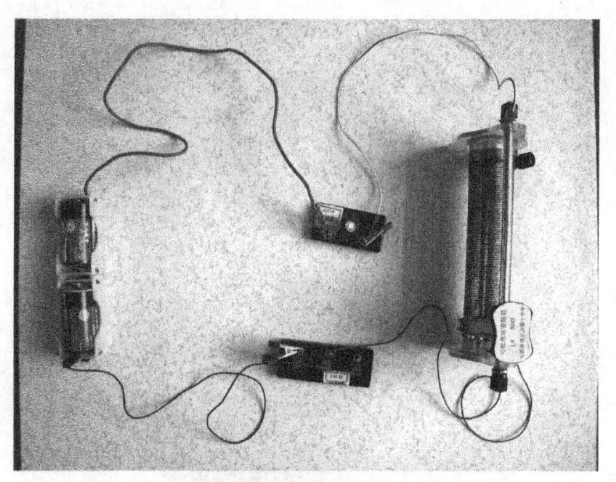

图 3.5.12 可视滑动变阻器

调节滑动变阻器滑片的位置，看到小灯泡的亮度发生改变之后，分析滑动变阻器是怎样去改变灯泡的亮度，是哪一部分电阻丝接入电路中。

② 当改变滑动变阻器的接线柱时，接入电阻丝的亮度位置也随着改变。

③ 当变阻器滑片改变时，线圈的长度改变，接入电路中的电阻随之改变。同时看到电阻丝的亮度范围随着电阻的改变而改变。

3.6 电阻箱

3.6.1 结构和原理

目前教学和学生用电阻箱为十进旋盘式，阻值范围在 9.99～99 999.9 Ω 之间，最常用电阻箱阻值是 9 999Ω 和 9 999.9 Ω。电阻箱外观图如图 3.6.1 所示。

十进旋盘式电阻箱的结构大同小异，一般均采用特制的刷形旋转开关，通过旋转旋钮来改变旋盘内部电刷的位置而改变连入电路的电阻值。电阻箱的各个旋盘以串联的方式接在电阻箱的接线柱之间。

每个十进电阻盘切换开关的旋钮上都标有 0～9 共 10 个数字，依次对应 10 组不同的接点位置。每个电阻盘上焊接有 5 个电阻圈，教学电阻箱的阻值比值为 1∶2∶2∶2∶2，学生电阻箱为 1∶1∶1∶1∶5。每个电阻圈都用高稳定的漆包锰铜丝以双线并绕的无感方式绕于瓷管上，并经过浸漆老化处理。也有一些四旋钮的学生电阻箱中，除了“×1”挡采用线绕电阻之外，其他三挡都采用碳膜电阻。分挡的刷形开关和电阻盘纵剖面结构图见图 3.6.2，图 3.6.3 为从旋钮下方向上看时，学生电阻箱某分挡内部电刷的接点和各电阻间的接线分布图。6 个接触片间依次串联着 5 个电阻，C、D 两根粗导体连接到其他分挡的相应位置使各个旋盘串联起来。图 3.6.3(a) 连入电路的电阻是零，当旋钮顺时针旋转，即图 3.6.3 中的接触片逆时针旋转时，连入

图 3.6.1　电阻箱(1)

电路的电阻依次增大，由于接触片在轴两侧长短不同，当接触片从图 3.6.3(a)的位置转过 180°后，情形之一如图 3.6.3(b)所示，此时旋钮读数为 6。

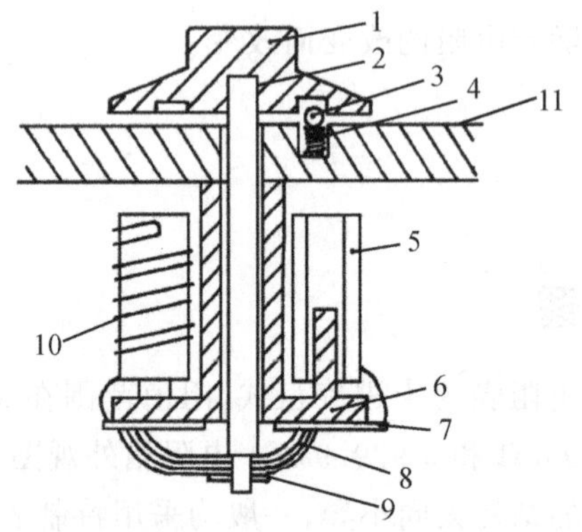

1—旋钮；2—旋钮轴；3—定位滚珠；4—定位弹簧；5—绕线架；

6—支架；7—接点；8—接触片；9—插销；10—电阻丝；11—底板

图 3.6.2　电阻盘纵剖面结构图

电阻盘的电路图如图 3.6.4 所示。电阻箱连入电路的总电阻等于每个旋盘指示的数值乘以相应的倍率求和。

电阻箱有不同的准确度等级，如 0.5 级表示最大可能误差为所使用阻值的±0.5%。考虑到电阻箱各个旋盘间是串联关系，而每个旋盘下的电刷都有接触电阻，在一些准确度等级较高的电阻箱上，增加了标有 0.9 Ω 和 9.9 Ω 的接线柱(见图 3.6.5)，在使用相应范围的小阻值时使用，可以减少串联旋盘的个数从而减小接触电阻的影响。

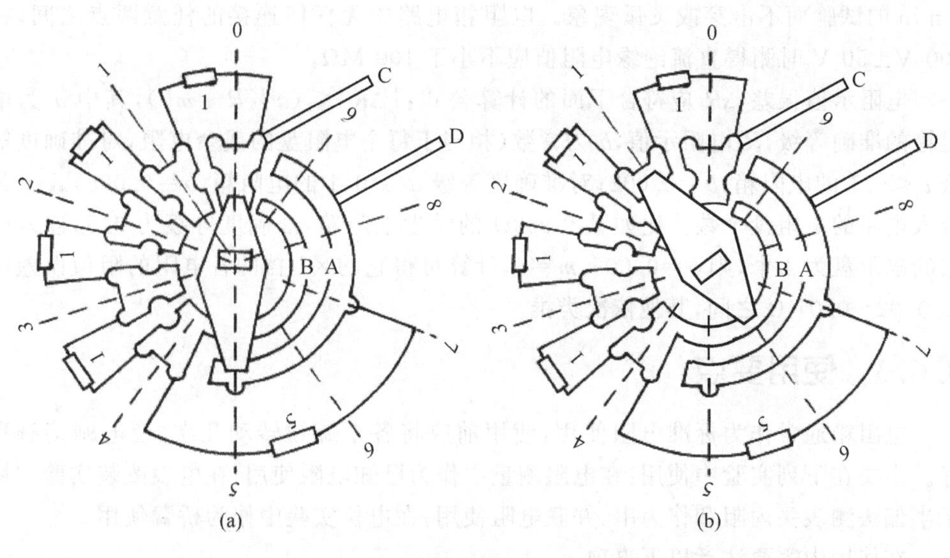

图 3.6.3 电阻箱某分挡内部接线分布图

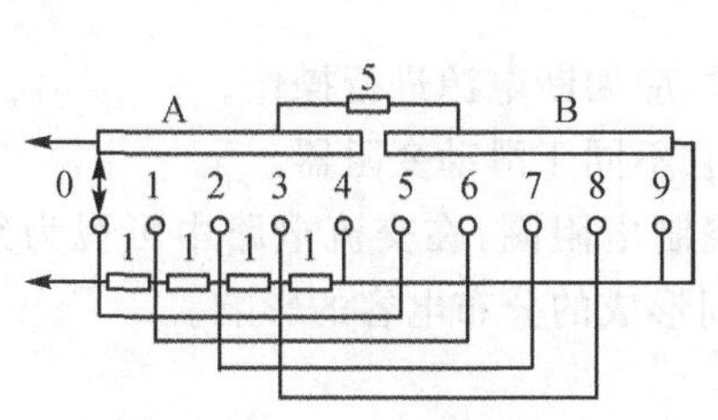

图 3.6.4 电阻盘电路图

图 3.6.5 电阻箱(2)

3.6.2 主要技术指标

教学和学生用电阻箱应满足《JY/T 0399—2007 教学用电阻箱》的要求。电阻箱各旋钮应转动灵活,电刷要接触良好。

电阻箱由每个开关触头接触引起的电阻变差不应大于最小步进电阻值允许绝对误差值的50%。电阻箱周围的环境温度在20 ℃变化到10 ℃和20 ℃变化到30 ℃时,其阻值由环境温度引起的变化,应不超过相应等级指数值。电阻箱周围的相对湿度在50%变化到25%和60%变化到75%时,其阻值的变化应不超过相应等级指数值。

电阻箱电路对外壳的金属部分或无任何连接的任意两点的电路间应能承受频率介于45～65 Hz之间的实际正弦波电压2 000 V,在判断电流为5 mA挡时历时

1 min 的试验而不击穿或飞弧现象。电阻箱电路中无任何连接的任意两点之间，在 500 V±50 V 时测得直流绝缘电阻值应不小于 100 MΩ。

电阻示值误差 ΔR 应符合下面的计算公式：$|\Delta R| \leqslant (a\%R + mb)$，其中 a 为电阻箱的准确等级，R 电阻示值，b 为常数（相当于每个电阻盘的残余电阻，对准确度等级 $a<0.1$ 的电阻箱，$b=0.002$；对准确度等级 $a \geqslant 0.1$ 的电阻箱，$b=0.005$）。m 为接入电路的电阻盘个数。比如某 9 999Ω 的学生电阻箱，准确度等级为 0.5，连入电路的电阻盘为 4 个，则 $b=0.005$，$m=4$，计算可得它的×1 挡的各电阻的阻值误差应在 0.02～0.07 Ω 之间，其他依次类推。

3.6.3 使用要点

电阻箱通常作为标准电阻使用，使用前应将各个旋钮转动几次，使电刷接触良好。主要在下列实验中使用：在电阻测量中作为已知电阻使用；在电表改装实验中用于半偏法测表头内阻和作为串、并联电阻使用；在电桥实验中作为桥臂使用。

在使用中需要注意以下事项。

① 每次旋转旋钮时，要注意旋转到位；还要注意旋过示数 9 后就是 0，应避免由于电阻跳变损坏测量仪器。

② 电阻箱各挡允许通过的电流值不同，倍率越高的挡其额定电流越小，当使用几个挡位时，应以最小额定电流为准。

③ 当电路中的电压很高时，调整电阻箱时，应切断电源进行操作。

④ 电阻箱不宜在长时间、大电流下工作，它不同于滑动变阻器。

⑤ 电阻箱采取了双线并绕的无感方式绕制电阻圈，在交流电路中可视为纯电阻，但在交流电频率很高时，还是要考虑绕线间形成的分布电容的影响。

3.6.4 日常维护和常见故障排除

1. 日常维护

除了上述在使用中要注意事项外，还要强调的是不使用电阻箱时，不要转动旋钮开关，否则会加速触点的磨损。使用一段时间后，可拆开电阻箱的外壳，在各挡开关处涂上少量的凡士林。

2. 常见故障排除

在阐述故障之前，首先要强调一个问题，拆卸电阻箱前一定要记住接触片与旋钮轴的相对应的位置。一般情况下，旋钮对应“0”位置时，接触片的长端与输出端接触，短端与输入端连接。

(1) 旋钮转动不灵活

检查定位滚珠、弹簧或旋钮轴是否生锈。如果生锈，打开后盖，拔下插销，取下接触片，拉出旋钮轴，对生锈部分用酒精或砂布等进行清理。拉出时，注意不要使滚珠和弹簧突然弹出而丢失;安装时要在弹簧、滚珠和凹槽上涂抹黄油等润滑剂。

(2) 旋钮不能定位或定位不准

检测顺序:定位滚珠是否丢失、弹簧是否失效或丢失、定位弹簧的小塑料套筒是否损坏、定位凹槽是否损坏。定位凹槽损坏,只能找厂家进行修理。其他的部件也是比较难找的,只能从已经报废的同型号的电阻箱里寻找。

(3) 残余电阻变差大

先检测残余电阻(零电阻)。将电阻箱各旋钮均旋转3~5圈后都指在"0"位,将数字万用表拨至×1挡,然后将两表笔接至电阻箱两接线柱上,即可测得电阻箱的残余电阻。若残余电阻过大,可再转动几次旋钮,再测。如果实在消除不了,就需要查看刷片是否变形或接点是否有脏污。

① 线路出现虚焊点。轻敲电阻箱的外壳,发现残余电阻或电阻值发生变化,这时打开箱子,找到线路的虚焊点,进行重新焊接。

② 电刷与触点接触不好。一种情况是电刷变形。取下电刷,将其弧形弯度变大些,并仔细擦净电刷端头和各接触点后组装。一种是触点脏或表面氧化。长时间使用或使用后长期放置常出现这种情况。打开后盖,检查电刷与电刷架是否清洁,如有积垢或触点表面氧化,应用布擦去积垢,然后用蘸有无水酒精的绒布擦拭,去除氧化层。

(4) 电阻箱电路不通

① 各分挡电阻间的连接线断路。各分挡电阻是串联在一起的,那么,我们可将各分挡开关都切换到"0"位置,再用万用表的电阻挡检测其通断情况,如果显示为无穷大,则表示为不通,那一定是电阻箱各切换开关的连接线在使用过程中因震动而使焊点焊锡脱落。可用万用表逐个检查电阻箱切换开关间连接线各焊点,直到找到脱焊点,重新焊牢即可。

② 分挡电阻不通。比较常见的是高阻挡易出现这种情况。因为电阻箱内部所用电阻都是绕线电阻,而高阻挡的绕丝最细,使用时间长了容易发生自燃受潮霉断,致使电路不通。检修办法,将高阻挡开关拨置"0"位,用万用表的电阻挡,电阻挡位与高阻挡位相同,逐个检查高阻挡的各个丝绕电阻,直到找到断线电阻,换上同规格的丝绕电阻即可。

(5) 分挡中相邻电阻示值相同或接近相同

有两种可能:①两电阻相邻的接点中间的绝缘被破坏。可用小锯条或小刀将缝隙中脏物剔除干净。②电刷刷片移位,电刷刷片不能定位在接点上,而是停跨在两个接点上,此时要检查定位旋钮的定位凹槽或滚珠、弹簧有无损坏;或刷片是否变宽等。将这些元件进行替换或修理后即可排除。

3.7 可拆变压器

3.7.1 结构和原理

物理教学中所使用的可拆变压器多为单相变压器,主要由U形铁芯、铁轭、紧固压板螺钉及原副线圈组成,如图3.7.1所示。

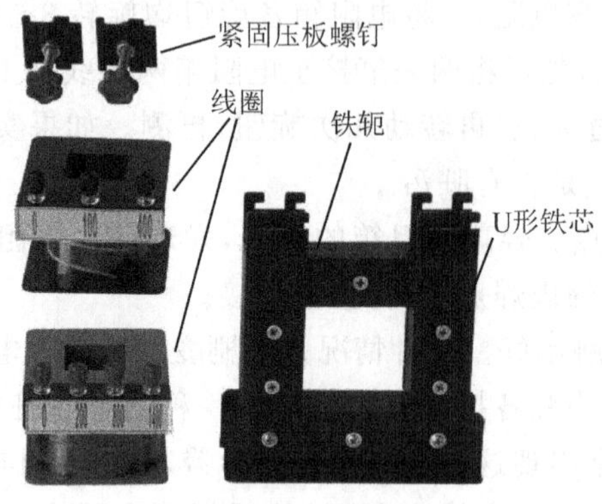

图3.7.1 可拆变压器

U形铁芯上端与条形铁轭相接处的表面经过磨平处理,用紧固压板螺钉将两者紧压在一起组成闭合磁路。铁芯和铁轭均用硅钢片叠压铆合而成,以减小涡流损失。

线圈两只,分别绕制在方形绝缘骨架上。骨架上有接线柱并在接线柱旁边表明了相应的匝数。线圈Ⅰ有4个接线柱,总匝数为1 400匝(或1 600匝),绕制时分别在200匝、800匝处增加抽头,连在骨架上相应的接线柱上。线圈Ⅱ有3个接线柱,总匝数为400匝,绕制时在100匝处增加抽头,连在骨架上相应的接线柱上。在线圈表面附有线圈绕向标志。两线圈的结构如图3.7.2所示。

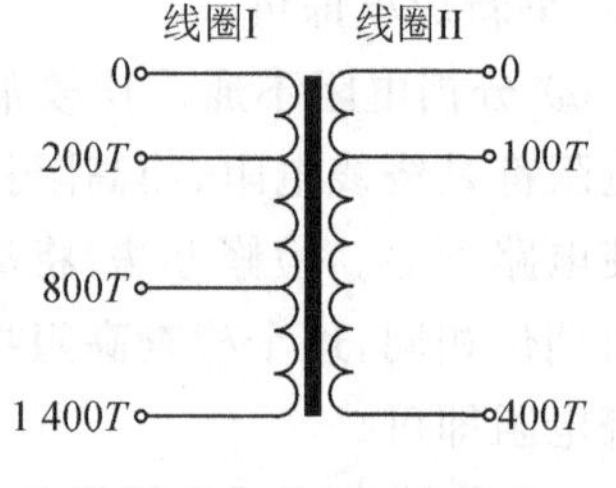

图3.7.2 线圈结构图

若铁芯无漏磁,则两线圈每匝产生的感应电动势均相等,则有线圈产生的总感应电动势与线圈匝数成正比,即$\frac{E_1}{E_2}=\frac{n_1}{n_2}$。

若线圈电阻可以忽略不计,则线圈两端的电压满足$U_1=E_1$,$U_2=E_2$,所以有$\frac{U_1}{U_2}=\frac{n_1}{n_2}$。

若不计能量损失，则变压器输入电功率等于输出电功率 $U_1I_1=U_2I_2$，所以有 $\frac{I_1}{I_2}=\frac{U_2}{U_1}=\frac{n_2}{n_1}$。

3.7.2　主要技术指标

可拆变压器符合《JY 14—1988 可拆变压器》的要求。

变压器初级线圈的空载电流不大于 100 mA。变压器的绝缘电阻不小于 100 MΩ。

变压器电压比与线圈匝数比的误差不大于10%，不得出现正误差。变压器电流比线圈匝数比的误差不大于10%，不得出现正误差。变压器的效率不小于60%。

变压器线圈骨架为塑料制品，线圈骨架内孔尺寸为 34 mm×34 mm×60 mm。变压器铁芯应铆压牢固表面平整，并经浸渍处理。U形铁芯及条形铁轭的相互接触表面经机械加工，应平整光洁，不上漆。变压器线圈外表面应平整、美观。线圈各抽头应有明显的匝数标志。线圈各端及抽头和焊片焊接。焊片紧固在标准接线柱上。接线柱的安装应牢固。

3.7.3　使用要点

① 可拆变压器是进行变压器实验的主要器材，其结构直观，便于教学中讲解变压器的原理。但在实验演示前，应特别注意变压器线圈的技术参数，切勿超载使用，以免损坏变压器。接线时要切断电源，调节时谨防触电。

② 在讲解变压器原理时，为了使实验演示时取得与理论相近的结论，在制作中，对100匝、200匝、400匝、800匝的线圈均应做适当补偿。

③ 在变压器实验中应首先让学生亲自动手拆装变压器，研究变压器的结构。主要观察初、次级线圈的匝数和线径，铁芯的材质以及形状。然后空载，做升压、降压实验；给次级接入负载，探究电流比实验；研究输入功率随输出功率的变化；演示远距离输电，对比高低压输电的损耗；演示实际变压器的效率等实验。

④ 可用此仪器设计一些有趣的实验，比如探究互感原理、铁芯作用、能量损耗等，可加深学生对变压器原理、规律及应用的体验，有效提高学生的学习兴趣。

3.7.4　日常维护和常见故障排除

长期存放时，应将铁芯与铁轭光界面处涂油，以防生锈。

如因使用不当致使线圈烧断，应按线圈技术参数的要求，选择相应线径的铜丝重新绕制，并要注意，由于原变压器已经对100匝、200匝、400匝、800匝的线圈做了适当补偿，维修后不应出现正误差。

3.7.5 教学中的应用

1. 演示电感电路开关断开时的自感电弧

装置组装如图 3.7.3 所示,采用 0～200 匝线圈和铁芯、铁轭组成一电感器模拟感应电路,由蓄电池供电,在开关闭合后迅速断开开关,可在开关处出现明显电弧现象。从而向学生解释这是因为电路断开瞬间产生很高的自感电动势所导致。本实验也可采用双刀开关。操作此实验时,由于电路中电流很大,一定要缩短通电时间,以免烧坏元件。

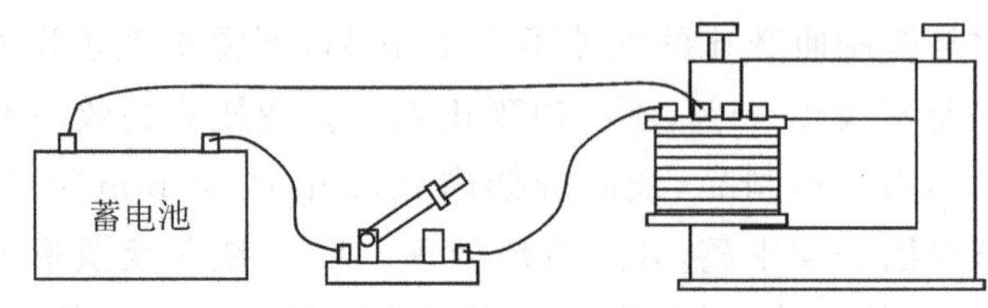

图 3.7.3 演示自感电弧

其实对此装置进行稍稍改动,可演示断电自感产生的电火花。去掉开关,用鳄鱼夹或导线只接线圈的一个接线柱,另一接线柱去掉螺帽,与另一端的鳄鱼夹或导线剐蹭,就会出现明显的电火花。而且可以让学生做做试试,教学效果会很好。

2. 演示涡流的热效应

如图 3.7.4 所示,原线圈选择 0～1 400 匝接线柱接在 220 V 交流电上,副线圈更换为一个上部带有凹槽的铝环,在环中滴入一定量的水,接通电源后,过一会儿,铝环中的水开始沸腾。本实验中一定要用紧固压板螺钉压紧铁轭。

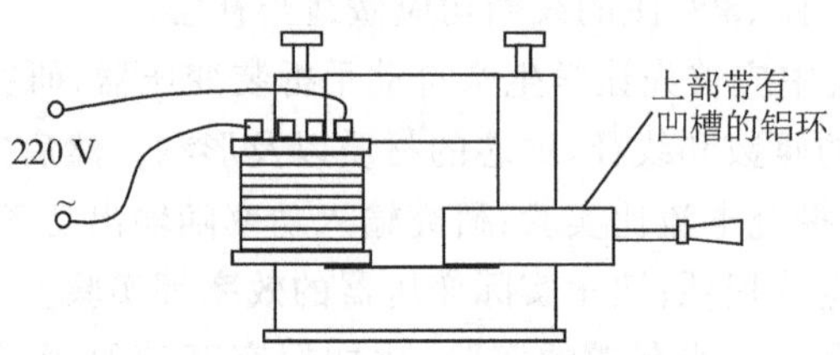

图 3.7.4 演示涡流的热效应

3. 演示直流"跳环"实验

如图 3.7.5,将铁轭竖立在装有线圈一侧的铁芯上,并套放好轻质闭合铝环,线圈选取 0～800 匝,采用蓄电池供电保证直流电流较大。在接通电源的瞬间,铝环跳起,随即下落。此现象较交流跳环实验在原理上更易理解,可帮助学生理解楞次定律。本实验不宜采用学生电源,因为该电源抗过载能力差,有些学生电源的直流输出还含有交流成分。操作本实验时,因电路中电流较大,开关闭合时间要短。

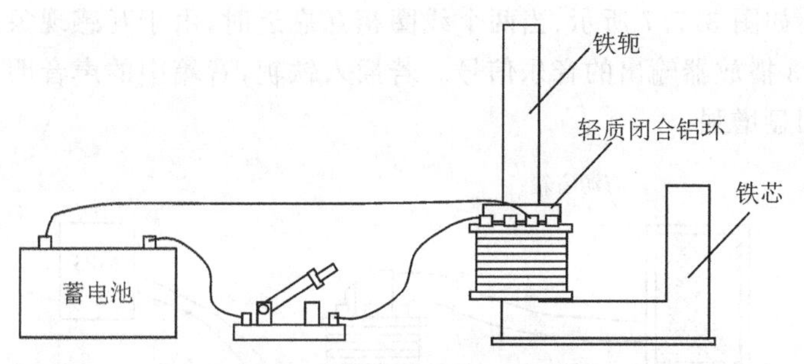

图 3.7.5　直流"跳环"实验

4. 演示变压器能量损耗

如图 3.7.6，选择合适的原、副线圈，使小灯泡能正常发光。

(1) 漏磁现象

移动可拆变压器的铁轭，使铁芯由不闭合到闭合，观察到小灯泡亮度从较暗到正常发光。使学生明白当铁芯不闭合时，原线圈中的磁感线只有一小部分贯穿副线圈中；当闭合铁芯时，铁芯被磁化，绝大部分磁感线集中在铁芯内部，贯穿副线圈，大大提高了由电能→磁能→电能效率，增强了变压器传输电能的作用。

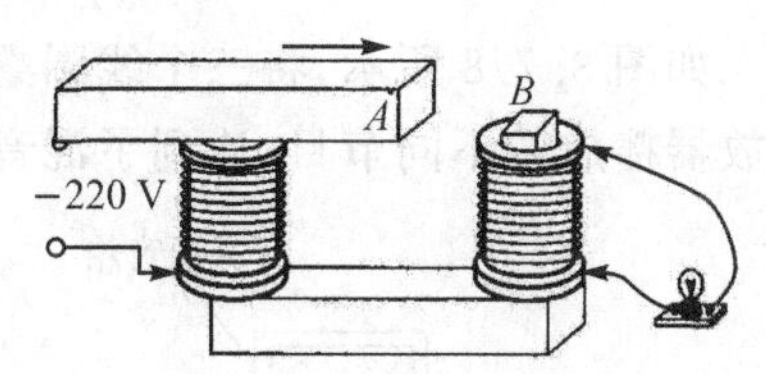

图 3.7.6　变压器能量损耗

(2) 涡流产生热量

找一块与可拆变压器铁芯横条相近的普通铁条代替变压器铁轭，重复(1)的步骤，发现小灯泡的亮度也能逐渐变亮，但最后的亮度要比用变压器的铁芯小。且普通铁条发热很明显。从而解释为了减小涡电流及其损失，通常采用叠压铆合起来的硅钢片代替整块铁芯，并使硅钢片平面与磁感应线平行。一方面由于硅钢片本身的电阻率较大，另一方面各片之间涂有绝缘漆或附有天然的绝缘氧化层，把涡流限制在各薄片内，使涡流大为减小，从而减少了电能的损耗。

5. 演示电感对交流电的阻碍作用

选取 0～400 匝的接线柱，将灯泡与带封闭铁芯的线圈串联起来，分别通以电压相同的直流电和交流电，对比发现电感对交流电有较大的阻碍作用。

配以功率函数发生器，分别取匝数为 100 的空心线圈和匝数为 400 匝的带铁芯的线圈演示。可以看出前者对低频交流电阻碍很小，但对高频交流电阻碍明显增大；后者对低频交流电具有明显的阻碍作用。说明电感越大，交流频率越高，则感抗越大。

6. 演示互感现象

用两个 MP3 播放器，有源音箱，3 个可拆变压器 0～400 匝的线圈，铁轭等，可演示互感现象。如图 3.7.7 所示，当两个线圈相互靠近时，由于互感现象，有源音箱中会播放出 MP3 播放器输出的音乐信号。若插入铁轭，音箱中的声音明显变大，则说明互感现象明显增强。

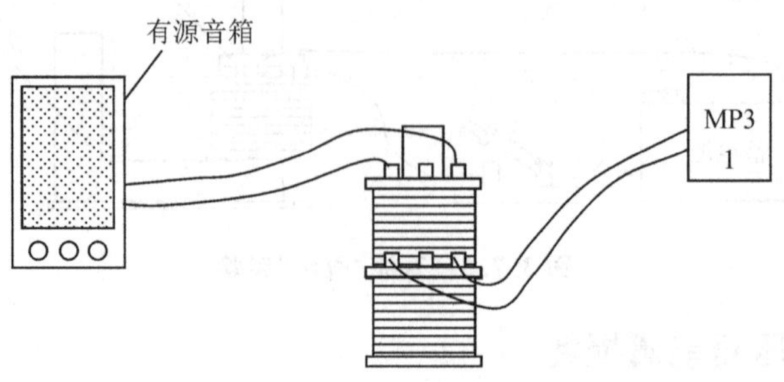

图 3.7.7 互感现象 1

如图 3.7.8 所示，将三个线圈叠放在一起，在有源音箱中可同时听到两个 MP3 播放器播放的不同节目，达到了混音的效果。

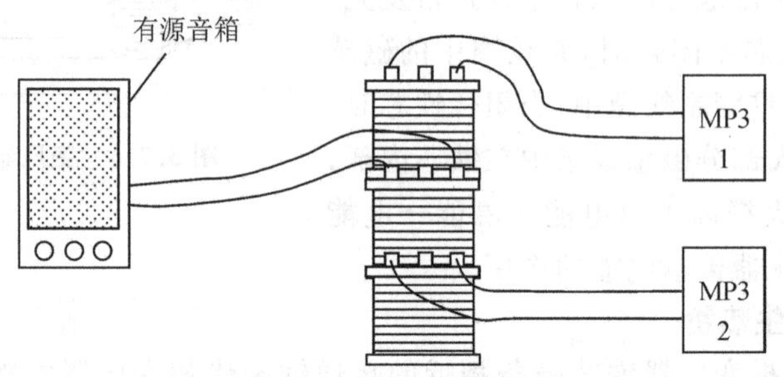

图 3.7.8 互感现象 2

如图 3.7.9 所示，两线圈垂直放置时，在音箱中几乎听不见节目的声音，与前述现象相差悬殊，这是因为线圈与 MP3 输出相连的线圈中的交变电流所激发的磁场沿竖直方向，而产生的感应电场沿水平方向，所以穿过上方线圈的磁通量几乎为零，上方线圈的绕线方向与涡旋电场的方向是垂直的。

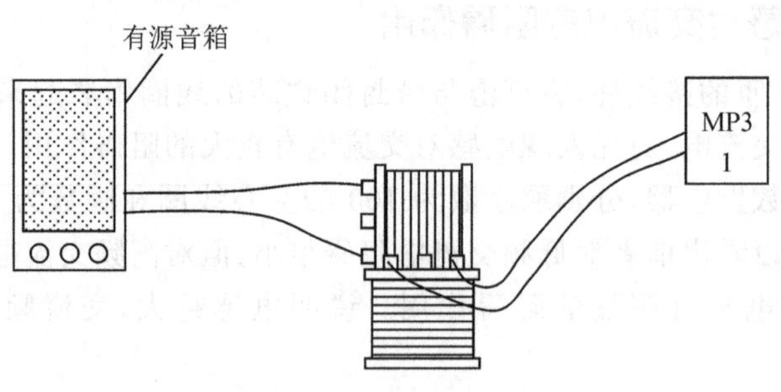

图 3.7.9 互感现象 3

3.8　数字存储示波器

数字存储示波器(Digital Storage Oscilloscope,简称 DSO)是一种数字化的仪器。它将输入的待测电压信号进行采样、量化、存储,然后再将采集到的信息在屏幕上显示。较之传统的模拟示波器,数字示波器特有的特点能给物理实验带来不少方便,比如能够捕捉单次瞬变事件,便于测量单次和低频信号;可以多个波形同时显示,进行比较;可将波形数据通过 USB 通信端口传输到计算机上进行储存和显示;体积小,重量轻,便于携带等。

目前,市场上有多种不同品牌的国外和国内产品。就物理实验需求而言,选用国产带宽 200 MHz 以下的型号较经济实惠。不同型号的数字示波器从操作面板到功能都会有所差异,但总体来说是大同小异。下面我们以某种国产型号为例简要介绍其原理和使用方法。

3.8.1　结构和原理

数字存储示波器的基本原理组成框图如图 3.8.1 所示。其输入电路和模拟示波器相似,输入信号经耦合电路后送至前置放大器;前置放大器将信号放大。放大器的输出信号经取样电路取样,由 A/D 转换器数字化,变为数字信号后存入存储器中;微处理器便可对存储器中的数字化信号波形进行处理,并在显示屏上显示。

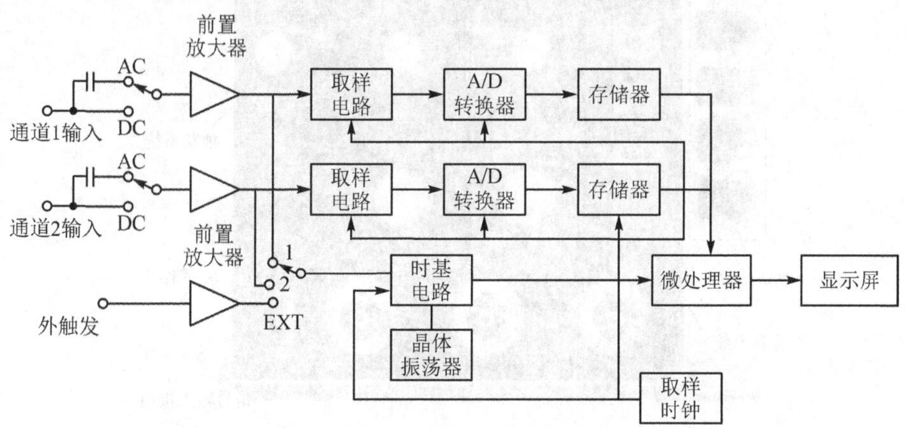

图 3.8.1　数字存储示波器的基本原理

图 3.8.2 所示是某型号国产数字存储示波器的前面板,其左侧为彩色液晶显示界面,右侧为操作面板。使用数字示波器时首先通过操作面板上的按钮和旋钮进行各项设置。如图 3.8.3 所示,操作面板可分为几个区域。

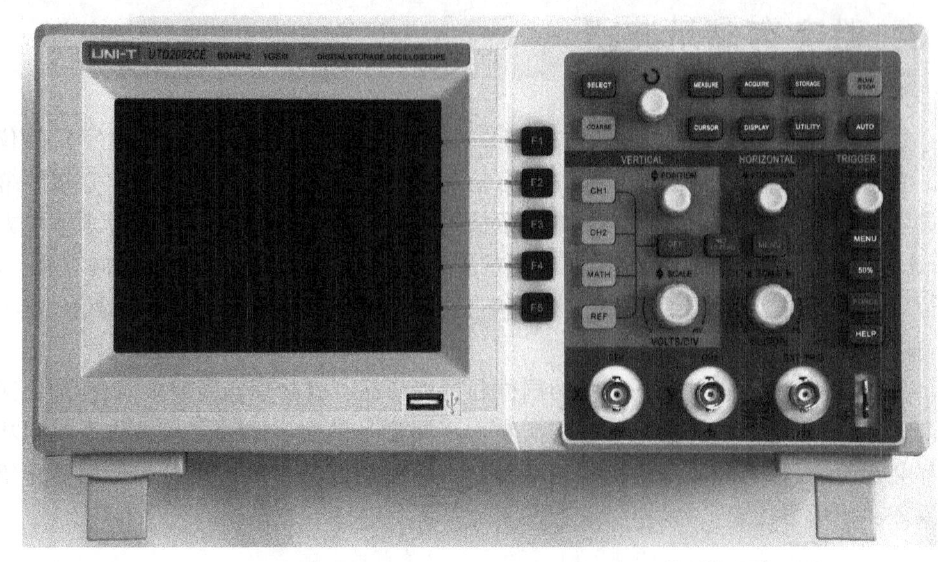

图 3.8.2 数字存储示波器的前面板

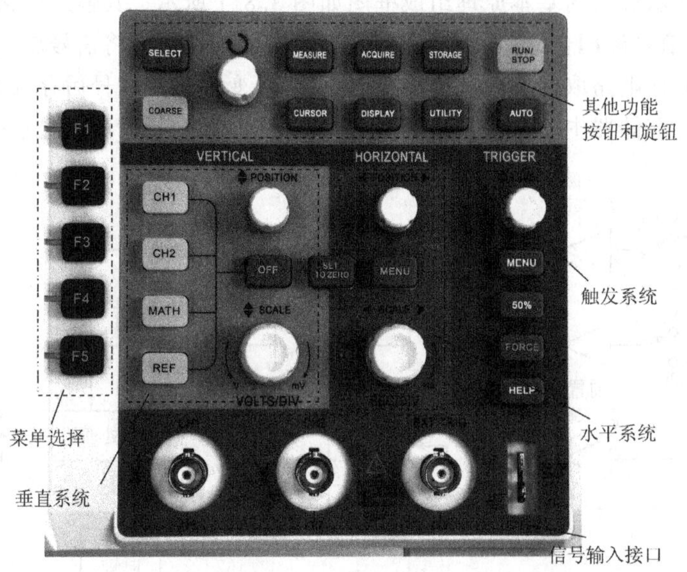

图 3.8.3 操作面板区

1. 垂直系统

包含 CH1、CH2 两个通道的垂直系统设置钮，两条通道的设置是独立的，通过按钮来切换或关闭。按键功能见表 3.8.1。

表 3.8.1 垂直系统

按键或旋钮	功 能
CH1、CH2	选择待设置的通道 1 或通道 2,调出相应的设置菜单
MATH	调出数学运算菜单
REF	调出存储菜单
OFF	关闭上面 4 个按钮所选择的功能
POSITION	控制信号的垂直显示位置
SCALE	改变垂直标尺因子(电压挡位)
SET TO ZERO	(与水平系统合用)

2. 水平系统

水平系统设置钮包括“水平位置”旋钮、“水平菜单”按键和“秒/格”旋钮,具体功能见表 3.8.2。

表 3.8.2 水平系统

按键或旋钮	功 能
MENU	调出显示波形窗口的 Zoom 菜单,进行视窗扩展的设定和开启
POSITION	调整信号在波形窗口的水平位置
SCALE	改变水平时基设置。改变时对应的状态栏水平时基显示也发生相应变化
SET TO ZERO	与垂直系统合用,将(包括水平和垂直)波形的零点位置调到中央位置

3. 触发系统

触发系统设置钮包括“LEVEL”(触发电平)旋钮、“MENU”(触发菜单)、“50%”、“FORCE”(强制触发)、“HELP”(帮助)4 个按键,具体功能见表 3.8.3。

表 3.8.3 触发系统

<table>
<tr><th>按键或旋钮</th><th colspan="3">功 能</th></tr>
<tr><td rowspan="3">MENU</td><td rowspan="3">调出触发菜单,通过 5 个菜单选择按键的操作,可以改变触发的选择。其中有一项“触发方式”,可在“自动”“正常”“单次”之间切换。</td><td>自动</td><td>在没有检测到触发的情况下也能采集波形</td></tr>
<tr><td>正常</td><td>只有满足触发条件时才采集波形</td></tr>
<tr><td>单次</td><td>当检测到一次触发时采集一屏波形,然后停止</td></tr>
<tr><td>LEVEL</td><td colspan="3">改变触发电平设置。可以连续调节触发电平的高低</td></tr>
<tr><td>50%</td><td colspan="3">设定触发电平在触发信号幅值的垂直中点</td></tr>
<tr><td>FORCE</td><td colspan="3">强制产生一触发信号,主要用于触发方式中的“正常”和“单次”模式</td></tr>
</table>

3.8.2　主要技术指标

数字存储示波器符合《GB/T 15289—2013 数字存储示波器通用规范》的要求。各种误差应符合 GB/T 6592—2010 的规定。预热时间一般应不超过 30 min。标明示波器适用的供电电源类型,并给出电源电压、频率范围以及最大消耗功率。示波器的结构应完整,外观无明显机械损伤和镀涂破坏现象;各控制件均须安装正确、牢固可靠、操作灵活。垂直灵敏度挡级应优先采用 1—2—5 进制,时基挡级应优先采用 1—2—5 进制。

3.8.3　使用要点

① 连接电源线;根据需要,连接通道 1 或/和通道 2 信号线。

② 开启示波器电源开关。

③ 设置示波器:一般包括选择通道、耦合方式、触发方式,调节垂直偏转系数、水平刻度(时基),具体根据被测量信号的频率、幅度及测量目的而定,请参看下文"教学中的应用"示例。

④ 若是单次采样,则需按一下 RUN/STOP 键进行采样。

⑤ 若需保存数据等,则按说明书进行相关操作。

⑥ 测量结束,关闭示波器电源。

3.8.4　常见故障排除

数字存储示波器属于高科技精密仪器,若发生故障,应送厂家或专门维修点维修,不宜自行维修。

3.8.5　教学中的应用

1. 观察电容器的充放电

【实验器材】

电阻(1～10 kΩ),电解电容器(220～470 μF),1.5 V 直流电源,数字存储示波器,开关和导线。

【实验操作】

① 按照图 3.8.4 连接电路,将电容器两端的电压输入通道 1。

② 示波器设置见表 3.8.4。

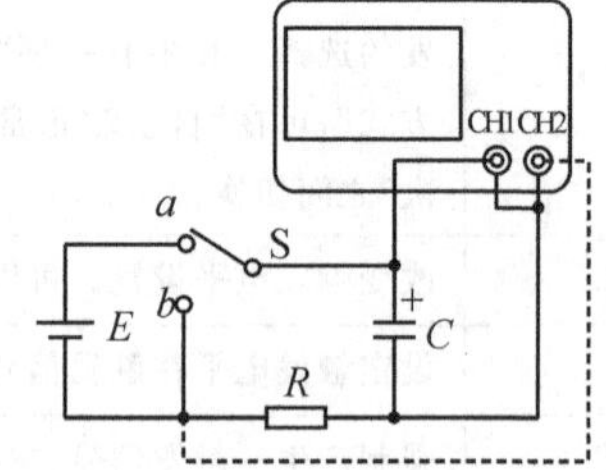

图 3.8.4　观察电容器的充放电

表 3.8.4　示波器设置(1)

输入通道 1(CH1)				输入通道 2(CH2)				时　基	触　发
通道	电压挡位	耦合	反向	通道	电压挡位	耦合	反向		
开	500 mV/div	直流	关	关	—	—	—	1 s/div	自动

注:电压挡位和时基的设置要根据电容、电阻的值做适当调整。

③ 按一下“运行/停止”按钮,示波器开始采集信号,扫描较缓慢地进行。将开关S在 a 和 b 之间来回切换,就会由电容器两端电压的变化显示出电容器充、放电的过程。

④ 再按一下“运行/停止”按钮停止采集,得到电容器充、放电的过程的电压-时间图线,如图 3.8.5 所示(这是示波器采集到的数据传输到计算机所显示的样子,示波器屏幕上直接显示的图像与此一样)。

⑤ 按一下“存储” 按钮可将波形存储在示波器中。

⑥ 改变电容和电阻,重复上述步骤③～⑤可采集和存储多组波形,可比较电容和电阻大小对充放电过程的影响。

电路中电阻两端的电压反映电路中的电流情况,所以若将电阻两端的电压输入通道 2,如图 3.8.5 的虚线所示,则可同时观察到电容器充、放电过程中电流的变化情况。此时示波器设置见表 3.8.5。

表 3.8.5　示波器设置(2)

输入通道 1(CH1)				输入通道 2(CH2)				时　基	触　发
通道	电压挡位	耦合	反向	通道	电压挡位	耦合	反向		
开	500 mV/div	直流	关	开	500 mV/div	直流	关	1 s/div	自动

将两个通道的图线进行对比,可以看到充放电过程中电压 u 和电流 i 不同的变化规律,如图 3.8.6 所示。灰色为 $u-t$ 图线,白色为 $i-t$ 图线。由于示波器两个通道输入是共地的,两信号输入必须分别从 R 和 C 的非公共端输入。为了正确显示电流的方向,需要把通道 2 的相位改变 180°,这可以在示波器通过打开输入反向来实现。

2. 观察自感现象

【实验器材】

40 W 日光灯镇流器(或任意 30 W 电源变压器初级线圈),5 Ω 电阻两个(R_1、R_2),阻值与线圈直流电阻相等的电阻一个(R),3 V 直流稳压电源,数字存储示波器,开关和导线。

【实验操作】

① 按照图 3.8.7 连接电路,将 R_1、R_2 两端的电压分别输入通道 1 和通道 2。

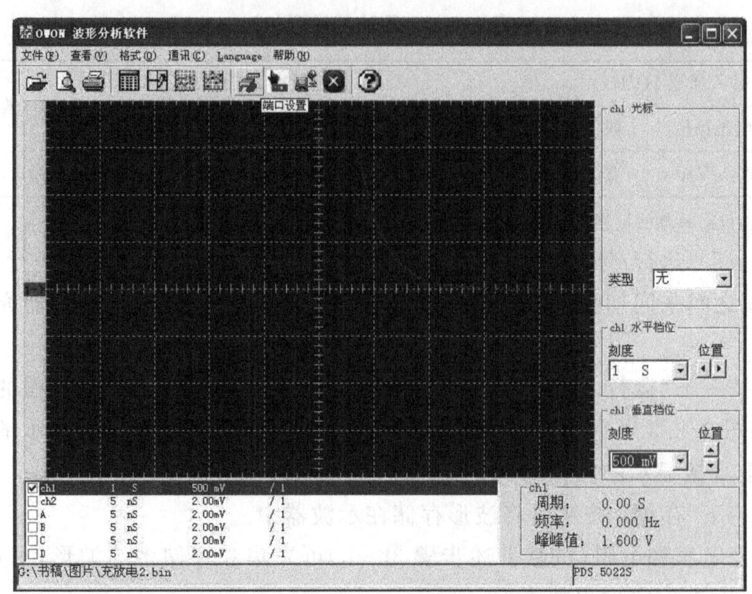

图 3.8.5 电容器充放电过程中电压-时间图像

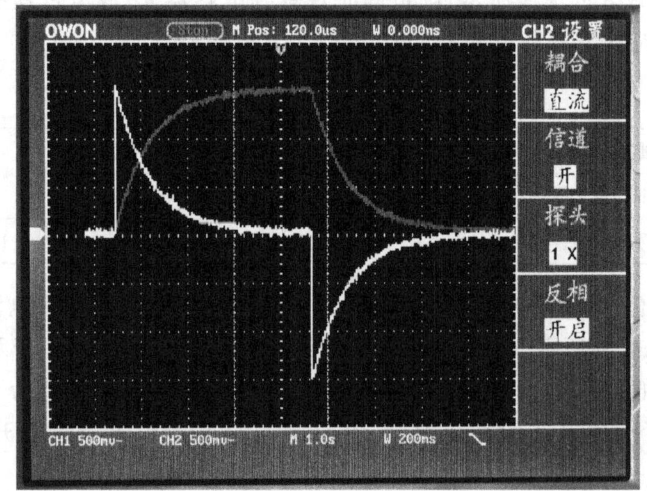

图 3.8.6 电容器充放电过程中 $u-t$ 和 $i-t$ 图

② 示波器设置见表 3.8.6。

表 3.8.6 示波器设置(3)

输入通道 1(CH1)				输入通道 2(CH2)				时 基	触 发
通道	电压挡位	耦合	反向	通道	电压挡位	耦合	反向		
开	500 mV/div	直流	关	开	500 mV/div	直流	关	100 ms/div	自动

③ 将开关S闭合一下再断开。可以看到闭合开关时，含电感的支路电流有一个逐渐增大的过程，而另一支路则在电路闭合后电流迅即到达恒定值。断开开关时，电感L、电阻 R_1、R 及 R_2 构成一个回路，L 上的电流逐渐减小，R 上的电流方向与L上相反，大小与L上的电流大小相同，如图3.8.7所示。

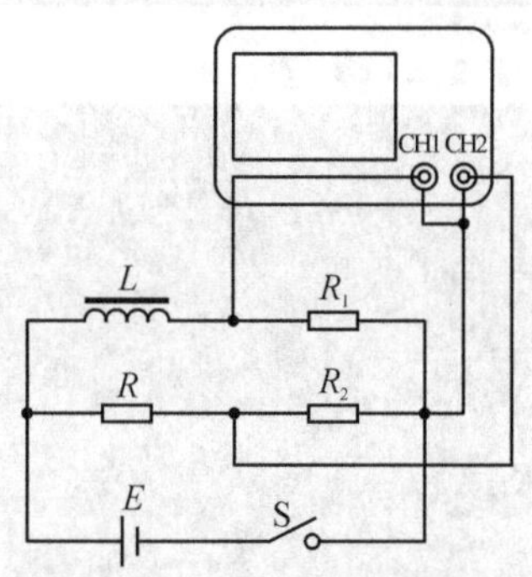

图 3.8.7　观察自感现象

3. 观察阻尼电磁振荡

【实验器材】

40 W日光灯镇流器(或任意30 W电源变压器初级线圈)，2.2 μF左右电容器若干个，6 V直流电源，数字存储示波器，开关和导线，33 Ω电阻。

【实验操作】

① 按图3.8.8所示连接电路，将电感线圈L两端的电压输入通道1。

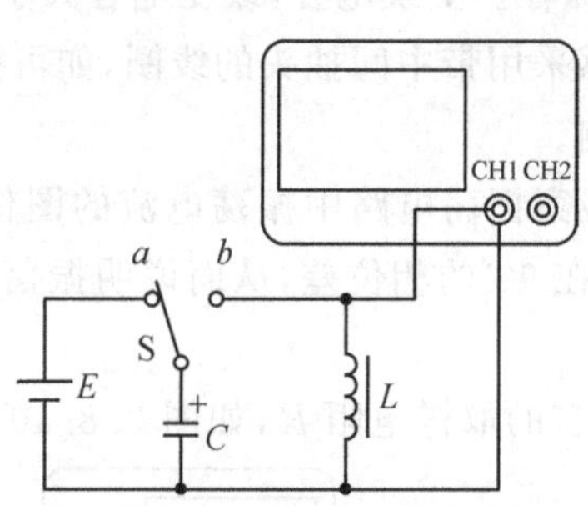

图 3.8.8　观察阻尼电磁振荡

② 示波器设置见表3.8.7。

表 3.8.7　示波器设置(4)

输入通道1(CH1)				输入通道2(CH2)				时基	触发
通道	电压挡位	耦合	反向	通道	电压挡位	耦合	反向		
开	2 V/div	直流	关	关	—	—	—	100 ms/div	单次

③ 按一下“运行/停止”按钮。实验开始，开关S拨向 a，对电容器充电。再将开关S拨向 b，则 L 和 C 构成回路，电路中产生电磁振荡，示波器作单次扫描捕获，得到电路中的电磁振荡波形如图3.8.9所示。

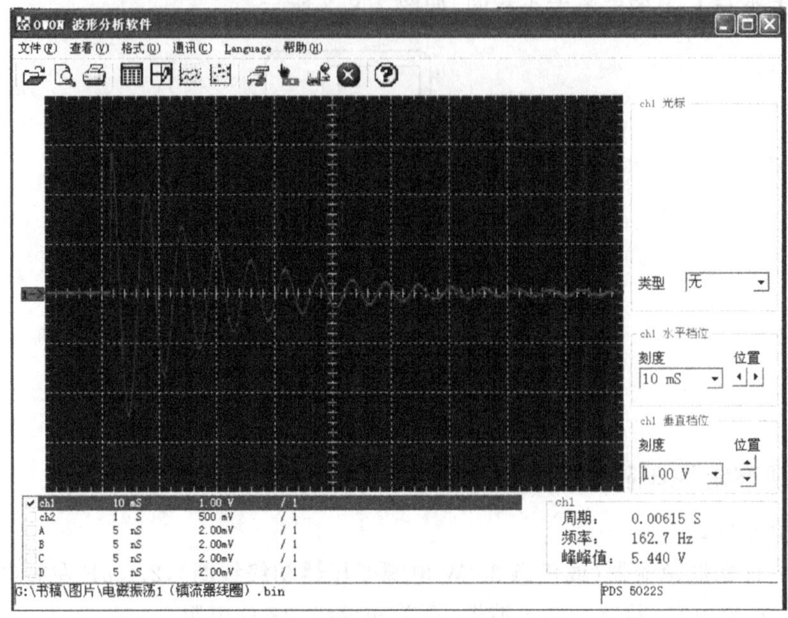

图3.8.9 电磁振荡波形图

④ 按“存储”键将波形保存。更换电容，改变电容大小，重复上面过程，可定量比较振荡频率的变化。若电感采用带中间抽头的线圈，如可拆变压器的线圈，则可比较电感大小对振荡频率的影响。

本实验还可以进一步观察振荡电路中振荡电流的图像，通过和上述振荡电压图像进行对比，可看到两者存在90°的相位差，从而说明振荡过程中电场与磁场能量的转化。具体做法如下：

在回路中串入20 Ω左右的取样电阻 R，如图3.8.10所示。将该电阻两端的电

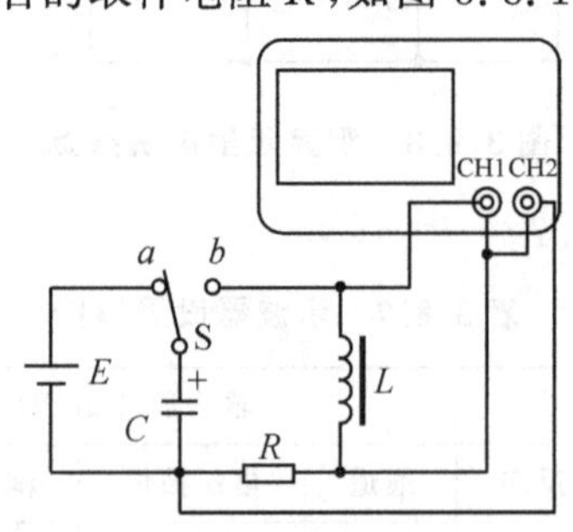

图3.8.10 同步采集震荡电压和振荡电流

压信号输入示波器的第二通道(CH2),并选择该通道电压挡位为 20 mV/格,其他设置和操作与前面的相同。这样便能同步采集振荡电压和振荡电流的图像。

3.9 安培力演示器

3.9.1 结构和原理

安培力演示器的基本结构包括产生磁场的磁体和供通电的直导体棒,以及支撑导体的轨道或支架。

图 3.9.1 所示为一种可以半定量演示安培力的演示器,指针与供通电的导体固定在一起,支架与导体均为铜质,圆柱形导体两端放置在有弧形凹槽的支架上,支架连接接线柱。在导体$\frac{1}{3}$处有一抽头,上端与一弹性铜片接触,弹性铜片与接线柱相连,用于改变通电导体的长度。其主要结构示意如图 3.9.2 所示。通过改变接线柱的组合,可使导体长度有三种不同的取值,长度之比为 1∶2∶3。磁体架分为上下两部分,磁极间距离可以改变,可以使磁场的强弱发生变化。受力导线受安培力后可引起导线框架绕支架摆起一定角度,由与导线框架相固连的指针在刻度盘上指示出来,受力越大,偏角越大。此装置可演示安培力大小与电流大小、导体长度和磁感应强度间的半定量关系,也可演示安培力的方向与电流方向和磁场方向间的关系。

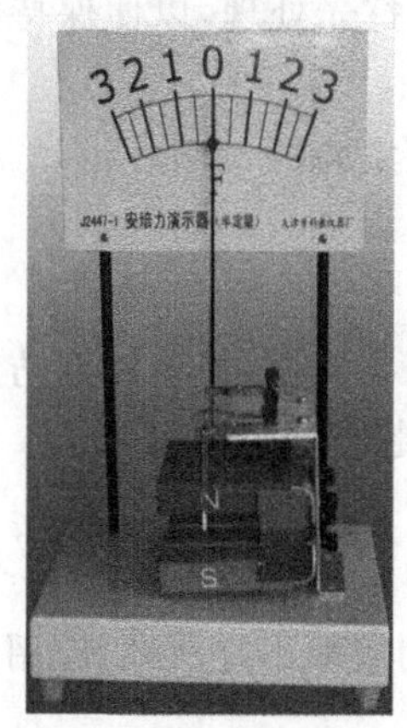

图 3.9.1 半定量安培力演示器

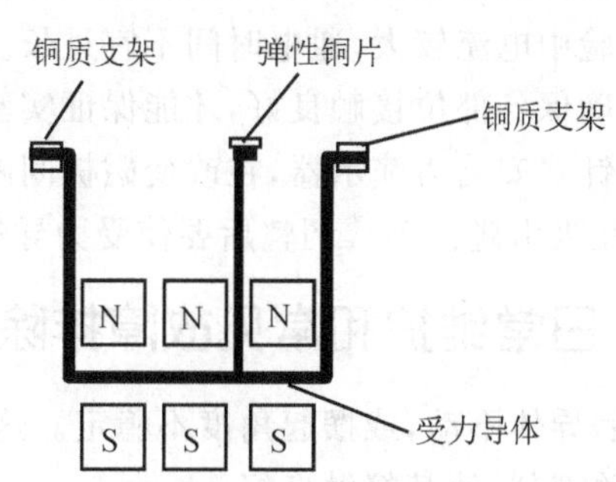

图 3.9.2 安培力演示器主要结构

图 3.9.3 所示为另外一种安培力演示器。为配合投影仪使用采用了透明底板,还专门设计了磁场方向和电流方向的旋转指示片,方便教师进行左手定则的教学。导轨间距有两种,可通过插拔的方式调整,相应的直导线配有两根。短间距的导轨与短导线配合,可使磁场平行于导线水平放置,此时通电后导体不能产生运动。所以本仪器可以演示电流与磁场垂直和平行两种情况下产生安培力的情况。

图 3.9.3 安培力演示器

3.9.2 主要技术指标

指针式的安培力演示器，导线框架要转动灵活，不通电时指针应指在刻度盘中央。支架及弹性铜片与导线框架要接触良好。

轨道式的安培力演示器，轨道要平直光滑，轨道插接处要稳固。

所用永磁体的磁性要足够强，现在有采用钕铁硼材料的，效果更佳。

3.9.3 使用要点

① 由于安培力演示器的工作电流较大，导体间相互接触的活动部位易发生氧化而使导电性降低，每次实验前应进行检查，可用细砂纸进行打光处理，以便保持接触良好。

② 建议使用蓄电池或配有大电流输出的教学电源进行实验。

③ 实验中电流较大，通电时间不宜过长。

④ 要确保各部位接触良好，才能保证实验成功。

⑤ 指针式安培力演示器，在改变磁极间距离时，要取下导体框，并要注意防止异名磁极相互吸引碰伤手。调整后要使受力导线有足够的摆起空间。

3.9.4 日常维护和常见故障排除

通电后导体不动，或摆起角度不稳定。这可能是导体间接触不好所致，应用细砂纸打磨相关部位，使其接触良好。

若磁体磁性减弱，则可充磁或更换新磁体，也可用钕铁硼材料的磁体对仪器进行改造。

3.9.5 自制教具案例

1. 研究安培力与导线长度、电流、sin θ 的正比关系

胡艳繁制作的《新型安培力演示仪》（见图 3.9.4），获第八届全国优秀自制教具

展评活动二等奖。用天平秤间接测量安培力；用PVC塑料板做成能绕3组相同线圈并带有4个抽头线的骨架，以改变导线的长度；支撑架上标有角度刻度，通过旋转磁铁来改变线圈的电流与磁场的夹角，当磁铁旋转一周时，可以观察到安培力的变化范围：$F_{max}\to 0\to -F_{max}$。

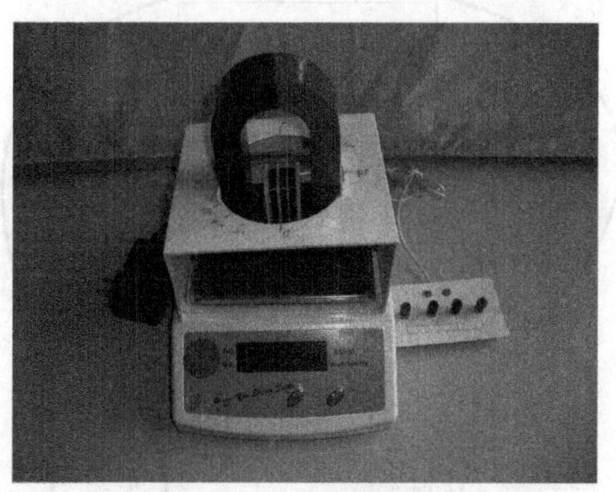

图 3.9.4　新型安培力演示器

2. 定量研究安培力与电流、导体长度、磁感应强度及夹角 sin θ 的关系

汪维澄制作的《安培力定量演示仪》(见图3.9.5和图3.9.6)，获第八届全国优秀自制教具展评活动一等奖。用数显灵敏测力计(量程2 N，最小称量0.001 N)测量线圈所受的安培力；通过调节滑动变阻器改变线圈中电流的大小；更换不同边长的线圈改变导体的长度；选用磁场强度高的钕铁硼强磁铁产生磁场，用磁短路和增减磁块两种方式改变磁场的强度，然后用高斯计实际测量线圈所在位置磁感应强度，取其平均值作为此位置的磁感应强度；通过旋转带有角度的底盘来改变磁场与通电导线中

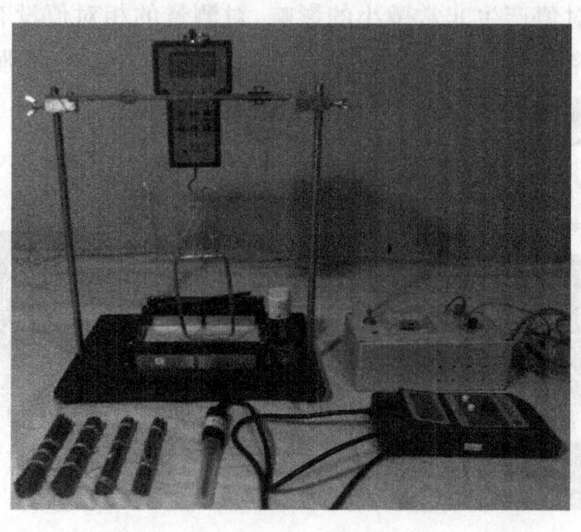

图 3.9.5　安培力定量演示仪

电流的夹角 θ。用 Excel 描绘安培力分别与其他变量的图像。采用实际采集的数据，计算 $BIL\sin\theta$ 的数值与测力计显示的安培力大小比较，从而验证公式 $F=BIL\sin\theta$。

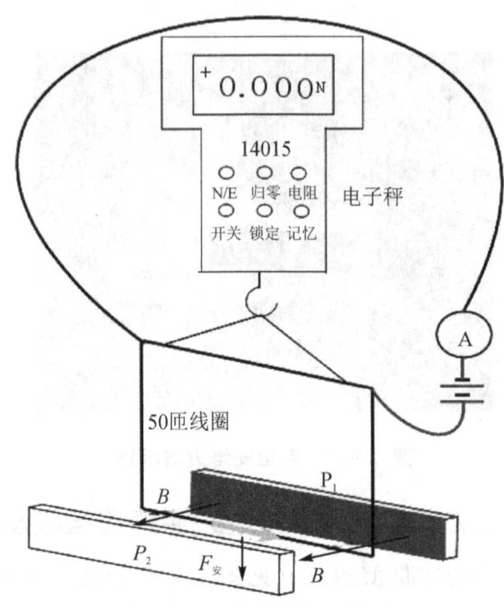

图 3.9.6 安培力定量演示仪原理

夏俊制作的《安培力演示装置》(见图 3.9.7)，获第八届全国优秀自制教具展评活动一等奖。用精密压力传感器测量安培力(注意必须对测力装置进行重新标定，标定数据使用当地重力加速度。要求不高时，也可直接取 9.79。次标定数值的精度只会对测量结果的绝对值产生非常微小的影响，对测量的相对值没有影响；制作的导线框与压力传感器紧密相连)；通过改变强磁体间的间距来改变场强；将导线框做成图

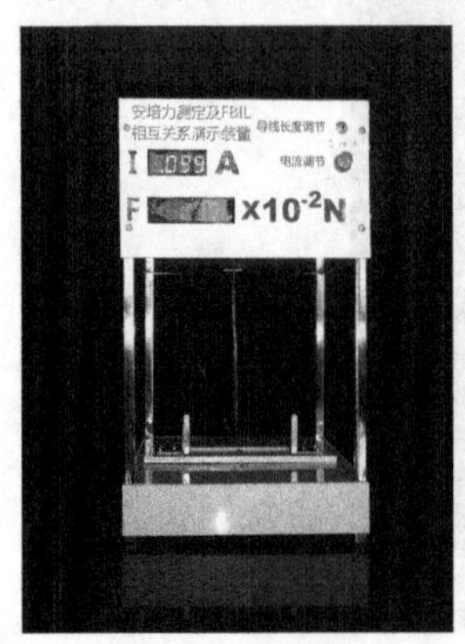

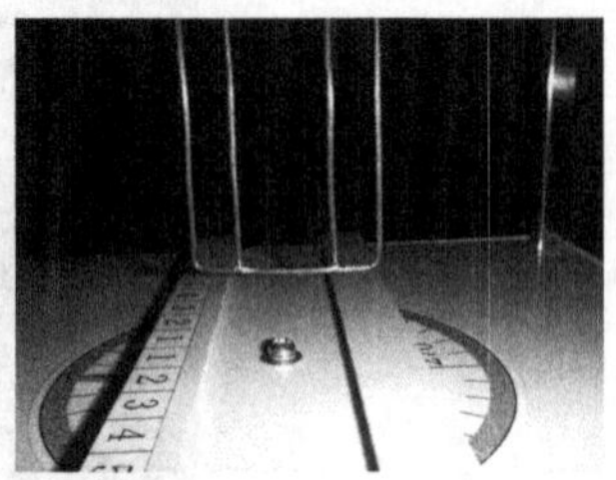

图 3.9.7 安培力演示装置

示的形状,通过改变接线柱的组合,可使导体长度有几种不同的取值;通过旋转磁铁架来改变磁场与导体电流的角度;用数码管连接测力装置,并安装电流表,将他们的数显屏安装在面板上,示数直观形象。

综上所述,目前对安培力演示仪装置的改进主要有以下几方面:可以间接演示安培力的大小——用电子天平(压力传感器)及数显测力计;用钕铁硼强磁铁增强磁场强度;通过磁短路或增减磁块来改变磁场;运用高斯计测量磁场强度,或制作励磁线圈,通过改变线圈中电流来定量改变磁场;运用视频展示台或电脑摄像头使实验更具可视性。

3.10　洛伦兹力演示器

用阴极射线管自制的洛伦兹力演示器是实验专用高档精密仪器,分 J2433、J2433－1、J2433－2 三种型号。它们在控制及电源电路上有一定的差别:J2433 型机内不带电源,需外配高、低压电源才能工作;J2433－1 型机内配有电源,使用方便;J2433－2 型机除了内配有电源外,面板上装还有 2.5 级电表。J2433－1 与 J2433－2 结构基本相同,下面主要介绍 J2433－2 型洛伦兹力演示器。

3.10.1　结构和原理

1. 结　构

J2433－2 型洛伦兹力演示器面板的结构见图 3.10.1,主要由洛伦兹力管、励磁线圈、控制电路及电源组合、暗箱四部分组成。

(1) 洛伦兹力管

洛伦兹力管又称威尔尼特电子管,是一个直径为 160 mm、充入惰性气体的真空大玻璃泡。玻璃泡内装一个特殊结构的电子枪,由热阴极、调制板、锥形加速极、一对偏转板组成。热阴极,产生发射的热电子;调制板,控制电子发射状况;加速极,给阴极发出的电子更大的运动力;偏转板,断开励磁线圈电源,在偏转板上加电压,可以观察电子在电场作用下的偏转运动。

(2) 励磁线圈

励磁线圈又称亥姆霍兹线圈,是一对直径为 280 mm,每只为 140 匝的环形线圈,同轴平行放置在仪器控制部分及电源组合机箱上,间距为 140 mm。两只线圈串联连接。当线圈通上电流后,在两只线圈间轴线中点附近可得到匀强磁场。

(3) 控制电路及电源组合(见图 3.10.2)

为增强观察效果,整个仪器装在木质暗箱内。暗箱内部涂有无光黑漆,外表面涂木漆清漆。

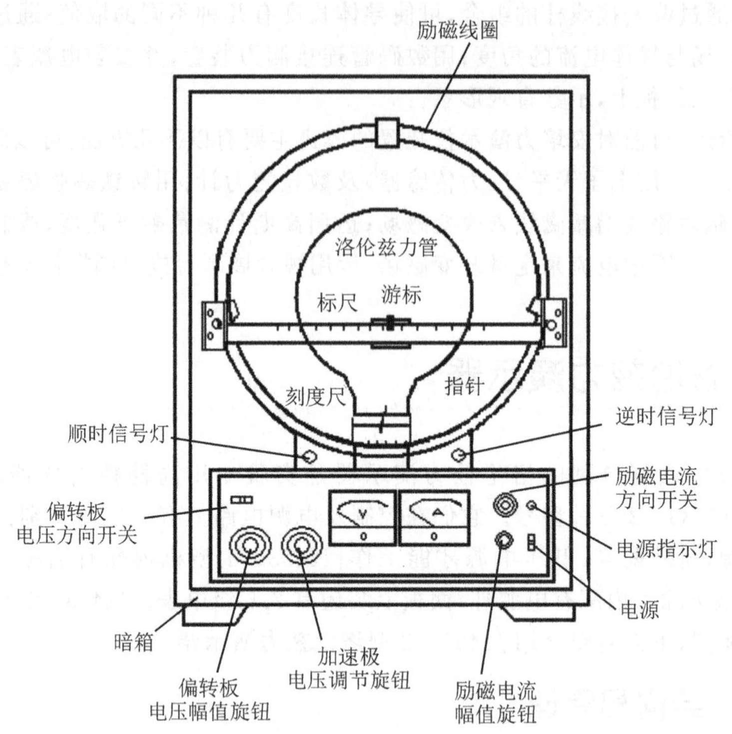

图 3.10.1 洛伦兹力结构示意图

2. 原 理

如图 3.10.2，当 1、2 初级线圈通过电源开关 S_3、保险丝 F_1，接到交流 220 V 市电。3、4 次级线圈 6.3 V 电压专供洛伦兹力管灯丝。5、6 次级线圈 240 V 电压，经 $V_{12\sim15}$ 桥式整流得 300 V 直流电压，经 R_7、R_8、C_5、R_6、π 形滤波，供给稳压电路。稳压电路由三端集成稳压块 N_3 及保护管 V_{16} 等组成，使电压稳定为 250 V，供给洛伦兹力管加速极及偏转板。加速极电压由电位器 RP_4 连续调节幅度，加到 V_{20} 管 5 脚。偏转板电压由 RP_3 电位器可在 50～250 V 范围内连续可调，经过 S_2 开关控制方向后，加到 V_{20} 管 7、11 脚。

电源变压器 9、10 次级线圈 20 V 电压，经 $V_{1\sim4}$ 桥式整流，C_1 电容滤波，由稳流管 V_5 稳流后供给励磁线圈 L_1、L_2。R_3 是稳流电路取样电阻，其取样信号送到运算放大器 N_2 反馈端，经放大器推动 V_{11} 三极管来控制稳流管基极，使保持电流恒定，其大小由 N_2 输入端的电位决定，调 RP_2 电位器，其稳定电流可在 0～2.5 A 变化。接线柱 X_3、X_4 供串接外电流表使用。当不用外接电流表时，应当用跨接铜片将其短路。励磁电流通过开关 S_{1b}、S_{1C} 改变方向，接到励磁线圈。可以顺时针方向接通电流，也可以逆时针方向接通电流，并通过 S_{1a} 开关接通发光二极管电压，以指示励磁电流的方向。V_{10} 发光二极管作为电源接通信号等用，装在仪器面板上，通过 R_2

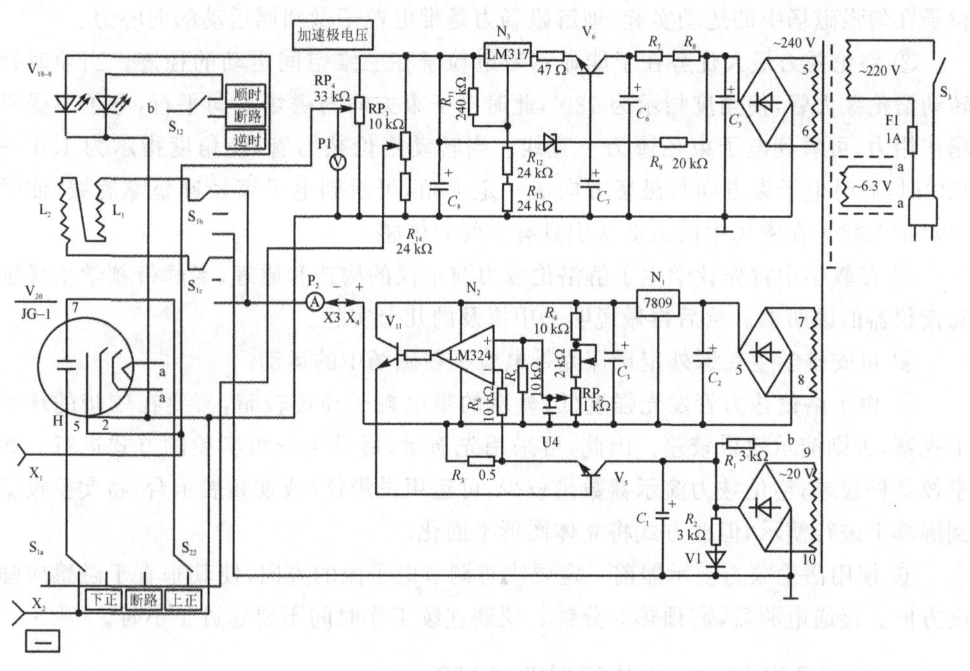

图 3.10.2 控制电路图

供电。

T_1 电源变压器编号 7、8 次级线圈 9 V 交流，经 $V_{6\sim9}$ 桥式整流，N_1 三端稳压块输出 9 V 直流电压，专供稳流管控制电路运放 N_2 及三极管 V_{11}。

当洛伦兹力管 V_{20} 的各电极加上适当工作电压后，具有一定能量的电子与惰性气体分子碰撞，使惰性气体发光，就能在电子所经过的路径上看到光迹。

3.10.2 主要技术指标

洛伦兹力演示器满足《JY 219—1987》的要求。

洛伦兹力管的有效工作时间不小于 100 小时。加速极电压 0～250 V 连续可调或分档可调，有参考刻度。整机连续工作 1 小时，加速极不得发红。励磁电流在 0.5～2.2 A 范围内连续可调，有参考刻度，并能关断。

电子束发光亮度不小于 3 尼特；发光颜色为绿色或橘红色；电子束应聚焦良好，径迹清晰。

整机工作时，洛伦兹力管能顺时针、逆时针转动，转动角度不小于 90°，有刻度指示。整机绝缘电阻不小于 100 MΩ。

3.10.3 使用要点

① 洛伦兹力演示器能演示磁场对运动电子产生的洛伦兹力，主要用于演示带电

粒子在匀强磁场中的运动实验,理解磁场力是带电粒子做圆周运动的向心力。

② 洛伦兹力最大优势在于能显示带电粒子在三维空间运动的径迹。当顺时针转动洛伦兹力管,使角度指示为180°,此时电子束方向与磁场方向平行,电子不受磁场作用力,可看到电子束径迹为一直线。当转动洛伦兹力管,使角度指示为130°~150°时,此时电子束方向与磁场方向成一定夹角,可看到电子束径迹呈螺旋线,使学生对带电粒子在磁场中的运动认识具有空间立体感。

③ 在教学中首先让学生了解洛伦兹力演示仪的构造和原理,老师带领学生详细阅读仪器的说明书。然后再做说明书中提及的几个实验。

④ 可安排学生在课外定量探究带电粒子在磁场中的运动。

⑤ 由于洛伦兹力管发光强度低,显示的带电粒子径迹较暗,需要在较暗的环境下观察,否则演示效果较差。因此,可采用先演示,后学生分组实验的方式进行。如学校条件较差,洛伦兹力演示器数量较少,可运用投影仪(或视频展示台)将实验投影到屏幕上进行演示,但此方式将立体图形平面化。

⑥ 使用洛伦兹力演示器前一定要注意调节电子流的方向,使其垂直于磁感应强度方向。接通电源后,需预热5分钟。仪器连续工作时间不要超过1小时。

3.10.4 日常维护和常见故障排除

1. 日常维护

洛伦兹力演示器的使用关键在于使用方法科学,取用小心谨慎,演示实验最好就近在实验室中进行,以减少搬动的次数。仪器搬动存放时,一定要注意不能将仪器倒置和振动。将洛伦兹力管座上的滚花螺钉旋入上盖罩上的铆装螺母中,盖好暗箱盖板。搬动时要防止碰撞振动。仪器应存放在阴凉、干燥、通风的地方。存放满三个月不用时,必须开机一次,开机时间为1小时,开机时不加加速极电压,励磁电流开关置"顺时",电流幅值旋钮转调到约1 A位置。

2. 常见故障排除

(1) 电源指示灯不亮,仪器不工作

首先检查电源线是否折断、电源开关是否完好,如无问题,再拆开仪器。

若拆开仪器时闻到一股臭味,可能是电源变压器已经烧毁。这是由于仪器放置时受潮导致变压器损坏。维修时把它拆下重绕,按照电压要求,重新计算绕组数据。也可以把原烧毁的线圈拆下,一圈一圈的记下原绕组数据再绕制。绕好后一定要浸漆烘干再装上仪器。

若拆开仪器,检查仪器保险丝完好,电源变压器各输出电压正常,但电子管灯丝不亮。这是因为给灯丝供电的接地是机壳,使用太久的仪器接触处有锈斑,用砂纸打磨完全除锈后故障排除。

(2) 电源指示灯亮,洛伦兹力管灯丝不亮

原因可能是洛伦兹力管不亮,或灯丝电压没有加上,或洛伦兹力管本身损坏。将洛伦兹力管取下,测灯丝电压是否正常。若不正常,重点检查变压器是否损坏、管座是否接触不良。若灯丝电压正常,用万用表测灯丝电阻是否为无穷大。若为无穷大表明洛伦兹力管本身损坏,换新管即可。因洛伦兹力管价格昂贵且不易购到,可采用高压打火的办法进行修复。方法是将洛伦兹力管两灯丝引脚分别与高压发生器两放电针相连、高压选在 20 kV 挡,打开电源,洛伦兹力管内灯丝部位可观察到明显跳火现象,此时用手指轻弹管壁并调整弹击部位,边弹边观察,一旦无跳火,即刻关断高压发生器电源。用万用表检测洛伦兹力管灯丝电阻是否已经接通,若接通将管装入原机即可。但使用中要特别注意不能有大的振动,以免已经接通的灯丝再次断开。

(3) 洛伦兹力管灯丝亮,调节加速极电压旋钮看不到直线径迹

此故障表明加速极电路出现故障。

① 调节 RP_4 同时测 RP_4 两端电压变化是否在 0~250 V 范围内连续可调,若正常则为洛伦兹力管管座与印刷板连接的连线插座松动造成断路所致。

② 若调节加速电压大小的电位器,电压时大时小跳动厉害。这是因为电位器因经常使用导致内部接触片磨损严重,换一只同规格的电位器后故障排除。

③ 若根本就没有电压输出,就得从次级线圈 5、6 开始依次检查。一般出现 240 V 交流电压正常,其他各直流输出电压全无的现象,即桥式整流器损坏。用 4 只整流二极管把整流器换掉,故障自然排除。

(4) 直线径迹不偏转

此故障表明励磁电流形成电路出现故障。调节 RP_2 同时测励磁电流是否在 0~2.5 A 范围内连续可调,若正常则为磁电流方向开关 S_{1b}、S_{1c} 烧毁造成断路所致。不正常,则为 LM324 及其外围电路出故障,重点检查电容 C_2、C_3、C_4 三极管 V_5、V_{11},集成块 N_2、7809 等。

(5) 调节励磁电流幅值旋钮,圆环径迹无变化,但调节加速、偏转旋钮均有相应变化

调节励磁幅值旋钮电子径迹无变化,但调节加速、偏转旋钮均有相应变化,表明加速、偏转电路正常,故障出在励磁电流形成电路。测 7809 输出电压是否为 9 V,不正常则重点检查电容器 C_2、C_3 集成块 7809 等;正常,将接线柱 X_3、X_4 所接的跨接铜片(在仪器后盖处)断开,串接电流表,调节励磁幅值旋钮(RP2),电流表示数有无变化。调节 RP2 同时用万用表测其电压是否在 0~6 V 变化,若是,重点检查集成块 N_2,三极管 V_{11}、V_5 等,否则检查电阻 R_4、R_{P2} 等。

3.10.5 新仪器介绍

目前学校配有的另一种洛伦兹力演示器如图 3.10.3 所示。仪器由线圈、透明圆形盛液槽、柱形电极、环形电极、电流表、控制开关等组成。本实验仪器是利用硫酸根离子和铜离子在线圈磁场作用下产生洛伦兹力的,使电解液在槽内旋转。其线圈电源：由输入的AC 220 V、50 Hz，通过阻容降压，整流滤波获得直流工作电源。溶液电源：直流2～12 V，电流≥2 A，由外接电源直接供给。环境条件：温度0～40 ℃，相对湿度≤80%

本实验仪器相对于用阴极射线制成的洛伦兹力演示器，结构简单、取材方便，贴近生活。也可让学生设计自制教具，比如可以用取材方便的饱和硫酸钠(氯化钠)溶液代替硫酸铜溶液，用圆形磁铁代替环形线圈等。

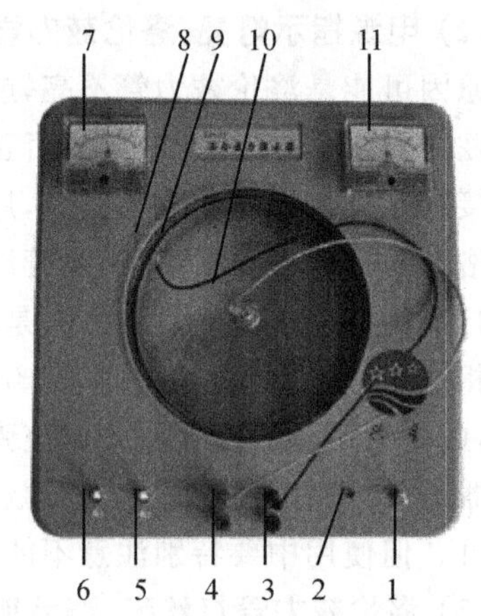

1—电源开关；2—电源指示灯；
3—直流电源接线柱；4—液体电源插孔；
5—溶液电流转换开关；6—溶液电流转换开关；
7—线圈电流表；8—圆形感液桶；
9—环形电极；10—柱形电极；11—溶液电流表

图3.10.3　洛伦兹力定性演示器

本仪器的缺点是利用硫酸根离子和铜离子的受力情况来判断洛伦兹力，学生需要分析离子受力情况，不太直观。而且只能做定向研究洛伦兹力的大小和方向，以及与哪些因素有关。做演示实验时，由于其体积较小，可视性较差，需要用视频展示台(或投影仪)将实验投影到屏幕上进行演示。

3.10.6　自制教具案例

周至县张忠堂制作《洛伦兹力演示器》的教具(见图3.10.4)获得第七届全国优秀自制教具三等奖。

把适量的饱和硫酸钠溶液加入容器内，接通电源即能看到硫酸钠溶液在容器内匀速旋转。改变电源的正负极或翻转磁环后，容器内的溶液旋转方向发生改变。提高电源电压，溶液的旋转速度加快。若在溶液表面放上漂浮盖，漂浮盖随溶液一同旋转，使实验现象更加明显。配合投影仪效果更佳。

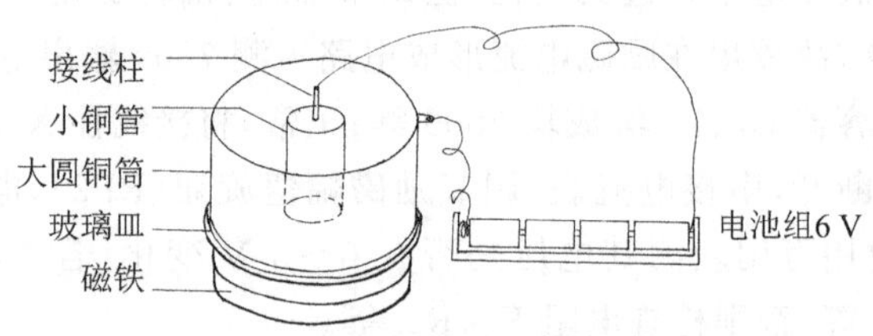

图3.10.4　自制洛伦兹力演示器(1)

陈晓莉等制作的教具如图3.10.5所示。将配制好的饱和食盐水电解质溶液倒入电解槽中，在电解槽中放入参照物(如，小纸片、小纸船、小木块或小塑料泡沫等)，将摄像头对准电解槽中的参照物并连接在电脑上进行演示。发光二极管是用来显示

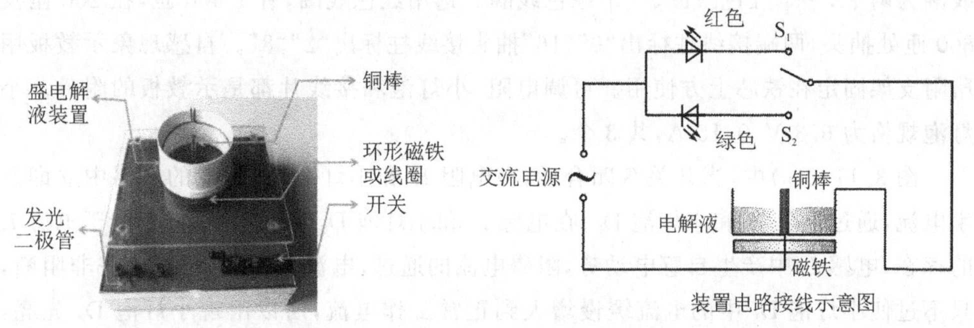

图 3.10.5　自制洛伦兹力演示器(2)

电流的方向。注意:电解液的浓度不宜过高;电解液的水面高度要淹没铜丝线圈;电解液电源电压要小于发光二极管的电压,防止发光二极管被烧毁。

3.11　自感现象演示器

3.11.1　结构和原理

自感现象演示器的构造有多种,J2425 型变压器原理说明器就可以演示自感现象,其安装如图 3.11.1 所示,原理图见图 3.11.2。铁芯由下部的 U 形铁芯和上部的条形铁轭组成闭合的口字形。铁轭可以拆下,装配时,要使铁轭的磨光侧面(不涂漆的)向下,与 U 形铁芯的两个磨光的上端面密切贴合,然后用压板和手旋螺丝压紧。

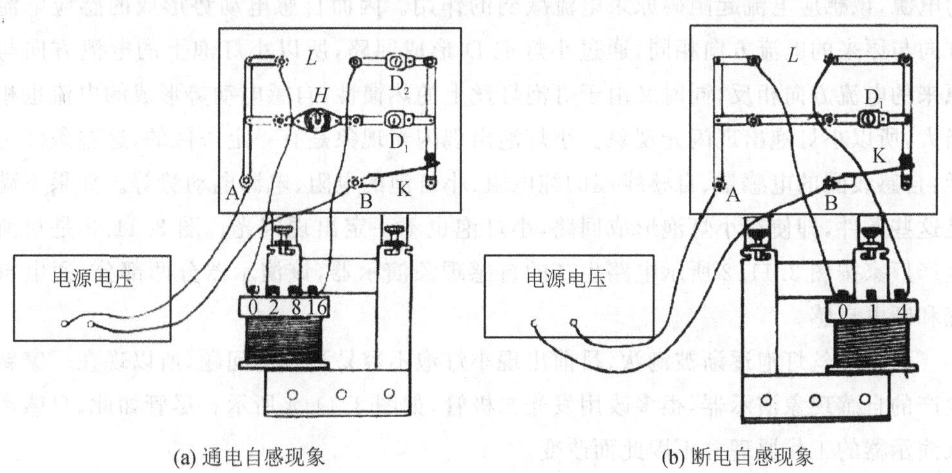

(a) 通电自感现象　　(b) 断电自感现象

图 3.11.1　自感现象演示

线圈为两个，一个红色线圈、一个绿色线圈。选用红色线圈，有1 600匝，在200匝及800匝处抽头，两端接线柱标出“0”“16”抽头接线柱标出“2”“8”。自感现象示教板用所附支架固定在铁芯上方使用。可调电阻、小灯泡和接线片都是示教板的附件。小灯泡规格为6.3 V、0.15 A，共3个。

图3.11.2(a)中，当开关S闭合后，在电阻R和小灯泡D_2组成的电路中立即产生电流，通过电阻R和小灯泡D_2；在电感L和小灯泡D_1组成的电路中，由于电感L的存在，电感L中产生自感电动势，阻碍电流的通过，电流只是受到阻碍，并非阻断，只不过使小灯泡D_1中的电流缓慢增大到正常工作电流，所以出现小灯泡D_2先亮，D_1后亮而已。

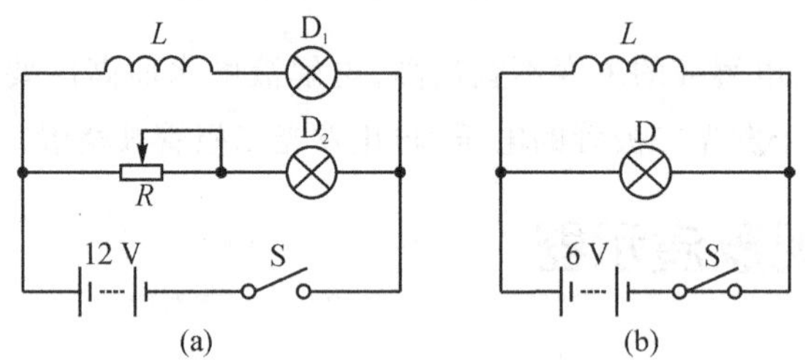

图3.11.2 演示自感现象电路图

图3.11.2(b)中，灯泡D与电感L是并联关系，当开关S闭合后电路中形成的电流通过小灯泡D，也通过电感L，但是由于电感中产生自感电动势，阻碍电流的增大，一定时间后电感L中的电流达到正常值。在开关S断开的瞬间，灯泡D中的电流立即消失，但是电感L中的电流由于瞬间消失，因而产生自感电动势，成为小灯泡的电源，该感应电流起阻碍原来电流减弱的作用。因而自感电动势形成的感应电流方向与原来的电流方向相同，通过小灯泡D形成回路，所以小灯泡上的电流方向与原来的电流方向相反，同时又由于灯泡灯丝上的热惯性，自感电动势形成的电流也相当大，所以小灯泡出现闪光现象。小灯泡出现闪光现象是有一定条件的，这些条件包括：自感线圈的电感量、自感线圈的纯电阻、小灯泡的电阻、电源电动势等。如果不满足这些条件，即使有小灯泡形成回路，小灯泡也不一定出现闪光。图3.11.3是目前生产厂家按图3.11.2所示电路生产的自感现象演示器，该演示器分两部分：通电自感和断电自感。

由于钨丝灯泡逐渐被淘汰，目前出现小灯泡不容易买到的问题，所以现在厂家新生产的自感现象演示器，很多改用发光二极管，如图3.11.4所示。尽管如此，自感现象演示器的工作原理并不因此而改变。

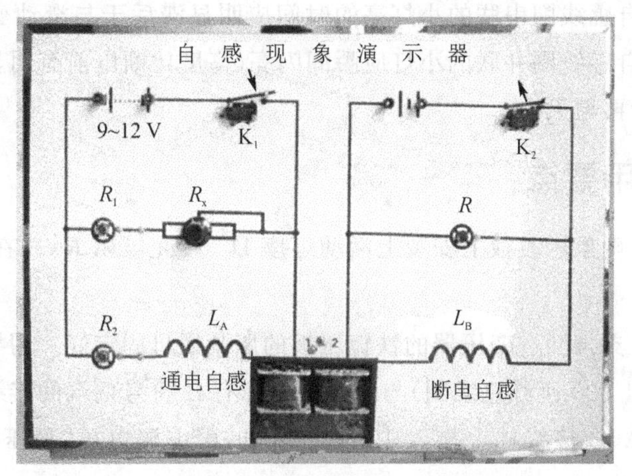

图 3.11.3

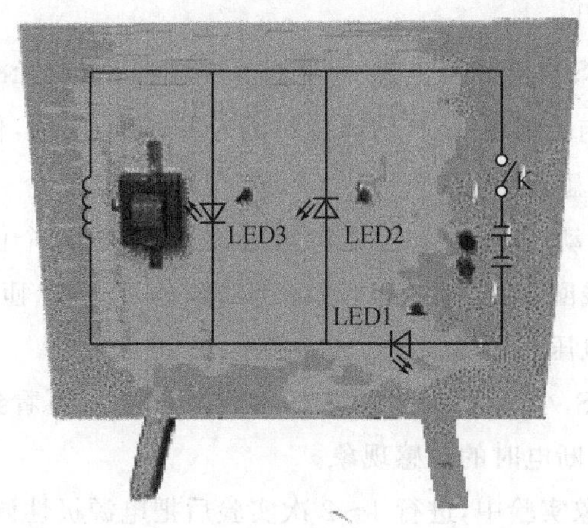

图 3.11.4

3.11.2 主要技术指标

自感现象演示器符合《JY/T 0365—2004 自感现象演示器》的要求。

各种型号面板的最小尺寸为长不小于 500 mm，宽不小于 300 mm。面板上分"通电自感现象"和"断电自感现象"两部分；表面应印刷电感原理图并分别标明两部分的工作电压。电路按原理图连接，面板上连接导线用明线布置，导线应色泽鲜艳、醒目、平直。转角应成直角；用暗线布置，内部线路应和面板上的原理图一致。面板上不应有导线外露，内部不应使用任何电子电路来模拟自感现象。面板上的各零部件应端正、牢固。

通电时,与自感线圈串联的小灯亮的时间应明显滞后于与滑动变阻器串联的小灯。断电时,与自感线圈并联的小灯应瞬间闪亮(亮度比断电前有明显增强)后熄灭,或持续亮片刻后再熄灭。

3.11.3 使用要点

首先在自感现象示教板上安装上活动灯座 D_2、可变电阻 R,并在灯座 D_1、D_2 上旋入小灯泡。

将示教板的支脚插进变压器的铁轭压板的压紧螺母固定好。用导线将电感线圈(装在铁芯内的 1 600 匝红色线圈)与示教板上标有 L 符号两端的接线柱,连接起来。再给示教板的 A、B 接线柱上接入 12 V 直流电,由电源电压"稳压"输出供给。如图 3.11.1(a)所示。

演示前,先使可变电阻 R 的阻值最大,再合上开关 S,调节 R 使小灯泡 D_1、D_2 亮度相同后,将开关 S 断开。

演示时,闭合开关 S 可看到与电感 L 串联的小灯泡 D_2 发光滞后于串联电阻 R 的小灯泡 D_1。将电源与接线柱 A、B 的连线对调一下,重做实验,仍会看到同样的现象。从而说明了通电自感现象。

然后将示教板上活动灯座 D_2 和可变电阻 R 取下,在这两个位置用铜连接片短接。电感 L 换用红色线圈的 0～200 匝(或绿色线圈的 0～400 匝)。示教板接线柱 A、B 上换用直流 6 V 电压。如图 3.11.1(b)所示。

演示时,闭合开关 S,小灯泡 D 正常发光,再断开开关 S,可看到小灯泡瞬间发强光后熄灭。从而说明了断电时的自感现象。

注意:通电自感现象实验中,进行 1～2 次实验后把电源极性调换一下,不仅有助于学生理解,而且还可减少铁芯剩磁对实验的影响。

断电自感现象实验中,电源电压不宜用得过高,否则将会烧坏灯泡。

现在各厂家生产的自感现象演示器的使用方法,请按厂家说明书使用。

3.11.4 日常维护

① 用毕将各元件拆卸后装盒存放,以防元件丢失。

② 铁芯磨光端面生锈会加大磁阻,降低效率。因此,长期存放时,最好在磨光面上涂一层黄油。

③ 示教板存放时注意平放,不要压重物,防止塑料板变形。

④ 使用电源电压,通电自感使用的电源电压为直流 12 V,断电自感实验时使用的电源电压为 6 V,注意不要超过这两个值,否则容易烧坏灯泡。

3.12　电磁阻尼演示器

3.12.1　结构和原理

图 3.12.1 是早期的老式电磁阻尼演示器。其构造是安装在变压器原理说明器 U 形铁芯上的两块铝片，一块是整片的铝片(强阻尼摆)，另一块是铝片上开有径向的断槽(弱阻尼摆)。将低压次级线圈套入 U 形铁芯内，两极掌分别放在两立柱上方，并使其垂直端面相对，距离约 20 mm，用铁轭板压紧。把摆架装在压板上，分别将强、弱阻尼摆的轴安装在摆架的 V 形轴上，使阻尼摆能在极掌的空隙间自由摆动。线圈用 0～400 匝，直流电源 12～16 V。

图 3.12.1　电磁阻尼演示器

还有一种阻尼摆用刀口，摆架上用刀承，如图 3.12.2 所示，可以同时将两个阻尼摆一起放在刀承上，可以同时观察两个阻尼摆的衰减快慢，或先后释放两个阻尼摆，分别观察阻尼摆的衰减情况。

图 3.12.1 所示的阻尼摆使用并不方便，因此有些老师将该阻尼摆改装成如图 3.12.3 所示的形式，免去了使用电源的问题。将 U 形铁芯改为永磁体(可以用新材料钕铁硼强磁体)，仍然使用强阻尼摆和弱阻尼摆。使用方法与图 3.12.1 相同。

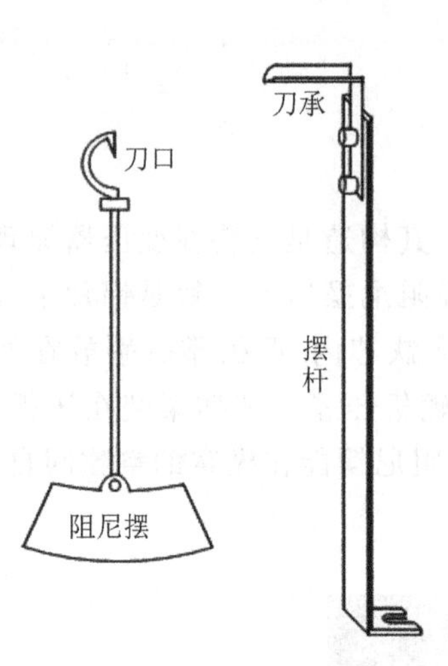

图 3.12.2　阻尼摆用刀口

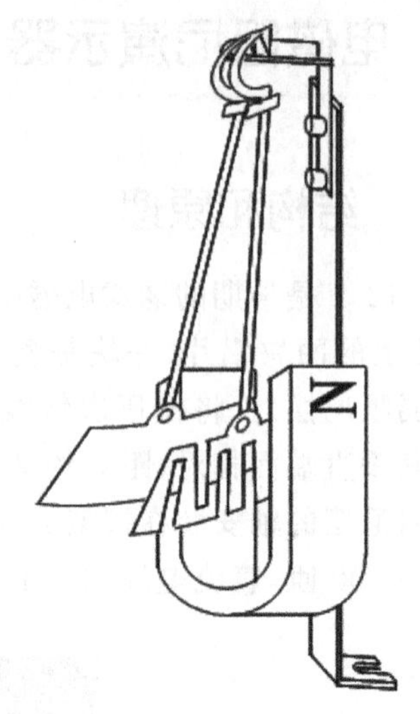

图 3.12.3　改装电磁阻尼演示器

3.12.2　主要技术指标

变压器在铁芯不闭合的情况下工作，在连续工作一般不超过 1 min 的条件下，使用 0～800 匝线圈，工作电压为 16 V，电流为 1 A；0～400 匝电压为 12 V，电流为 3 A。

U 形铁芯截面积为 36 mm×36 mm，极掌面积为 36 mm×36 mm。

强阻尼摆：扇形铝板上接一摆杆及硬黄铜板制的刀刃，如图 3.12.2 所示。

弱阻尼摆：外形及结构与强阻尼摆相似，摆片上开有 7 条断槽。

摆架：铁制支架，下端有缺口，上端装有硬黄铜制的刀承，见图 3.12.2。或者上端为 V 形槽的顶针，如图 3.12.1 所示。

3.12.3　使用要点

演示时，假设使用的是如图 3.12.2 所示的阻尼摆，线圈先不通电，将两摆偏离平衡位置约 20°，同时释放，任其自由摆动。这时，可以看到两摆不仅衰减很慢而且衰减幅度基本相同。在给线圈通电的情况下重新使两摆一起摆动，可看到强阻尼摆迅速衰减至停摆，而弱阻尼摆衰减较慢(此演示也可以分别进行)。图 3.12.1 所示的阻尼摆只能先后观察两个阻尼摆的衰减情况。

有些老师使用如图 3.12.1 和图 3.12.2 所示的阻尼摆，在安装时使用了 1 400～1 800 匝的 220 V 交流线圈，并且通以 220 V 交流电，当然阻尼现象也可以发生，但是这样做很不安全，因为 220 V 线圈的接头是裸露的，容易发生电击。因此，一定要使用低压线圈，而且使用额定的直流电源。

通过演示说明，阻尼摆的铝片在摆动中切割磁感线产生涡流。涡流在磁场中的受力方向与摆动方向相反，使其阻碍摆动作用。弱阻尼摆上面有断槽，使涡流回路截面积减小，电阻加大。在与强阻尼摆同样起摆的情况下，弱阻尼摆的涡流强度小，因而阻尼作用也小，摆幅衰减就比较慢。

如果做如图 3.12.1 所示的阻尼摆，因为其结构不能同时安装两个阻尼摆，所以只能强阻尼摆与弱阻尼摆分别演示，这时最好让学生计数，比较两种阻尼摆的阻尼时间的长短。

3.12.4 日常维护

① 实验完毕将各元件拆卸后装盒存放，以防元件丢失。

② 铁芯磨光端面生锈会加大磁阻，降低效率。因此，长期存放时，最好在磨光面上涂一层黄油。

③ 不要碰击摆片或将阻尼摆摔到地上，以免阻尼摆的摆片发生形变，尤其是弱阻尼摆的摆片有槽，每一小片更容易变形，向外翘起，影响正常摆动。如果发生形变，可以将摆片放在平的桌面上用木锤轻轻敲平，千万不能用金属锤敲击，这样容易发生侧向的形变，造成更大的损坏。

3.12.5 自制教具案例

由于新材料、新技术的出现，阻尼摆演示器也出现了很多不同的形式，而且效果非常好，如用钕铁硼强磁体和铝板组成的阻尼摆演示器。

阻尼摆演示器如图 3.12.4 所示，其结构为在木板或有机玻璃板的底座上安装有机玻璃槽，上面安装两块 L 形的铝板，铝板可以在有机玻璃槽中左右移动，即两块铝板之间的距离可以调整。在木架上用双线悬吊钕铁硼强磁体(高 14 mm，直径 19 mm)作为摆块。该演示器不仅可以演示电磁阻尼现象，还可以演示在电磁阻尼的作用下，物体做阻尼振动的三种状态(欠阻尼状态、临界阻尼状态、过阻尼状态)。

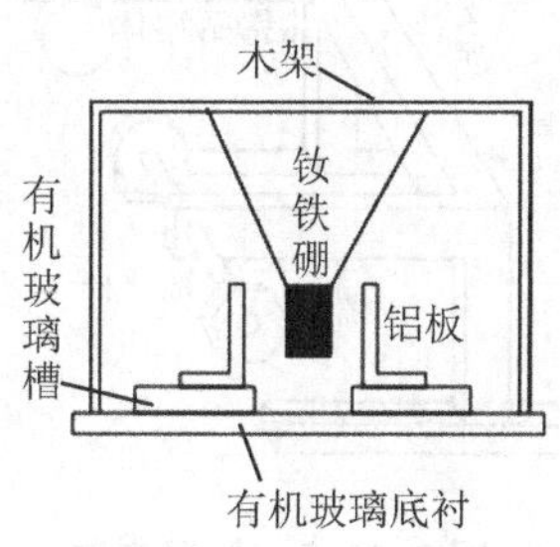

图 3.12.4 阻尼摆演示器

底衬是用有机玻璃制成，把演示器放在投影仪上，则钕铁硼做振动的运动图像可投影在屏幕上。

将铝板取下，沿水平方向把钕铁硼拉开一个角度，放手后，钕铁硼做自由振动，振动在较短时间内几乎不随时间变化。

将铝板装上，当钕铁硼摆动时，穿过铝板的磁通量发生变化产生感应电流(涡电流)，根据楞次定律，感应电流的效果总是反抗引起感应电流的原因，则钕铁硼的摆动受到阻力的作用——即电磁阻尼，钕铁硼作阻尼振动，振幅在较短时间内随时间而减小。

调节两块铝板相对钕铁硼的位置，涡电流的阻尼作用发生改变，可以演示在电磁阻尼的作用下，钕铁硼做阻尼振动的三种状态：欠阻尼、临界阻尼和过阻尼状态。

通过演示装铝板和不装铝板钕铁硼振动方式的变化，以及改变铝板相对钕铁硼的位置，钕铁硼的阻尼振动状态发生变化的现象，可揭示电磁阻尼的存在、产生的原因及其规律。

如图 3.12.5 所示的支架上安装螺丝杆，在螺丝杆的顶端安装铝铁硼磁体，螺母与螺丝杆固定在一起，拧动螺母螺丝杆可以向前或向后移动。该装置与图 3.12.6 所示的可以转动的铝盘配合在一起，转动铝盘时铝盘切割磁感线在铝盘中产生涡漩电流，该电流的磁场阻碍铝盘的运动。如果用图 3.12.6 所示的装置，用多用表的电压挡可以测量感应电动势的值。如图 3.12.7 所示，用手轻轻握住磁体，当转动铝盘时会感受到磁体有向下的作用力，转动速度越快，感应电动势的值也变大，手感受到的力也就越大。用测力计悬吊磁体，可以测量该力的大小(见图 3.12.7)。该磁阻尼现象用于电度表中计算电量。

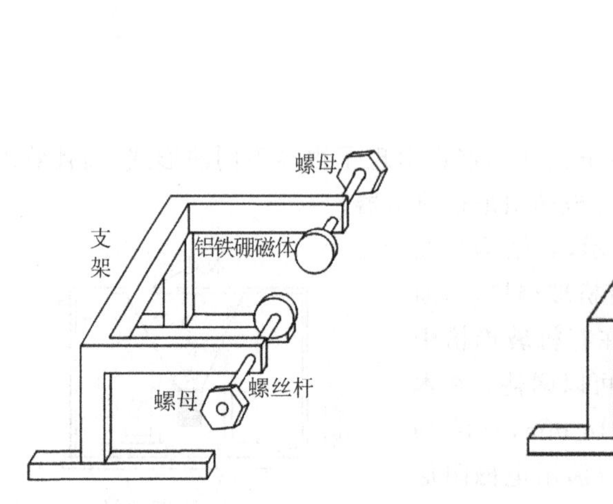

图 3.12.5　仪器安装

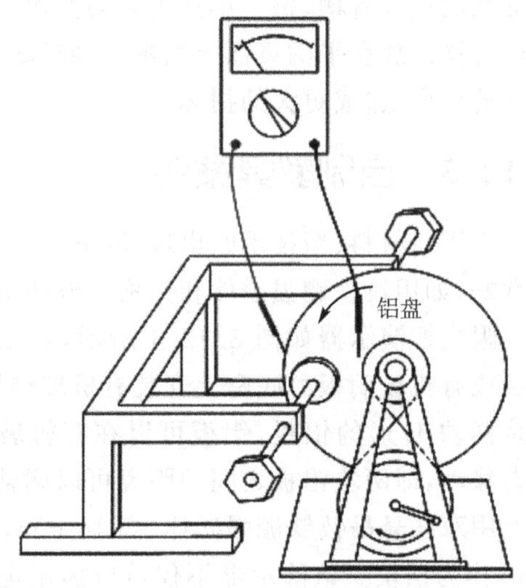

图 3.12.6　仪器使用

如图 3.12.8 所示，也是一种可以用于教学的演示实验。在两个弹簧下端各悬吊一个相同的磁体(可用钩码下端吸附一个圆形钕铁硼强磁体)，一个可以穿过闭合铝环 3.12.8(a)图，另一个则稍微远离闭合铝环 3.12.8(b)图。两个钩码向下拉出相同长度，一起放手，则同时开始振动，可以看到 3.12.8(a)图很快减慢，趋于停止，而 3.12.8(b)图仍然可以振动较长时间。

半定量电磁阻尼演示器如图 3.12.9 所示，也是一种电磁阻尼现象。A 为钕铁硼强永磁体、B 为两端开口足够长的金属管(铝管或铜管)、C 为侧面有开口足够长的金属管。将钕铁硼强永磁体 A 从 B、C 管口上方沿金属管的中轴线无初速度释放，钕铁硼强磁体在铝管中先加速运动，后匀速运动，最后又加速运动，但是 B 管中磁体匀速

运动时的收尾速度 v_1<开口管 C 中收尾速度 v_2。

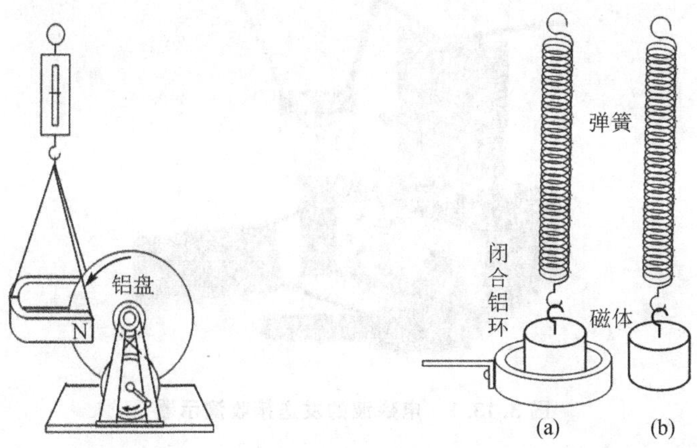

图 3.12.7 半定量电磁阻尼演示器 **图 3.12.8 电磁阻尼演示实验**

钕铁硼强永磁体在倾斜的金属板上的运动，如图 3.12.10 所示。钕铁硼强永磁体 A，放在金属板 B 上，金属板倾斜角为 θ 时，A 可以加速下滑，金属板与磁体之间有摩擦力 f，开始下滑时做变加速度运动，如果金属板足够长最终收尾速度仍然为匀速运动。

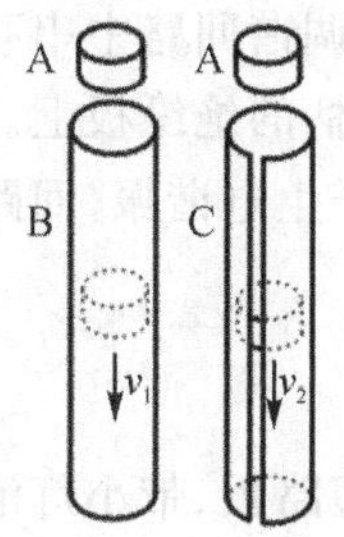

图 3.12.9 电磁阻尼现象

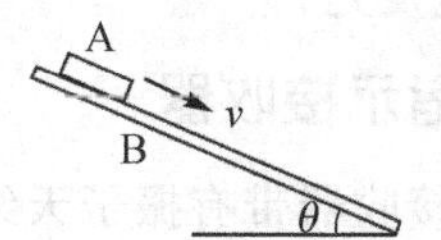

图 3.12.10 电磁阻尼现象演示

3.13 电磁波的发送、接收演示器

3.13.1 结构和原理

如图 3.13.1 所示为一种电磁波的发送、接收演示器，可用来演示电磁波的发射和接收、电磁波的调制、电谐振、接收器的调谐以及电磁波的波动特性。

甚高频振荡器是电磁波发射的核心部件，由振子天线、带有两个电子管的振荡板和调制器及电源组成。甚高频振荡器采用推挽线路，调制器中采用两块集成电路分

图 3.13.1 电磁波的发送接收演示器

别产生方波、断续信号和音乐以便对高频等幅载波信号进行调制，还有外加信号输入端，可通过多挡选择开关进行选择。仪器采用外接 220 V 交流电源，内部有变压器及整流电路。具体电路请参照仪器说明书。振子天线由一对长度和角度可调的拉杆天线组成，以便达到最佳发射效果。

本仪器提供了三种接收器用于接收发射出来的电磁波。

1. 调谐接收器

调谐接收器带有振子天线、电感和可调电容器，在调谐回路中串联有指示回路中电流强弱的小灯泡组成。整个装置安装在一个带有手柄的绝缘板上。当调谐回路的固有频率和振子天线上接收到的电磁波频率相同时，产生电谐振，回路中产生较强的电流，使小灯泡发光。

2. 电表指示接收器

电表指示接收器带有振子天线、微安表、检波板、短路板、带小灯泡的指示板和灵敏度调节旋钮，整个装置安装在一个带手柄的绝缘板上。检波板上有一只二极管，安装在两段天线之间，可将接收到的电磁波变为直流，以便通过微安表显示其电流大小。灵敏度旋钮用来调节与微安表串联的电位器的电阻值，对微安表起保护作用。调节振子天线的长度、角度和与发射天线间的距离，接收到的电磁波的强弱可由微安表的示数大小来反映。如果将检波板更换为带小灯泡的指示板，则接收到的电磁波足够强时，可使灯泡发光。

3. 放大接收器

放大接收器类似一部收音机，顶部有振子天线，两段天线间安装有带二极管的检波板，天线下方有一排由 5 只发光二极管组成的指示器，发光个数可用来指示接收到的电磁波的强弱。接收器内部由运算放大器组成了放大电路，分别驱动发光二极管和扬声器。在接收器表面有扬声器发声孔，侧面有开关及灵敏度调节旋钮。接收器带有电池仓，由于电池供电，主要用来演示电磁波的调制和检波。

3.13.2 主要技术指标

电磁波发送接收演示器符合《JY 0114—1994 电磁波发送接收演示器技术条件》要求。

演示器由发射器、接收器等组成。接收器具有调谐接收、微安表定量接收、信号灯显示接收及扬声器发声接收等部分。演示器各部分外表应无缺陷，表面涂镀层不应起泡、脱落、面板字符清晰、标志正确、调节旋钮安装正确，转动灵活，定位对线，各部分装拆方便，电路接触良好。

发射器使用交流电源，电压 220 V±22 V，频率 50 Hz±2.5 Hz。工作频率应在 225～250 MHz 范围内。工作状态分为等幅、调幅两种。其绝缘电阻不小于 20 MΩ，36 V 以上电压的电路部分不能裸露。

接收器可使用电源直接接收指示，或使用干电池电源。接收器采用小电珠发光显示调谐接收，接收距离不小于 0.5 m。接收器采用量程为 100 A 的微安表作定量显示接收，接收距离不小于 3 m 时，微安示值不小于 80 μA。接收器采用不少于 5 个信号灯作定性显示接收，接收距离不小于 3 m。接收器采用扬声器发声显示调幅信号接收，接收距离不小于 8 m。

3.13.3 使用要点

① 电子管要切实插入管座内，并用拉簧固定好。振荡板插入电源及调制器组合插座中，并用紧固螺钉固定好。

② 打开电源开关，电源指示灯亮，同时可以看到振荡板上两只电子管里的灯丝发红，预热 3～5 min 后，振荡器就能向空间发射电磁波了。

③ 使用电磁波的发射接收演示器时，应事先调试并确定最佳参数。各种操作在产品说明书中都有详细叙述，应仔细研读并实际操演。该仪器可以演示如下实验：对比有无开放电路(天线)时，发射电磁波的本领；电谐振和调谐；天线的接收作用；电磁波的偏振；电磁波的干涉；多元折合振子天线的引向器和反射器的作用；调幅与检波；电磁波的反射。

④ 注意事项：一是用小灯泡做指示的接收器不要离发射天线太近，以免烧毁。二是发射部分应尽可能离墙壁或其他能反射电磁波的物体远些，以减小反射波对实验效果的影响。三是电表指示接收器平时应将灵敏度调节旋钮逆时针转到底，以免突然接收到较强电磁波时被烧毁。

3.13.4 日常维护和常见故障排除

接收器上的小灯泡损坏，应更换为原规格“1.5 V，100 mA”的，以免影响实验效果。

接收器上的可变电容的动片受压变形可能造成短路，可轻轻拨动使其与静片平行。

接收器内的电池长期不用时应取出。应放在阴凉、干燥、通风处保存。

3.13.5　教学中的应用

按仪器说明书进行操作，可完成上述实验。但演示中对于调谐和电磁波的接收中的解调并不能很直观地展现给学生，下面针对这两方面，介绍两个实验方案。

1. 演示电谐振和调谐

仪器如图 3.13.2 所示，后部为发射器，前部为接收器。两者结构相似，均用莱顿瓶与铜杆构成振荡回路。发射器上有距离很近的一对放电球，接收器上相应部位则安装有小灯泡，用于指示接收效果。整个装置架设在木支架上。不论发射器还是接收器，铜杆都由固定杆和滑动杆两部分组成，通过将滑动杆滑至不同位置，可改变电路中的电感，从而改变电路的固有频率。

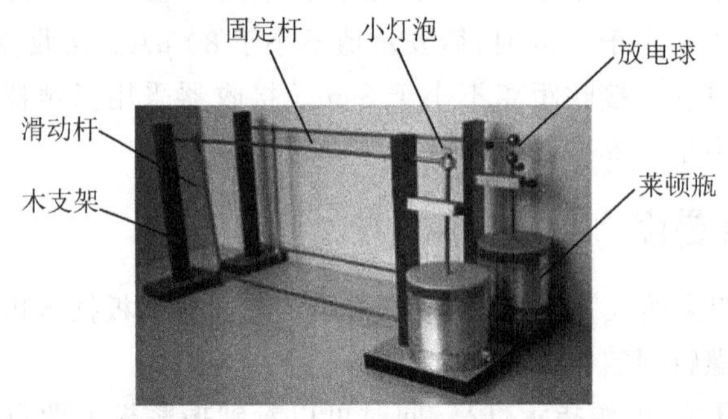

图 3.13.2　演示电谐振和调谐

实验时，将发射器的滑动杆置于居中位置。将发射器的两个放电球分别与感应圈的两极相连，接通电源后，放电球之间产生一定频率的放电现象，从而在发射器电路中形成电磁振荡，并向外辐射。此时放在附近的接收器处于发射器电磁波的辐射范围内，调节接收器的滑动杆，会发现，当滑动杆滑至居中位置时，小灯泡亮度最大，此时，两电路的参数相同，形成电谐振。当将接收器的滑动杆向两侧滑动时，小灯泡都会明显变暗，因为接收器的固有频率偏离发射器发射的电磁波的频率，所以接收效果不好。

在通过上述操作演示电谐振和调谐时，因发射器连接了感应圈，有高电压，所以要注意避免接触发射器。发射的电磁波有效范围不大，实验时接收器不要离发射器太远。

2. 演示高频载波调幅和解调过程

如图 3.13.3 所示为 J－2465 学生信号源。该信号源可以输出 5 种频率的音频信号，中波 700 kHz 附近的高频等幅波和用音频信号进行调制的调幅波。

图 3.13.3 学生信号源

实验时,用示波器观察音频信号、高频等幅和调幅波形。演示接收中的解调过程时,用示波器观察经各个元件后的波形,并可经音频功率放大器播放音频信号。

① 观察音频信号波形。将信号源的低频信号输出端分别连接音频功率放大器的输入端和示波器的输入端,扬声器接在音频功率放大器的输出端。调节低频频率旋钮,可分别听到每种频率的声音和观察到对应的波形。

② 观察高频载波和调幅波。将信号源的高频输出端连接在示波器的输入端,将输出模式调至“等幅”,通过示波器观察高频等幅振荡的波形。然后将输出模式调至“调幅”,可以观察到经低频信号调制后的波形,其幅度随低频信号波形改变,包络线上下对称,显示了低频信号的波形。改变低频信号的频率,可以看到高频载波的包络线随之改变。

③ 观察接收时的调谐过程。图 3.13.4 为接收和解调电路的结构。

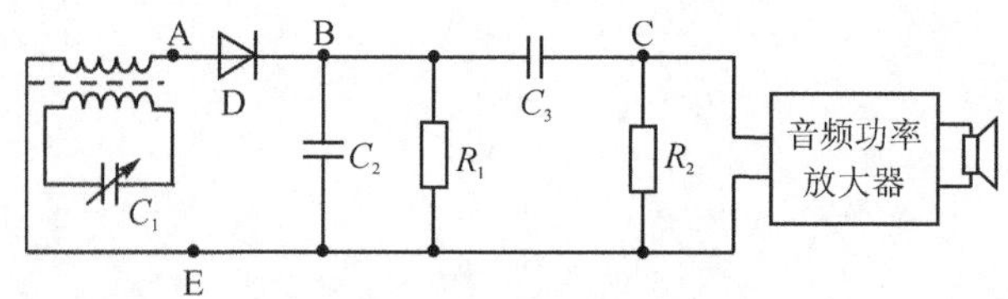

图 3.13.4 接收和解调电路

在信号源的高频输出端接上导线作为天线,电磁波能通过天线辐射出去。将发射天线移近接收天线的磁棒,示波器的输入端接 A、E 两点。调节可变电容 C_1,同时观察波形的变化。接收到的高频载波的幅度随之调节发生变化,当达到电谐振时,接收到的高频载波的幅度最大。同时在扬声器中能听到相应的低频信号的声音。接收到的高频载波(调幅波)示意图如图 3.13.5 所示。

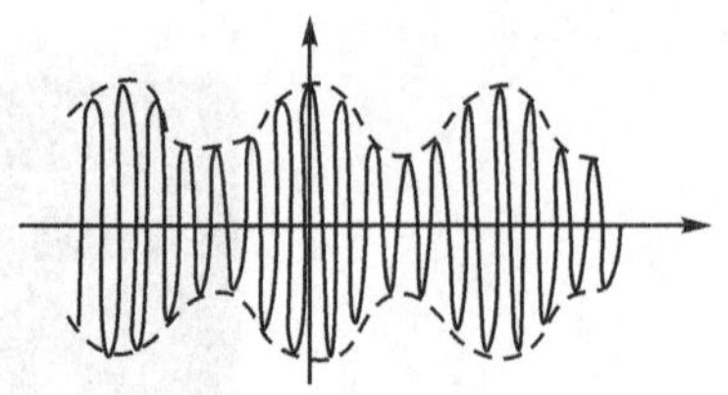

图 3.13.5 高频载波示意图

④ 观察解调过程。拔出高频旁路电容器 C_2,将示波器输入端接 B、E 两点,可以看到经过高频二极管 D 后,高频载波的下半部分消失了,示意图如图 3.13.6(a)所示。接好高频旁路电容器 C_2,示波器输入端仍接 B、E 两点,可以看到,只有高频调幅波的包络线被保留下来,即加载在高频调幅波上的低频信号被分离出来了。被分离出来的低频正弦信号均位于中心横轴上方,说明其中含有直流成分。示意图如图 3.13.6(b)所示。

将示波器的输入端改接在 C、E 两点,可以看到,经过隔直电容 C_3 后,低频波形下移,仅剩下交流成分。示意图如图 3.13.6(c)所示。此信号经音频功率放大器后驱动扬声器发声。

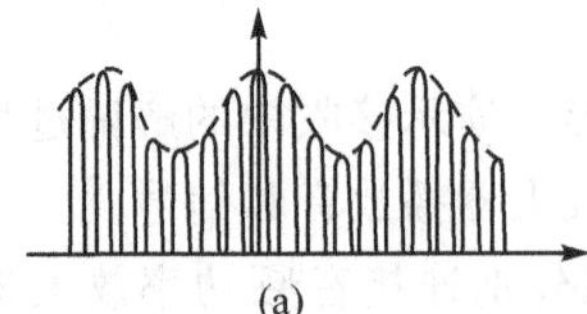

(a)

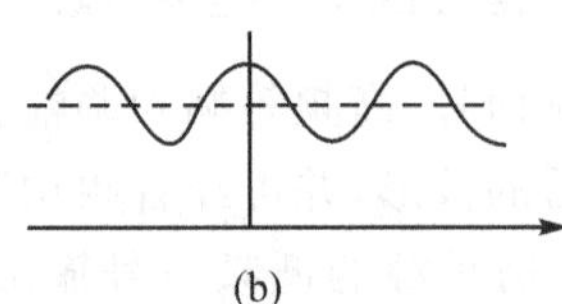

(b)

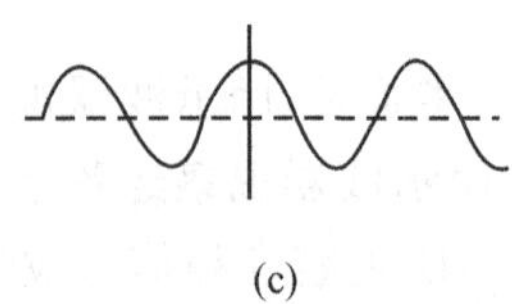

(c)

图 3.13.6 高频载波解调过程示意图

⑤ 用收音机接收发射信号。将信号源的高频输出端一个接线柱接一根天线,另一个接线柱接地,高频载波可通过天线辐射出去。将一台收音机放在不远处,拉出收音机天线,选择接收调幅广播模式,调节接收频率,可接收到信号源发出的音频信号。

旋转高频频率调节旋钮,改变信号源高频载波的频率,收音机中的声音信号消失。再次调节收音机的接收频率,可再次收到信号源发射的信号。改变低频信号频率,收音机中接收的声音频率随之改变。

第 4 章

光子、原子物理

4.1 光具盘

4.1.1 结构与主要技术指标

光具盘可以用于做各种几何光学实验。光具盘由支架、矩形光盘(简称方盘)、圆形光盘、平行光源、光学元件四部分组成,如图 4.1.1 所示。光具盘要符合《JY 0033—1991 光具盘》的要求。

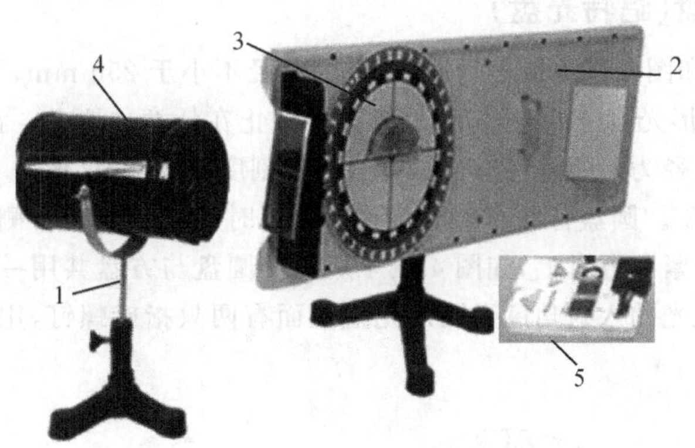

1—支架;2—矩形光盘;3—圆形光盘;4—平行光源;5—光学元件盒

图 4.1.1 光具盘

1. 矩形光盘

面积 34 mm×(244 mm±5 mm)。正面喷涂白漆。上下边沿有 7 个黑色刻度线,刻度线间距离为 80 mm±2 mm。光盘右端有中心标志,供正对光轴用。左边有光栏装置,如图 4.1.2 所示。光具盘上有平行的缝隙,每条缝隙都可插入栏光插片。红、蓝两色滤光片可以罩在缝隙前面,把除中间一条外的缝隙遮住。在缝隙的右边有一个铁架,上面有 6 个小圆孔,每个小孔对应着一条缝隙(中间的缝隙除外)。这些小圆孔用来插入装在圆柱架上的小平面镜(52 mm×11 mm×2 mm)。转动圆柱镜架,可以改变镜面的方向,使穿过缝隙的光线经过镜面反射后,以各种不同的方向射向屏面。这样的小平面镜共有 4 面，它的形状如图 4.1.3 所示。

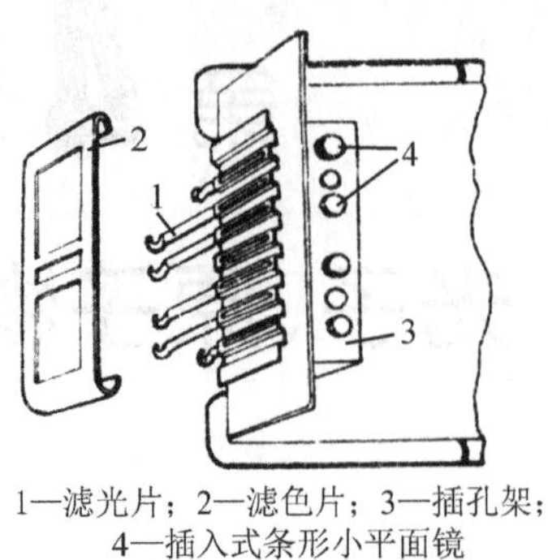

1—滤光片；2—滤色片；3—插孔架；
4—插入式条形小平面镜

图 4.1.2　矩形光盘

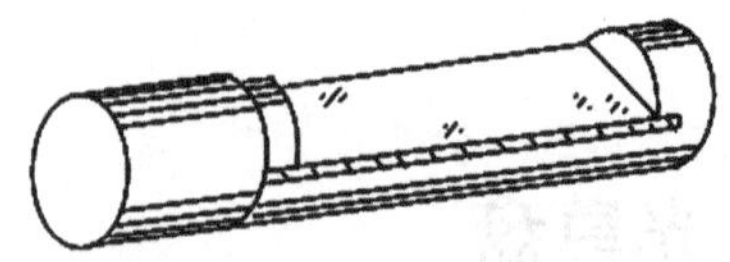

图 4.1.3　小平面镜

缝宽均为不可调的狭缝，缝数不得少于 7 条，其宽度为 3 mm±0.2 mm，相邻两条缝的中心距为 13 mm±0.5 mm。首尾两条缝宽为可调的狭缝，缝数不得少于 5 条，缝宽调节范围为 0～6 mm。当缝宽调至最大时，靠近不可调狭缝的缝边与相邻的不可调狭缝中心的距离为 11.5 mm±0.5 mm。

2. 圆形光盘(哈特光盘)

如图 4.1.4 和图 4.1.5 所示，圆形光盘的直径不小于 250 mm，平面度误差不大于 1 mm，装在矩形光盘上后应转动灵活，并能停止在任意位置上。盘面分为四个象限，以其中一条直径为始边，分别刻有 0°～90°的刻度，最小分度值为 1°，任意 30°内的累计误差不超过 2°。圆盘背面有紧固装置。使用时将其从方盘右侧放入，旋紧指旋螺钉，即将圆盘卡紧在方盘上，如图 4.1.4 所示。圆盘与方盘共用一个光源，用手转动圆盘，即可改变光的入射角度。圆形光盘正面有两只指旋螺钉，用以紧固透镜、棱镜等光学元件。

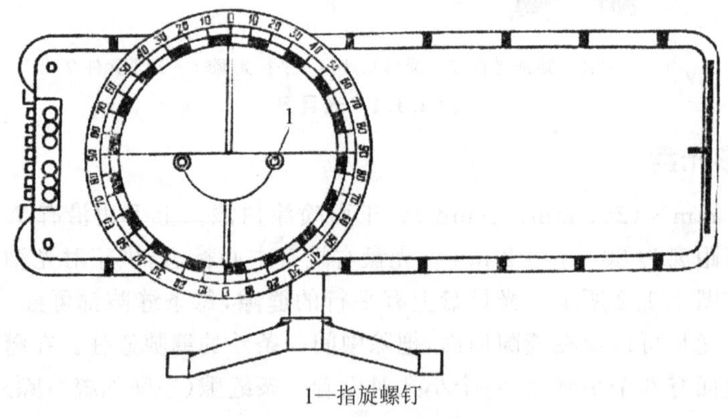

1—指旋螺钉

图 4.1.4　圆形光盘正面图

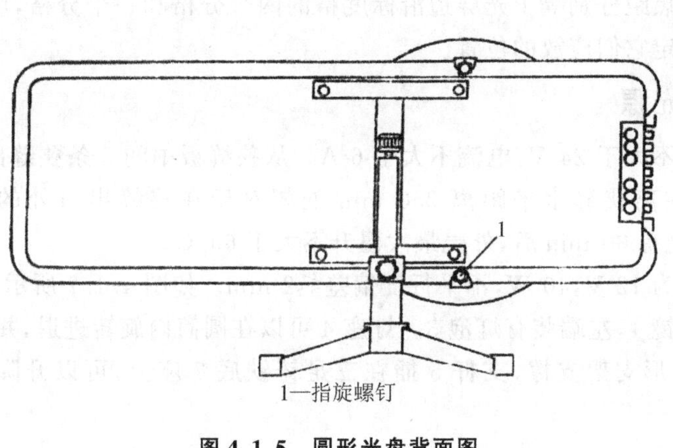

1—指旋螺钉

图 4.1.5　圆形光盘背面图

3. 光学元件

仪器还附如图 4.1.6 所示光学元件。所有光学元件，均放在一个盒子中。梯形玻璃砖的下底 90 mm，高 25 mm，厚 15 mm，底角 60°和 45°；等腰直角棱镜的底 90 mm，高 45 mm，厚 15 mm；半圆柱透镜 90 mm×45 mm×15 mm；凹柱面镜和凸柱面镜 100 mm×30 mm×2 mm，两面镜实为一个面镜的两面，一面为凹面镜（f＝160 mm±5 mm），另一面为凸面镜（f＝－160 mm±5 mm）；大双凸柱透镜 110 mm×30 mm，焦距 f＝160 mm±5 mm；小双凸柱透镜 60 mm×30 mm，焦距 f＝80 mm±3 mm；小双凹柱透镜。60 mm×30 mm。焦距 f＝－80 mm±3 mm。

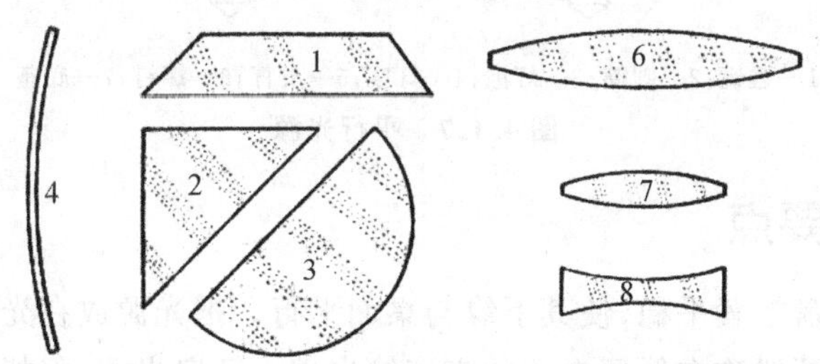

1—梯形玻璃砖；2—等腰直角棱镜；3—半圆柱透镜；4—凹柱面镜；
5—凸柱面镜；6—大双凸柱透镜；7—小双凸柱透镜；8—小双凹柱透镜

图 4.1.6　光学元件

另外还有平面镜（90 mm×15 mm×2 mm）、小平面镜（52 mm×11 mm×2 mm 四件附座）、漫反射镜（90 mm×15 mm×3 mm，与平面镜装在同一镜架的两侧）、滤色镜（60 mm×50 mm×2 mm，红、蓝两色片）。

每个透镜都有专用的镜架，用指旋螺钉紧固在挂钩上，以将其挂在光屏上。柱面镜和柱透镜的焦距分别等于光屏边沿标度格的两个分格和一个分格，因此利用这些分格很容易确定它们应放的位置。

4. 平行光源

光源电压不大于 24 V，电流不大于 6 A。从狭缝板中间 5 条狭缝出射的任一条光束的宽度，在离狭缝水平距离 350 mm 处相对于在狭缝出口处的增量不大于 3 mm。开启光源 30 min 后，外壳最大温升不大于 60 ℃。

灯泡规格为 12 V，40 W，不平行度偏差≤2 mm。如图 4.1.7 所示。金属圆筒 2 的右端装有透镜 1，左端装有灯泡 3。灯座 4 可以在圆筒内旋转进退，并用螺钉紧固。金属圆筒用 U 形支架支撑，支杆 5 插在三足铸铁底 7 座上，可以升降，并用螺钉 6 拧紧。

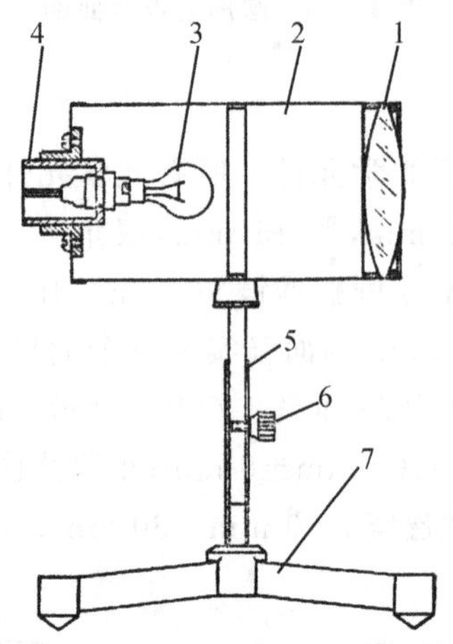

1—透镜；2—圆筒；3—灯泡；4—灯座；5—支杆；6—螺钉；7—底座

图 4.1.7　平行光源

4.1.2　使用要点

① 把矩形光盘放置平稳，使其下缘与桌面平行。把光源放在光栏一边。

② 将光源电源线连在低压电源的交流输出端。开启光源，将栏光片插入第一条缝和第七条缝，只留下中间的五条缝。调整光源位置，在矩形光盘上可见五条光带。

③ 调整灯泡的位置并旋转灯丝的方向，使五条光带发散角尽可能小。由于灯丝是一段而不是一点，因此，调节时要使灯丝保持与矩形光盘面垂直的位置，才能得到最好的效果。

④ 调整光源，使光的照射方向偏向矩形光盘。这样，光带的亮度会有所增加。调到光带既能横贯矩形光盘又得到最大亮度为止。

⑤ 按实验需要，插入栏光片，遮住光栏的不同缝隙，可得到不同条数和不同位置的光带。不用栏光片时，可得到七条光带。

⑥ 实验中要突出主光轴，这时可在光栏上顺轨道加上红、蓝滤色片。此时主光轴的光带依然是白色的，其上下两侧的光带分别为红色和蓝色。

⑦ 某些实验要得到与主光轴倾斜的光带，可在光栏上插入小平面镜，使入射光线经两次反射后再射到盘面上。改变小平面镜的角度，就可得到所需的倾角的光线。

入射光第一次反射方向为远离主光轴时（见图 4.1.8），光带倾角可调范围较大；入射光第二次反射方向为朝向主光轴时（见图 4.1.9），光带倾角可调范围较小。

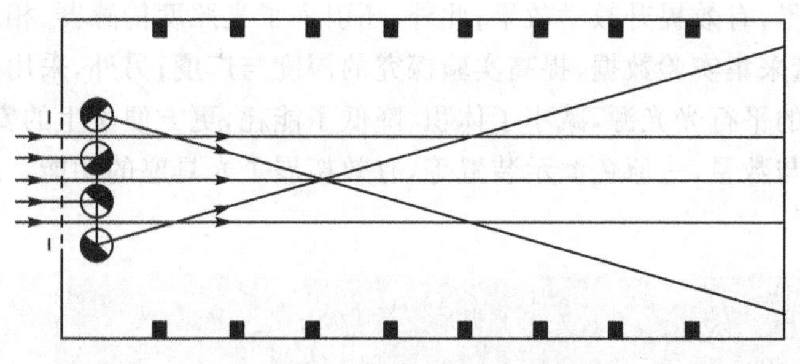

图 4.1.8　反射方向远离主光轴

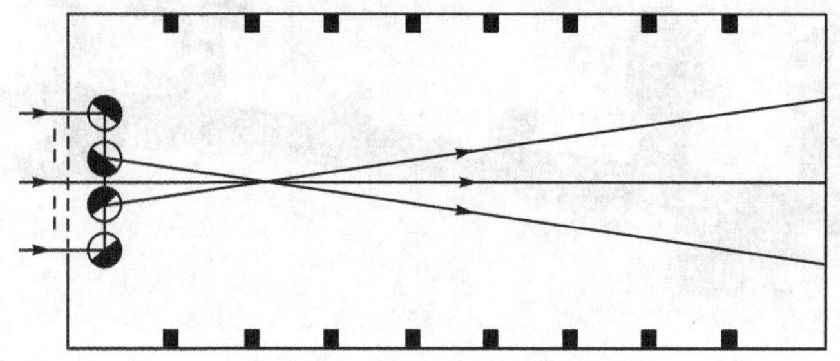

图 4.1.9　反射方向朝向主光轴

4.1.3　日常维护和常见故障排除

① 光源使用 12 V、50 W 卤钨灯泡，卤钨灯泡功率较大，应该用低压电源供电（电压输出 0～24 V、交直流电流输出可达 6 A）。

② 使用平行光源时，当底座位置和光源高度调好后，必须将拧紧螺钉旋紧，防止因滑脱而震坏灯泡和透镜。

③ 使用电压不要超过额定电压（12 V），以免损坏灯泡。实验中更换光学元件以改变实验装置时应关掉电源。

④ 实验时各光学元件必须牢固的挂在光屏上，用后装入盒内，以防脱落、碰撞损坏或丢失。

⑤ 各个光学元件都是利用其表面使光发生反射、折射的，要特别注意保持它们的表面光洁。擦拭镜面时，应用镜头纸、麂皮等细软物，切勿用普通棉布等硬物擦拭。如发现表面有污秽和霉点，应及时用绒布蘸酒精擦除。

⑥ 通电时间尽可能短，以保护灯口。

⑦ 仪器应放置在干燥、通风、无化学药品处，最好能避光保存。使用、运输中不能撞击和重压。

4.1.4　新仪器介绍

新型光具盘在传统光学器件上引入了 CCD 摄像头，采用显示器、电子白板等放大光学实验结果，有效提升教学效果；此外，还引入了光照度传感器、相对光照度分布传感器等，定量采集实验数据，提高实验探究的深度与广度；另外，采用半导体激光光源替代了传统的平行光光源，减小了体积、降低了能耗，更方便学生的安装与使用；增加了小孔类型与数量，三原色演示装置等，有效拓展了光具座的功能。新型光具盘如图 4.1.10 所示。

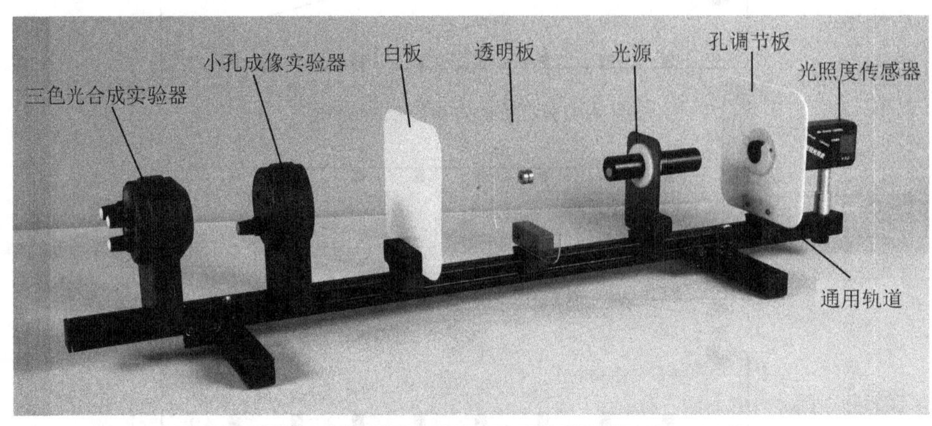

图 4.1.10　新型光具盘

4.1.5　教学中的应用

1. 平面镜反射

如图 4.1.11 所示，将圆光盘顺矩形光盘边缘推入，并固定住。再把小平面镜卡在圆光盘中央，使平面镜边缘与圆光盘上 90°标线重合。

先把圆光盘的零度线旋转到水平位置。再将光源开启，除中央外其余遮光板全部插入，使之直射出中间一条光带。调整光源位置，使光带与圆光盘零度线重合。然后，再转动圆光盘，可看到入射光带、反射光带和法线（即零度线）的夹角总是相等的。这就验证了光的反射定律。

再抽调上下各一个光栏片，使光栏透过三条平行光带，它们的三条反射光带也是平行的（见图 4.1.11），说明平面镜的反射是规则反射。

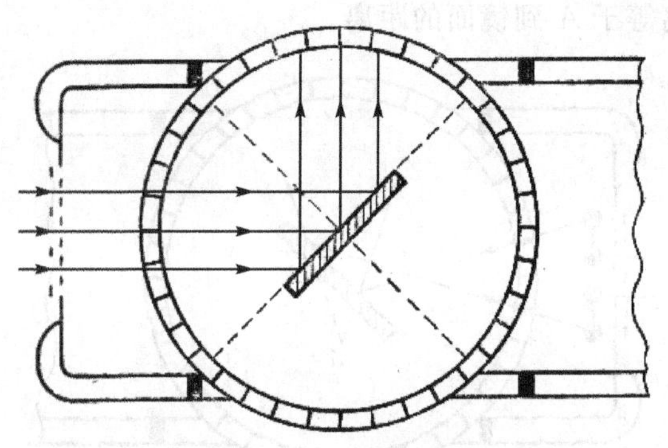

图 4.1.11　平面镜反射

2. 漫反射

如图 4.1.12 所示，把平面镜反射实验中的圆光盘旋转 180°，使平面镜背面的漫反射镜对着入射光带，可看到入射光带是相互平行的，而反射后的光带射向不同方向。稍许转动圆光盘时，反射线的变化也是不规则的。为获得更好的实验效果，可在光栏上加滤色片，使入射光呈不同颜色，观察各自反射线的不规则情况。

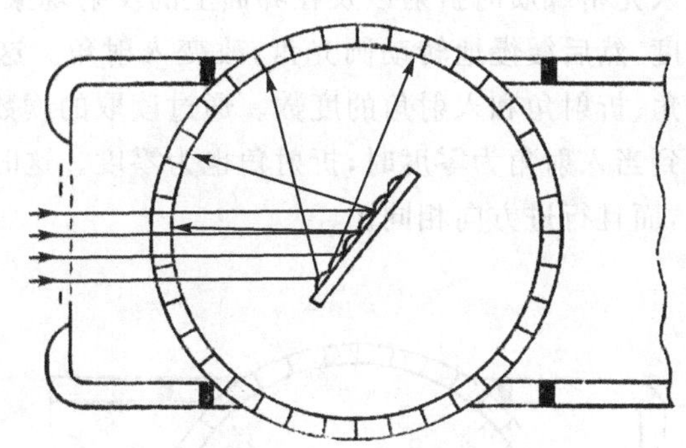

图 4.1.12　漫反射

3. 平面镜成像

如图 4.1.13 所示，物体在平面镜里的像是正立的虚像，这个像和物体大小相等，它们对镜面是相互对称的。这样，只要能够求出物体上的每一点对镜面的对称点，就可求出平面镜里的像。在光栏孔中插入 4 个小平面镜，并只让受 4 个小平面镜控制的两条光带射向圆光盘表面。把一平面镜卡装固定在圆盘中央，并使其表面与圆光盘上的水平线成某一角度。用小平面镜改变两光带的入射角，使两光带在平面镜左侧有一交点 A，用笔在圆光盘上记下这个点的位置。这时 A 点可看为一个发光体，由它射出的光线，经平面镜向两个方向发散反射，标记下两条反射线。在圆光盘上用笔将这两条线反向延长，它们的交点为 A'，这就是平面镜中 A 点的成像位置。可见，A'到镜面的距离等于 A 到镜面的距离。

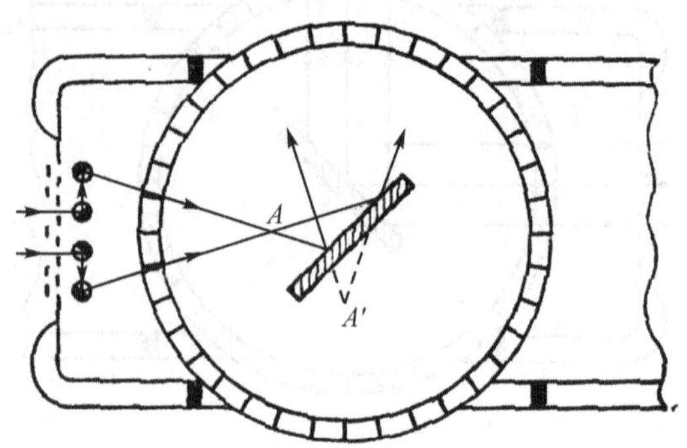

图 4.1.13 平面镜成像

4. 光线通过棱镜时的折射和全反射

将半圆柱透镜、棱镜或玻璃砖用紧固螺钉卡在圆形光盘中央位置(镜片的磨砂面向里)，用手转动圆盘，可改变光带的入射角。

(1) 光线在圆柱透镜上的折射和反射

演示光疏媒质进入光密媒质时折射以及在界面上的反射现象(见图 4.1.14)时，开始应使入射角为零度，然后缓慢地转动圆光盘，改变入射角。这时，可从圆光盘边缘沿刻度上读出反射角、折射角和入射角的度数。通过读取的读数，即可验证光的折射定律。清楚地观察到当入射角为零度时，折射角也为零度。这时，折射光线和入射光线在同一条直线上，而且行进方向相同。

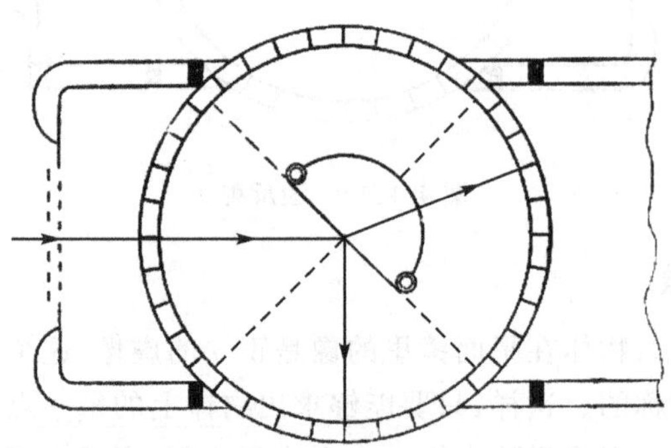

图 4.1.14 光线由光疏媒质进入光密媒质

当演示光线从光密媒质进入光疏媒质(见图 4.1.15)时，仍按上述步骤进行。清楚地观察到，折射角总是大于入射角。当折射角达到 90°时，光带就不能射入光疏媒质，此时的入射角，即为临界角。继续转动圆光盘可看到，当入射角大于临界角时，光带全部遵循反射定律,射回光密媒质,即全反射现象(见图 4.1.16)。

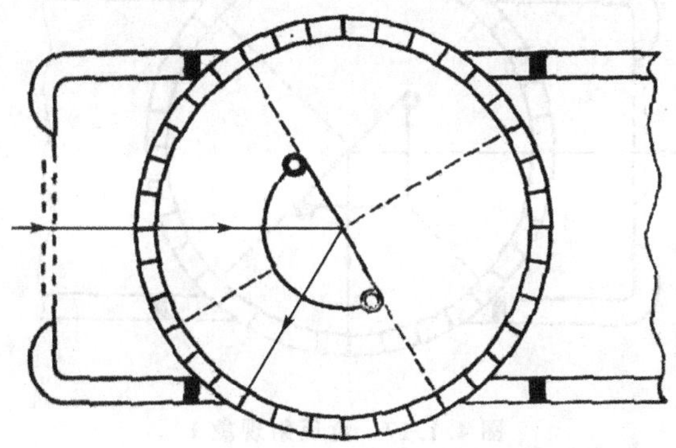

图 4.1.15　光线由光密媒质进入光疏媒质

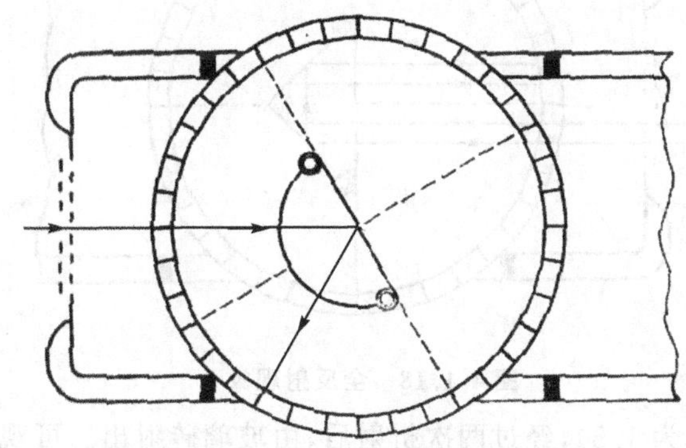

图 4.1.16　光线在半圆柱透镜上的全反射

观察临界角演示要注意,这三个实验所用的半圆柱透镜直径剖面要与圆光盘上的 90°标度线对齐,入射光带要水平射向零点。只有这样,才能保证透过半圆柱透镜面的光线不发生折射。

(2) 光线在直角棱镜上的全反射

如图 4.1.17 所示。在圆光盘中央固定等腰直角棱镜,使其底边与圆光盘零刻度线对齐,并将棱镜的等腰一面正对入射光带。当光带入射等腰直角棱镜后,即由光密媒质经过棱镜折射而进入光疏媒质,当折射角大于入射角(转动光盘)直到达到 90°时,即观察到临界角;继续转动光盘让入射角大于临界角,即可观察到全反射现象。

将圆光盘转动到如图 4.1.18 所示的位置,则可观察到另一种全反射现象。

(3) 光线通过两面互相平行的玻璃所发生的折射

如图 4.1.19 所示,将梯形玻璃砖固定在圆光盘的中央,并使底边和入射光带成一定角度(可按圆光盘边沿刻度取整数值),光带射入玻璃砖(厚度是已知量,约

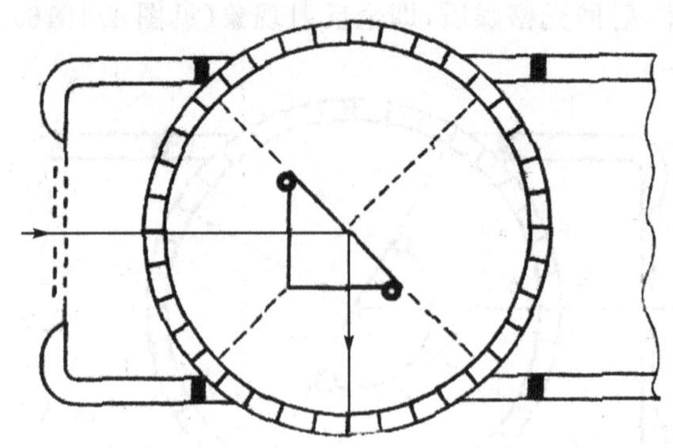

图 4.1.17 全反射现象 1

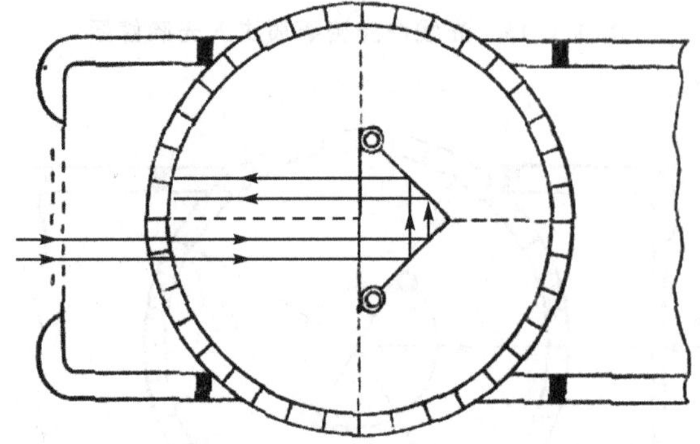

图 4.1.18 全反射现象 2

15 mm，玻璃折射率为 1.5)，经过两次折射后，由玻璃砖射出。可观察到自玻璃砖中射出的折射光线和入射光线的延长线相平行(可在圆光盘上作图并求出其侧移的距离)。

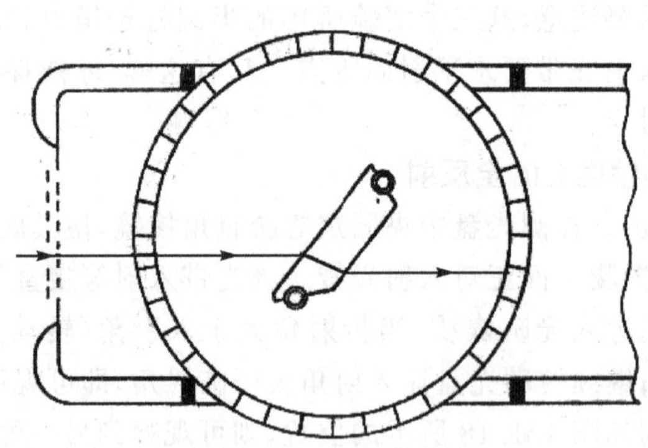

图 4.1.19 折射现象

5. 柱面镜的光学性质

将圆形光盘取下，再将凹柱面镜(或凸柱面镜)挂在矩形光盘上，调整好它的高度。使入射光带(中间一条)射向其顶点(即镜面中心)可看到：

(1) 观察与测量凹柱面镜的焦点与焦距

实验装置如图 4.1.20 所示。调整光源，让入射光带为五条或三条，则可看到与主轴平行的光线，经凹柱面镜反射后，都汇聚在一点，即焦点 F，而且焦点 F 与入射光线在凹柱面镜的同侧。用直尺测量可得本凹柱面镜的焦距约为 80 mm。

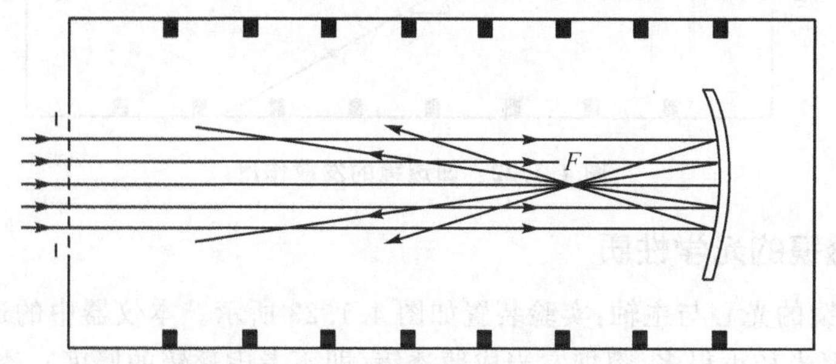

图 4.1.20 测量凹柱面镜的焦点和焦距

(2) 观察与测量凸柱面镜的焦点与焦距

实验装置如图 4.1.21 所示。与主轴平行的光线，经凸柱面镜反射后成为发散光线。把这些反射光线反向延长后，会聚于焦点 F。焦点 F 与入射光线在凸柱面镜的两侧。亦可用直尺测得其(虚)焦距约为 80 mm。

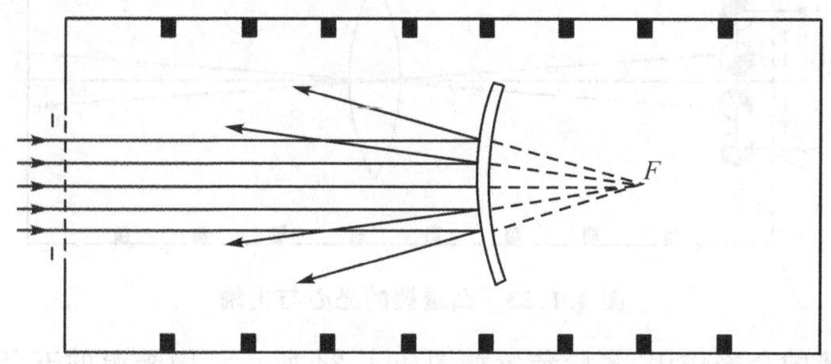

图 4.1.21 测量凸柱面镜的焦点与焦距

6. 透镜的光学性质

将圆光盘取下，把透镜挂在矩形光盘上，并调整它的高度，使光源的中央光带射向透镜的光心。

凹透镜的发散作用：实验装置如图 4.1.22 所示。将凹透镜挂在矩形光盘中央；使通过光栏中心的一条光线，也要通过凹柱透镜中心并与主光轴重合。可看到，与主轴平行的光线，经凹柱透镜折射后折离主轴，成为发散光线。如在矩形光盘上作图，将折射线反向延长，即交于主轴上的一点，即为焦点 F。焦点到光心间的距离即为焦距(习惯上把实焦点离开光心的距离——焦距，标为正值；把虚焦点离开光心的距离——虚焦距，标为负值)。作图后，可用直尺测量，其焦距约为 80 mm。

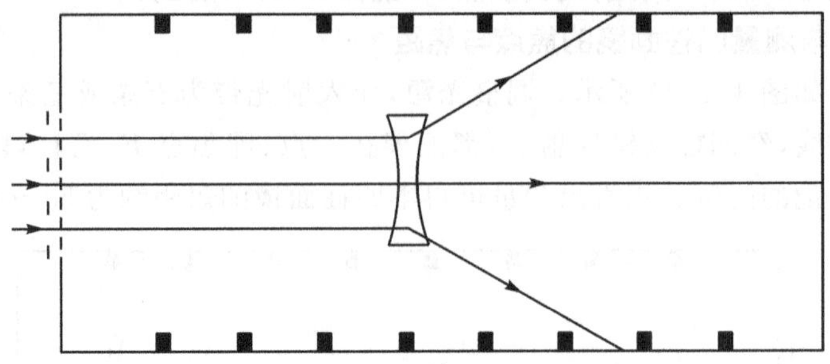

图 4.1.22　凹透镜的发散作用

7. 凸透镜的光学性质

① 凸透镜的光心与主轴：实验装置如图 4.1.23 所示。本仪器中的透镜，其厚度比球面的曲率半径小得多，都把它当成薄透镜(即不考虑透镜的厚度)，透镜两球面的顶点，看作是重合于中心一点，此即为该透镜的光心。通过薄透镜光的光线为一条方向不变的直线就是光轴。同时通过两球面球心的光轴为主光轴，亦称主轴。除主轴外，其他光轴为副光轴，亦称副轴。

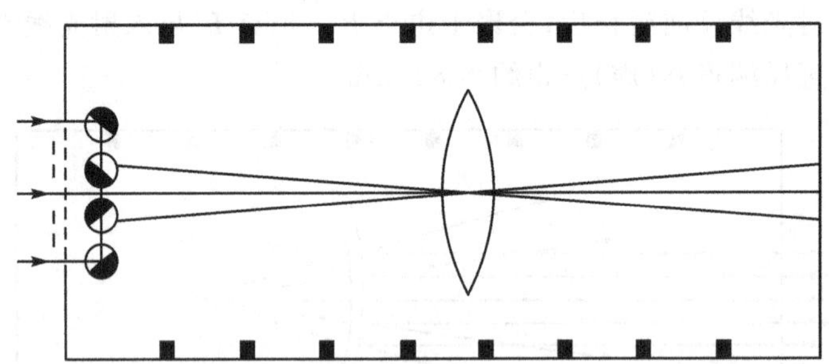

图 4.1.23　凸透镜的光心与主轴

② 凸透镜的会聚作用：实验装置如图 4.1.24 所示。用光源的五条或三条光带平行地射向凸透镜(中间一条通过光心作为主轴)，光线通过凸透镜折向主轴，形成光的会聚现象。光线会聚于主轴上的点，即为主焦点(实焦点)。焦点到光心的距离即为焦距 f。用直尺测量，大凸柱透镜的焦距约为 160 mm，小凸柱透镜的焦距约为 80 mm。

③ 通过焦点的光线，经过透镜折射后与主轴平行。实验装置如图 4.1.25 所示。用光栏和通过小平面镜，使之发出三条光带。中间一条通过光心，上下两条通过调整水平面镜使其在凸柱面镜焦点上交叉，而后射向透镜。就可以观察到，通过焦点的光线，经过透镜折射后与主轴相平行。

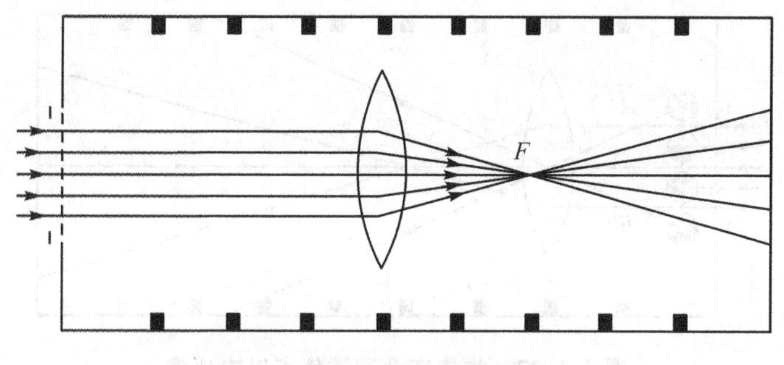

图 4.1.24 凸透镜的会聚作用

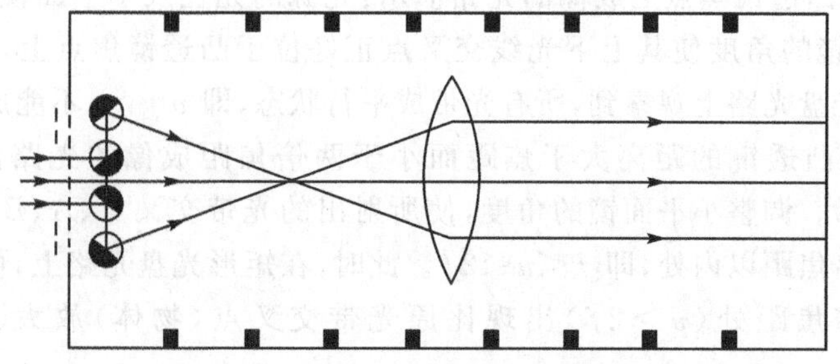

图 4.1.25 通过焦点的光线经过透镜折射后与主轴平行

通过上述实验，即可将透镜成像作图的三条特殊光线，明显地显示出来。即通过光心的光线，不改变方向；平行于主轴的近轴光线折射后通过焦点（凸透镜实交，凹透镜虚交）；通过焦点（或虚焦点）的光线折射后平行于主轴。

④ 从主轴上焦点外的一点出发的近轴光线，经透镜折射后，会聚在主轴上的一点，如图 4.1.26 所示（用 $f=80$ mm 的透镜）。

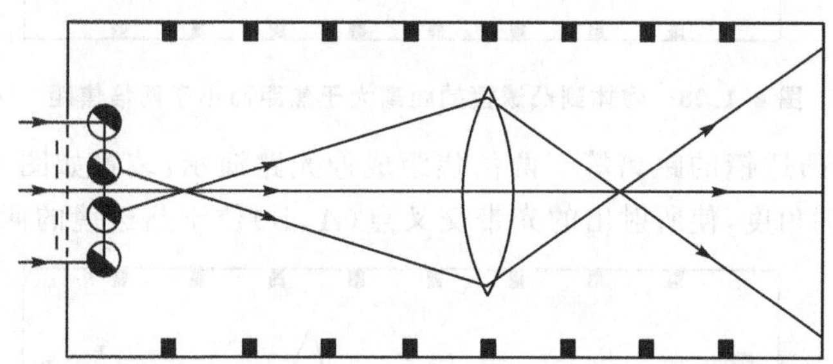

图 4.1.26 从主轴上焦点外的一点出发的近轴光线经透镜折射后会聚在主轴上的一点

⑤ 物体在凸透镜焦点以内成像的光路，如图 4.1.27 所示（用 $f=160$ mm 的透镜）、用光栏及小平面镜反射，形成五条光带射向大凸柱透镜。上下各两条光带的交叉点 A、B 即为发光物体的两端点，它的位置（物距 u）在凸透镜焦点以内，即 $u<f$。这时，在透镜的右侧没有像出现，而在光路反向延长线的交点上（$v=$负值），成一个放大的虚像。

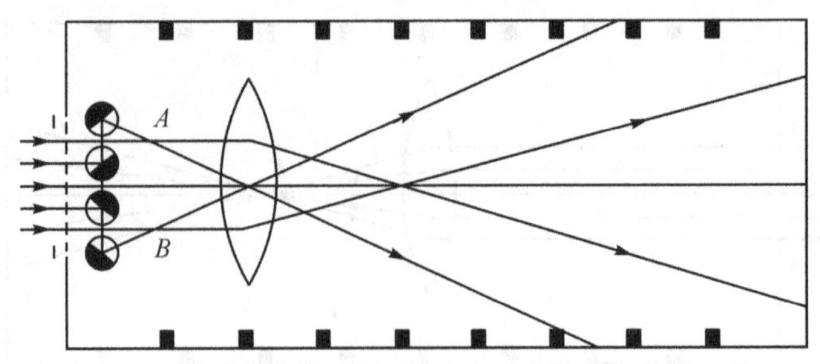

图 4.1.27 物体在凸透镜焦点以内成像

⑥ 物体在凸透镜焦点上成像的光路演示：光源的光栏及小平面镜反射同前，只是调整小平面镜的角度使其上下光线交叉点正好位于凸透镜焦点上，即 $u=f$。此时，可从矩形光盘光路上观察到，所有光带成平行状态，即 $v=\infty$，不能成像。

⑦ 物体到凸透镜的距离大于焦距而小于两倍焦距成像的光路演示：装置如图 4.1.28 所示。调整小平面镜的角度，使所射出的光带交叉点（A、B）位于凸透镜焦点以外、两倍焦距以内处，即 $f<u<2f$。此时，在矩形光盘光路上，可观察到在大于凸透镜两倍焦距处（$v>2f$）出现比原光带交叉点（物体）放大、倒立的实像（A'、B'）。

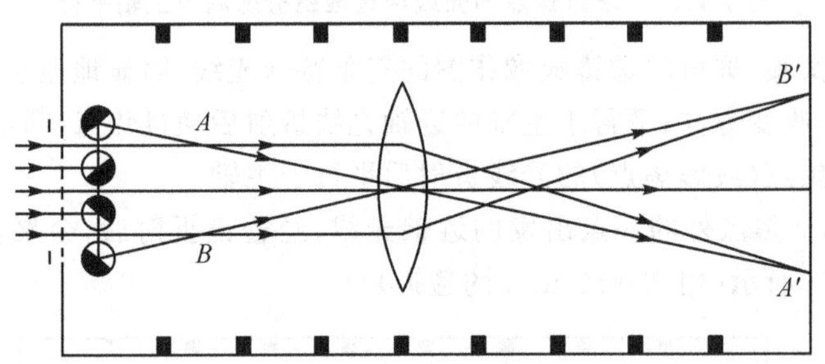

图 4.1.28 物体到凸透镜的距离大于焦距而小于两倍焦距

⑧ 物体到凸透镜的距离等于两倍焦距成像光路演示：装置如图 4.1.29 所示。调整小平面镜的角度，使所射出的光带交叉点（A、B）位于凸透镜的两倍焦距处，即

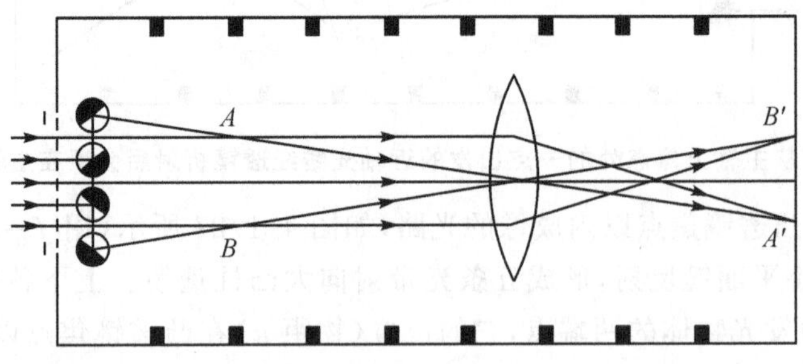

图 4.1.29 物体到凸透镜的距离等于两倍焦距成像

$u=2f$。此时，在矩形光盘光路上，可观察到在正好等于凸透镜焦距处($v=2f$)，出现与原光带交叉点(物体)为等长、倒立的实像(A'、B')。

⑨ 物体到凸透镜的距离大于两倍焦距的成像光路演示：装置如图 4.1.30 所示。调整光栏和小平面镜的角度，使上下各出现两条光带，并使近主轴的两条通过凸透镜光心，最外的两条与主轴平行。其发光点(物体)即视为在光栏处(A、B)。A、B 到凸透镜是距离大于其两倍焦距，即 $u>2f$。此时，在矩形光盘的光路上，可观察到在小于凸透镜两倍焦距而又大于凸透镜焦距处($2f>v>f$)，出现与原发光点(物体)缩短、倒立的实像(A'、B')。

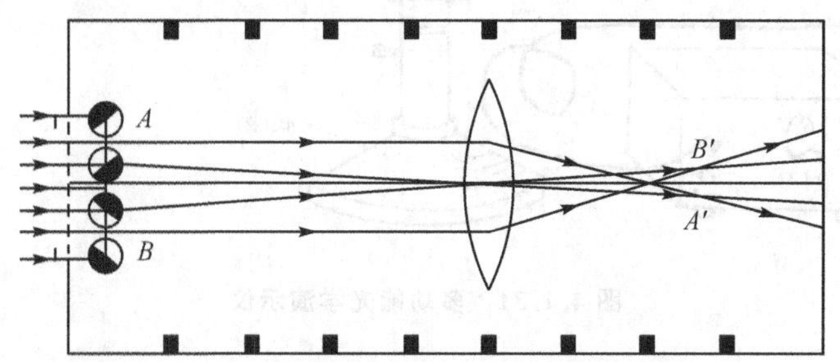

图 4.1.30　物体到凸透镜的距离大于两倍焦距的成像

另外，用此装置还可以演示显微镜、开普勒望远镜、伽利略望远镜等光学仪器的原理；还可以演示近视眼和远视眼的矫正原理等。

4.1.6　自制教具案例

1. 多功能光学演示仪

李之应设计制作的“多功能光学演示仪”(见图 4.1.31)，获得第五届全国优秀自制教具二等奖。教具的平行光源选用了“24 V、150 W”的卤钨灯泡。它具有发光强、可见度大的特点。点光源采用激光电筒。它具有体积小、使用方便、观察效果明显的特点。

仪器结构紧凑，所用元件少，各部分器件独立性强。由于采用多对磁钢组成磁吸附式演示光屏，更具有组装简单、调整方便、易用的特点。观察实验现象时，导轨能在底座上向任意方向转动，可以让不同角度的学生进行观察。

2. 学生光学实验器

周大群和程有淦利用激光亮度高、颜色纯、方向集中、相干性好的特点，制作成学生光学实验器(见图 4.1.32)，较好地解决了学生作光路图抽象，不易掌握的问题，获得第六届全国优秀自制教具二等奖。

学生光学实验器可用于几何光学的反射、漫反射、折射等学生实验；可完成凸、凹面镜，凸凹透镜的学生实验；可观察凸、凹透镜的成像规律，指导学生作光路图；可以

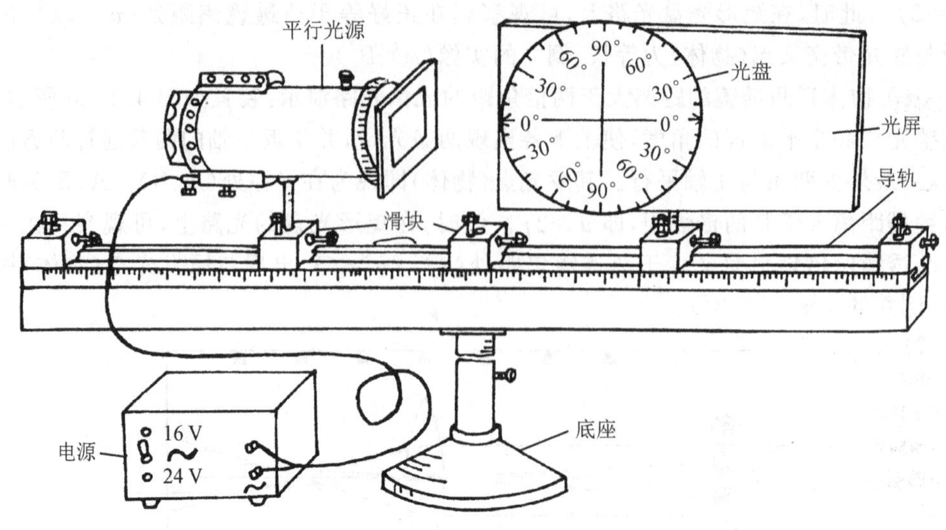

图4.1.31 多功能光学演示仪

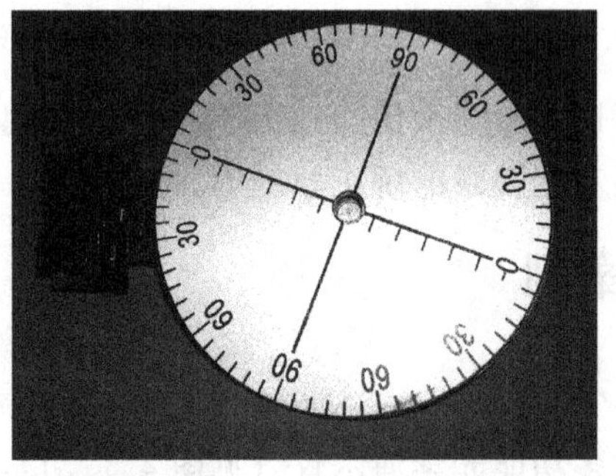

图4.1.32 学生光学实验器

测定凸透镜的焦距;也可以测定折射角,计算折射率;还可以做光的干涉、衍射的学生实验。

4.2 光的干涉、衍射、偏振演示器

4.2.1 结构和原理

光的干涉、衍射、偏振演示器供演示光的干涉(双面镜、双缝、薄膜)、衍射(单缝、多缝、光栅)、偏振(偏振片起偏、反射起偏)实验使用。在普通教室的任意位置上能观察到明显的现象。仪器由光具座、光源、观察筒及光学元件四大部分组成,外形如图4.2.1所示。

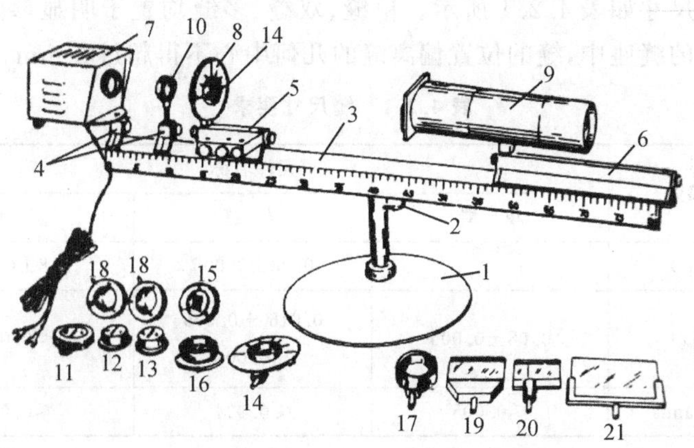

1—底座；2—支杆；3—导轨；4—短滑块；5—中滑块及梯形具座；6—长滑块；7—光源；8—光具架；9—观察筒；10—透镜；11—光源单缝；12—衍射单缝；13—双缝；14—多缝；15—光栅；16—牛顿环；17—牛顿环支架；18—偏振片；19—玻片起偏器；20—双面镜；21—毛玻璃

图 4.2.1 光的干涉、衍射、偏振演示器

光具座由底座、支杆、导轨组成。导轨的一侧有厘米刻度的标尺，导轨上有 4 个滑块，短滑块两个，中滑块、长滑块各 1 个。中滑块上可以固定梯形具座，长滑块的一端可以拉出来以增加导轨长度。导轨可以随意转动，也可固定在某一方向上。

仪器的光源灯泡是 12 V、50 W 的卤钨灯，经短焦距聚光透镜，成平行光射出。如要用线光源，可在光源出射口的透镜筒上套一只光源单缝。光源插杆与单缝在同一直线上，左右转动光源时，单缝在导轨上的位置不变。

观察筒由三节胶木管组成。靠光源处有一个方孔光栏，用来挡住杂散光。中间一节胶木管里有一块毛玻璃屏，用来接收干涉、衍射图样。后面一节胶木管里有一块放大镜，可以把光屏上的图样放大 1.5 倍左右。

这套仪器的光学元件有：光源单缝(2 个)、衍射单缝、双缝、多缝、双面镜、光栅、牛顿环、人造偏振片(2 个)、玻片起偏器、透镜、白屏、毛玻璃屏，还有两个光具架，用来安装没有插杆的光学元件。

4.2.2 主要技术指标

光的干涉、衍射、偏振演示仪符合《JY 141—1982 光的干涉、衍射、偏振演示仪》的要求。

整台仪器组装后，各项实验均能调整到观察系统中心，左右偏离不得超过 10 mm。

在照度不高于 200 lx 的教室内，距仪器 8 m 以内正常视力所见的干涉条纹：双面镜、双缝不少于 5 条，牛顿环不少于 3 圈；所见的衍射条纹：多缝不少于 7 条；光栅不少于 5 条；偏振效果明显。距仪器 5 m 以内可见单缝衍射条纹 3 条以上。

单缝、双缝、多缝均由镀铬玻板制成，缝的有效长度不小于 20 mm，多缝不少于

10条。对缝的尺寸如表4.2.1所示。单缝、双缝、多缝均置于明显参数标志的外径为 $32^{-0.08}_{-0.24}$ mm 的缝座中，缝的位置偏离缝的几何中心不得超过 2 mm。

表 4.2.1 缝尺寸要求

主要参数	元件名称		
	单　缝	双　缝	多　缝
缝距(d)		0.08±0.005	0.8±0.005
缝宽(a)	0.08±0.005	0.016 +0.005 −0.002	<0.025
amax - amla	≤0.005	≤0.004	≤0.008

光栅常数为1/100；光栅有效面积不小于6 mm×15 mm。

牛顿环的等厚条纹应清晰规则。第五级条纹的外径不得小于8 mm，其最大直径与最小直径之差不得超过2 mm。

偏振片置于有明显方向标志的片座中，片座外径为 $32^{-0.08}_{-0.24}$ mm，通光外径不小于25 mm。两偏振片叠合后的最大光通量与最小光通量之比不小于2.5。

反射起偏器有表面反射的玻璃板制成，玻璃反射面应平整、光洁。反射面不小于40 mm×70 mm，中心高度为50 mm±2 mm，插杆轴应在反射面上。

4.2.3 使用要点

1. 双缝干涉与单缝衍射

图4.2.2是双缝干涉实验的光路图，按照此图将仪器装好，如图4.2.3所示。光源固定在光具座上的第一个短滑块上，由低压电源供给约为12 V的交流电。光源单缝的缝宽为0.11 mm，作线光源用，它套在聚光透镜的镜筒上。双缝装在光具架的圆孔中，光具架固定在第二个短滑块上。单、双逢之间的距离(即两个短滑块之间的距离)为5～10 cm。观察筒(包括光栏、毛玻璃屏及放大透镜)固定在光具座的长滑块上，毛玻璃屏作接收干涉图样的屏幕。上述元件安装在光具座上后，仪器的光轴应与光具座导轨平行。

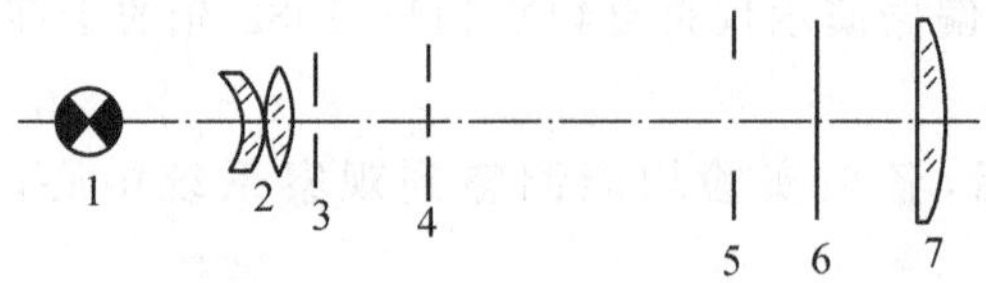

1—灯泡；2—聚光透镜；3—光源单缝；4—双缝；5—光栏；6—光屏；7—放大镜

图 4.2.2 双缝干涉实验光路图

① 调节光源位置：架好光具座，将光源插入第一个短滑块的插孔中，并固定在光具座刻度尺5 cm处。把长滑块一端拉出导轨，在端点插入方毛玻璃屏，屏面与导轨

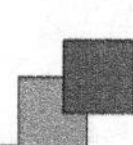

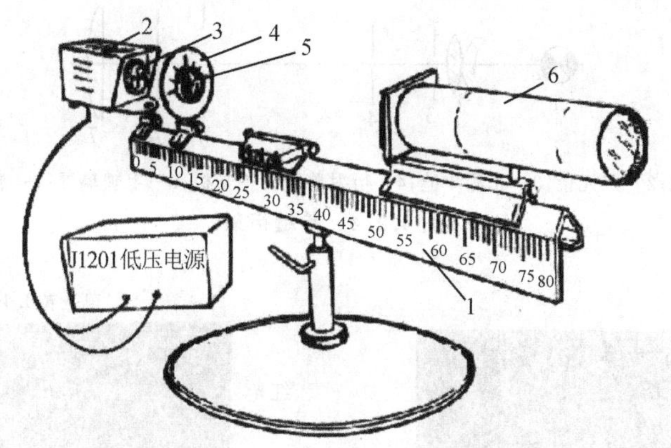

1—可转式光具座；2—光源；3—光源单缝；4—光具架；5—双缝；6—观察筒

图 4.2.3 双缝干涉实验图

垂直。用6 V(或8 V)电压点亮灯泡，转动光源，使射出光束的光斑落在屏中央，此时光源位于光轴上。若光斑上下偏离中心，可松开固定灯座的螺钉(在罩壳底部)，上下调节灯泡位置。

② 把宽度为0.11 mm的光源单缝套在聚光透镜的镜筒上。

③ 安装双缝：将光具架插在第二只短滑块上，光具架刻度面垂直导轨，将双缝装入光具架内，缝座上的指示刻度对齐光具架的零刻度线。第二只短滑块固定在光具座10～15 cm刻度处。当仪器各元件的中心共轴的很好时，双缝离单缝还可以近些，以增加干涉明条纹的光强度。

④ 调节单、双缝平行：把方毛玻璃屏移插到中滑块上，离双缝40 cm左右。光源灯泡的供电电压升高至12 V(注意不得超过12 V!)。慢慢地转动单缝座，调节单、双缝平行，当单、双缝平行时，可在毛玻璃屏上见到清晰的干涉条纹。

演示时，拿掉毛玻璃屏，在长滑块端点插上观察筒。慢慢转动光具座，学生在座位上即可看到白光所产生的双缝干涉图样。也可以先把观察筒上的放大镜取下来，让学生看一下毛玻璃屏上的干涉图样，然后再加上放大透镜。

前后移动长滑块，改变双缝至屏幕之间的距离 l，可看到相邻两条明条纹(或暗条纹)之间的距离 Δx 是不同的，l 变大，Δx 也变大，整个图样的画面变宽。

⑤ 如果用衍射单缝观察衍射图样，则按图4.2.4安装光学元件，只是将图4.2.2中的光学元件4双缝，改换成衍射单缝即可。

图4.2.5是拍摄下来的红色单色光的双缝干涉图样照片，上面是用双缝间隔0.36 mm红光干涉条文，中间为双缝间隔较小的双缝干涉图样，下面是紫光的双缝干涉图样。图4.2.6为红光、蓝光、白光的衍射图样(单缝宽0.4 mm)。

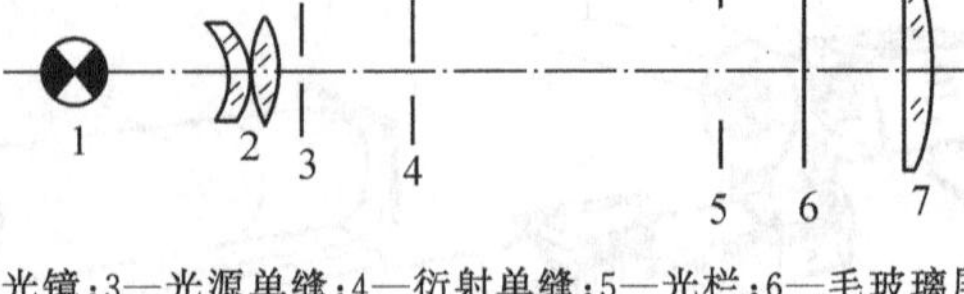

1—灯泡；2—聚光镜；3—光源单缝；4—衍射单缝；5—光栏；6—毛玻璃屏；7—放大透镜

图 4.2.4 单缝衍射

图 4.2.5 红色单色双缝干涉图样

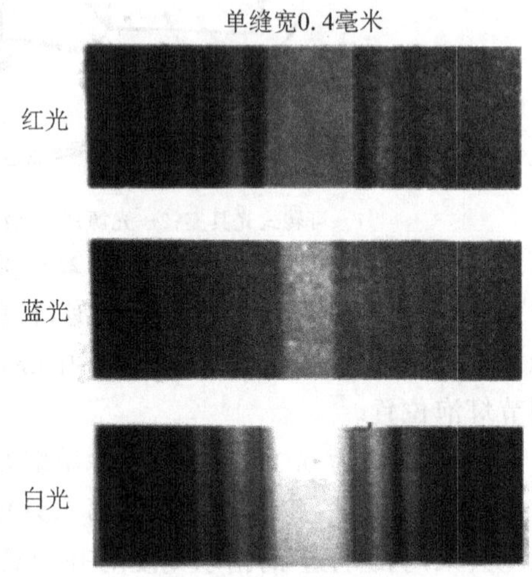

图 4.2.6 双缝衍射图样

2. 牛顿环的干涉图样

牛顿环实验，装置如图 4.2.7 所示，光路图如图 4.2.8 所示。光源插在滑块梯形具座的插孔中，光束出射口面向牛顿环，用平行的面光源照射牛顿环。牛顿环插在光具座的第二只小滑块上，牛顿环的干涉图样通过投影透镜投射在方毛玻璃屏上。投影透镜的焦距 $f=70$ mm，固定在梯形具座插孔 5 中。方毛玻璃屏固定在长滑块上。光源由低压电源供电，电压为交流 6～10 V。

① 架好光具座，把梯形具座固定在中滑块上。

② 调节牛顿环上的三只螺钉，把干涉图样调节在牛顿环的中心。把牛顿环插到光具座第二只短滑块上。

③ 使梯形具座上的插孔 5 距牛顿环约 8 cm，把光源插入梯形具座的插孔 2 中。用 6～10 V 电压点亮灯泡，转动光源，使出射光束的光斑落在牛顿环上。

④ 方毛玻璃屏插在长滑块上，屏面垂直光具座导轨。转动牛顿环，使经牛顿环反射后的光斑落在屏中央。

演示时，将 $f=70$ mm 的投影透镜插入梯形具座插孔 5 中，即可在屏上看到彩色的同心圆环，其中心是暗斑。若屏上的干涉图样不清晰，可前后移动牛顿环。若亮

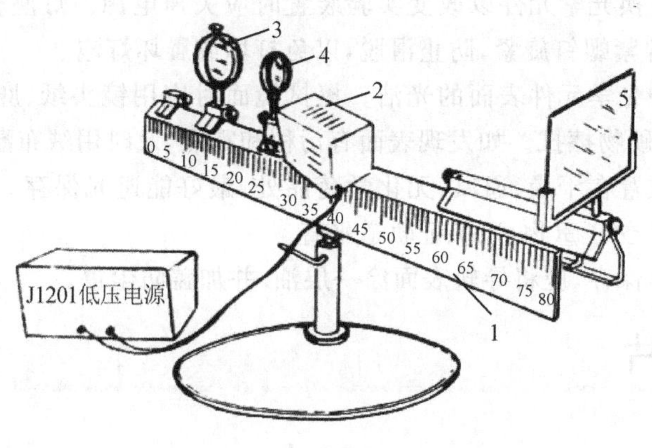

图 4.2.7　牛顿环干涉实验

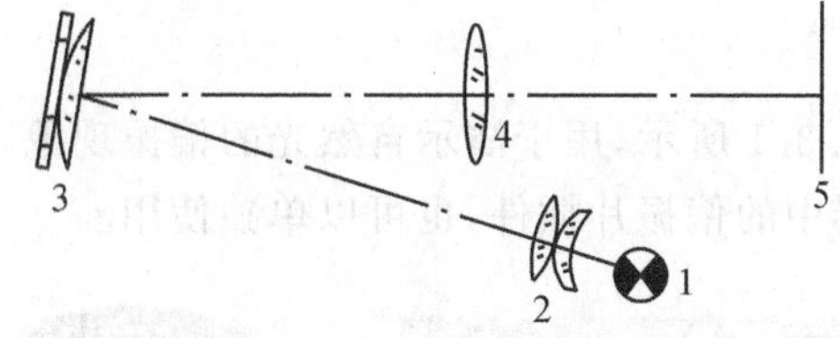

1—灯泡；2—聚光透镜；3—牛顿环；4—投影透镜；5—毛玻璃屏

图 4.2.8　牛顿环干涉实验光路图

度不均匀，可转动牛顿环。图 4.2.9 是拍摄下来的白光的干涉图样。

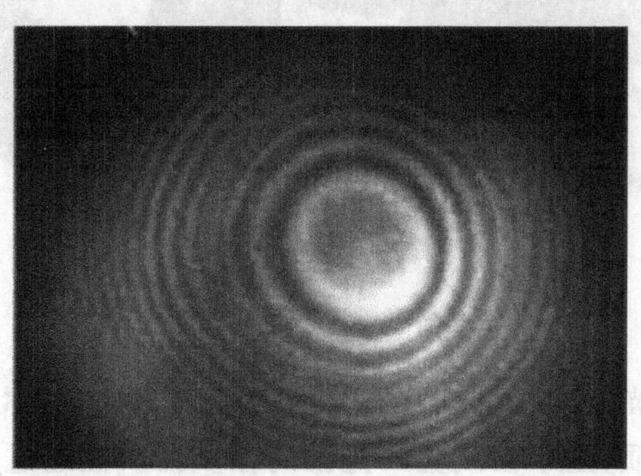

图 4.2.9　白光干涉图样

4.2.4　日常维护

① 该演示器光源的功率用 12 V、50 W 卤钨灯泡，功率较大，只能用低压电源(最大输出电流 6 A)供电，电源电压一定不能超过 12 V。

② 仪器安装时，一定要注意“同轴等高”，才能够保证在不同位置的学生能够清晰地看到图样。

③ 实验中更换光学元件以改变实验装置时应关掉电源。灯座位置和光源高度调节好后，须将拧紧螺钉旋紧，防止滑脱，以免打坏或震坏灯泡。

④ 注意维护光学元件表面的光洁。擦拭镜面时应用镜头纸、麂皮等细软物，切勿用普通棉布等硬物擦拭。如发现表面有污秽和霉点，及时用绒布蘸酒精擦除。

⑤ 仪器应放置在干燥、通风、无化学药品处，最好能避光保存。放置时，导轨要单层平放，导轨上勿压重物，以保证轨道平直。

⑥ 较长时间保存，应将导轨表面涂一层油，并加盖防尘罩。

4.3　偏振片

4.3.1　结构和原理

1. 结　构

偏振片外形如图 4.3.1 所示，用于演示自然光的偏振现象。图 4.3.1(b)是光的干涉、衍射、偏振演示器中的偏振片插件，也可以单独使用。

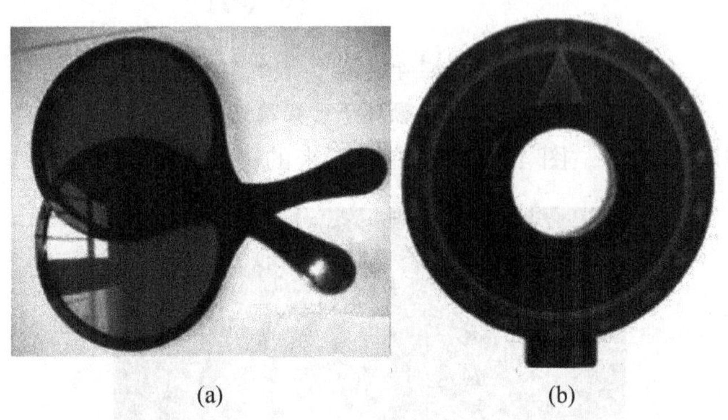

(a)　　　(b)

图 4.3.1　偏振片

通常光源所发的光波具有绕其传播方向的旋转对称性，称为自然光。自然光透过常见的玻璃之类物质，是不会改变其光波的性质的。但通过具有某些晶格结构的物质时，只有某一个平面上的光波可以通过，其他方向上的波大部分被吸收，使透射的光成为平面横波，而失去其原有的旋转对称性。这一类的物质称为偏光性物质。单向拉伸的涤纶薄膜就是一种偏光性物质。

2. 原　理

起偏器和检偏器件可分为几种：一种是以单轴晶体的双折射特性制成的如渥拉斯顿棱镜等；一种是利用布儒斯特定律或基于布儒斯特定律制成的玻片堆；还有就是利用某些晶体的二向色性制成的偏振片，这可能是我们平常接触较多的晶体光学器件。

以H偏振片为例，它是一种经加热、拉伸、浸碘处理的聚乙烯醇薄膜。将聚乙烯醇薄膜加热后单向拉伸3～5倍，然后放入碘溶液中浸泡，则浸泡后的聚乙烯醇薄膜就具有了强烈的二向色性。这是因为碘附着在直线形长链聚合分子上，形成一条碘链，碘中所含的传导电子能沿着碘链运动，而不能横向运动。自然光入射后，振动方向平行于碘链的偏振分量因对传导电子做功而把其电场能转化为偏振片的热能，类似于焦耳热，因而被强烈吸收。故只有振动方向垂直于薄膜拉伸方向的偏振分量可以透过偏振片，因而偏振片的透振方向垂直于薄膜的拉伸方向。

4.3.2 使用要点

把一片偏振片(图4.2.1中光学元件18)插在短滑块上，在镜片前的观察筒中可以看到有光透过，表面上看这与观察筒周围的光没有什么区别(只是亮度稍有差别)。但是，透过偏振片的光波已经是偏振光了。我们把这个偏振片叫作“起偏器”。

为了检验是否是偏振光，在第一个偏振片的前面的短滑块上再放一个偏振片，我们叫它“检偏器”。转动检偏器到某一位置时，透射的光线变得很弱，从观察筒中几乎看不到光。

这是因为此刻检偏器吸收的光波的方向正好与偏振光波动的平面垂直，于是，偏振光大部分被吸收，波幅大大降低，透射的光线变得很弱了。

从这个位置上继续旋转检偏器，透射的光线逐渐增加，转到与最暗位置成90°角时，透射光线最亮。

也可以将一片偏振片放在投影仪上，在偏振片上放一支铅笔，在屏幕上可看到笔的投影，这说明偏振片是透光的。在第一个偏振片上再放一块偏振片，并旋转观察投影仪投射的光亮度的变化。

如果条件许可，可以让学生自己实验，即将两块偏振片发给学生，先用一块偏振片对着窗户或灯光，并旋转之，观察光的亮度有无变化，然后再用第二块偏振片与第一块重叠，并旋转两块之中的任意一块，观察通过偏振片的光亮度的变化。

4.3.3 日常维护

偏振片不能受力，否则容易变形；也不能受潮受热，否则容易使偏振作用减弱。也不要将偏振片的薄膜与化学药品尤其是淀粉类物质接触，防止损坏偏振膜上的晶体结构(淀粉与碘容易发生化学反应)。

4.4 双缝干涉实验仪

杨氏双缝干涉实验是托马斯·杨用简单易行的方法获得相干光源，研究光的干涉现象的著名实验。双缝干涉实验仪是仿照杨氏双缝干涉实验的方法，专为学生实验生产的仪器。双缝干涉实验仪有多个厂家生产。它们的原理相同，结构大同小异。

4.4.1 结构和原理

双缝干涉实验仪的结构很简单(见图4.4.1)，最前面是白炽灯光源，白光经透镜会聚射向单缝，再经单缝射向双缝。双缝把一束光分为两束相干光而产生干涉现象。从目镜可以观察到彩色干涉条纹。若在光源跟单缝之间加一块滤色镜，即可获得单色光。从目镜可以观察到单色光明暗相间的干涉条纹。在双缝和目镜之间加一个测量头和游标尺，则可对双缝干涉进行定量研究。仪器配有两块不同参数的双缝，用拨杆选择换用。双缝干涉实验仪还可用来观察单缝衍射现象。

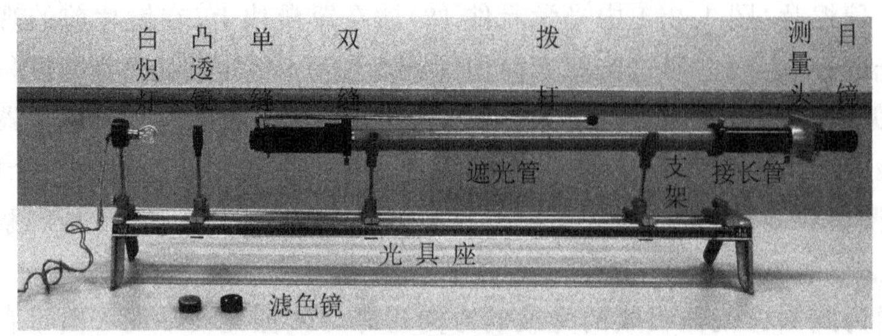

图4.4.1 双缝干涉实验仪

由于双缝干涉实验仪采用了白光光源，使用不同的滤色镜和测量头，是仪器既可以比较不同单色光干涉条纹的变化(说明条纹宽度与光频率的关系)，又可以说明白光为什么会产生彩色的干涉条纹；既可以定性观察，又可以定量研究。

双缝干涉实验仪需安装在光具座上使用。

4.4.2 主要技术指标

双缝干涉实验仪符合《JY 64—1981 双缝干涉实验仪(试行)》的要求。

光源：12 V 24 W 汽车灯泡，用学生电源供电。

照明透镜：$f=50$ mm。

单缝：缝宽 $a=0.100$ mm(−0.02～+0.01)。

衍射单缝：缝宽 $a=0.200$ mm。

双缝：中心距 $d_1=0.200$ mm±0.03 mm，缝宽 $b_1=0.035$ mm；$d_2=0.250$ mm±0.03 mm，$b_2=0.040$ mm。

目镜：$f=50$ mm。

游标尺：测量范围 0～20 mm，精度 0.02 mm。

遮光管长度：600 mm。

接长管长度：100 mm。

4.4.3 使用要点

1. 安 装

因为双缝干涉实验仪需跟学生光具座配合使用，所以要在光具座上安装光源、会聚透镜及双缝干涉实验仪(参考数据：支架间距约 45 cm 灯丝与单缝相距约 25 cm 灯丝与透镜相距约 5 cm)。安装后目测：①遮光管是否基本平行光具座；②光源、会聚透镜的光轴、单缝和遮光管的纵轴是否基本在同一平面。③把光源连接到学生电源上。

2. 调 试

安装好了以后还需仔细调试。

① 光源接通时要用学生电源的最低电压，然后逐步加大，以防止烧断灯丝。以后实验时也需这样做。

② 光源发光中心、透镜光轴和双缝干涉实验仪纵轴，三者共轴是最重要的调试工作。可用共轭法调试。调试需耐心、仔细，反复进行。三者是否共轴是实验成功的关键。共轴调试完成后不要随意更动，以免重新调试。

3. 使 用

① 从目镜观察双缝，用拨杆轻轻移动双缝，直至观察到最清晰的彩色干涉条纹为止(见图 4.4.2)。

② 插入不同的滤色镜，观察单色光干涉条纹的变化。定性了解干涉条纹的宽度与光频率的关系(见图 4.4.3)。

③ 安装测量头和游标尺。测量单色光干涉条纹的宽度(相邻的两条明纹或暗纹之间的距离)Δx、双缝至光屏的距离 L 及仪器提供的双缝中心距 d 即可计算单色光的波长 $\lambda = d\Delta x / L$。

④ 去除双缝，可观察单缝衍射条纹，并与双缝干涉比较，了解衍射条纹与干涉条纹的特点。

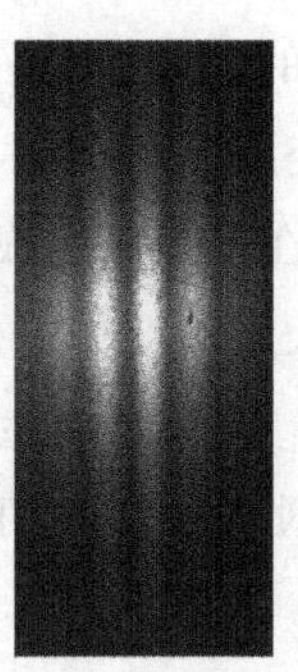

图 4.4.2 彩色干涉条纹

图 4.4.3 单色光干涉条纹

4. 注意事项

① 用手操作目镜、凸透镜、双缝、单缝和滤色镜时，应拿它们的边棱，忌用手摸光学面。光学面上若有灰尘和污垢，用软毛刷掸除或用细绒布擦拭。

② 调节、紧固零部件时需用力适度，以免损坏。

③ 光学器件应避免接触汗液、油污和化学试剂。

④ 测量头和游标尺出厂时已校准，不允许随意拆卸。

4.4.4　日常维护和常见故障排除

① 零部件插拔不顺畅，可能是由于毛边毛刺所致，可用细砂纸打去，再清除干净。

② 双缝干涉实验仪的零配件较多。实验完毕需逐一清点，防止遗漏、缺失。

③ 双缝干涉实验仪应存放在干燥、通风、防尘的仪器柜内。梅雨季节需防霉。

4.5　分光镜

实验配备分光镜的目的是为了让学生了解分光镜的原理、结构、学习基本操作和定性地观察光谱。因此，分光镜的结构比较简单，分辨率和精度较低，基本满足教学需要。

4.5.1　结构和原理

分光镜外观如图 4.5.1 所示。主要构成的零部件有三支镜管：平行光管、标度管和望远镜；等边三棱镜；镜台和镜座。平行光管外端是可调宽度和高度的狭缝 S，内端是凸透镜 L_1（$f_1=130$ mm）。标度管外端是透明标尺 B，内端是凸透镜 L_2（$f_2=120$ mm）。望远镜由物镜 L_3（$f_3=130$ mm）和目镜 L_4（$f_4=18$ mm）组成。

从望远镜的目镜可以看到两条光路形成的两个放大的虚像（见图 4.5.2）。一条光路是：待观察的光经 S 射向 L_1→平行光管把发散光变成平行光射向等边三棱镜 L→经三棱镜色散形成光谱射向望远镜的物镜 L_3→光谱在镜筒内生成实像。实像位于目镜 L_4 的焦点内。通过目镜我们可以看到光谱的放大虚像。另一条光路是：标尺经 L_2 会聚射向三棱镜→三棱镜反射射向 L_3→标尺在 L_4 的焦点内生成实像。调节标尺位置使标尺的实像跟光谱的实像在同一位置，于是通过目镜我们同时可以看到光谱与标尺的放大虚像。

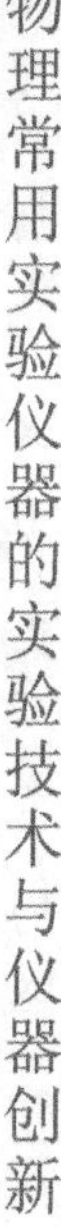

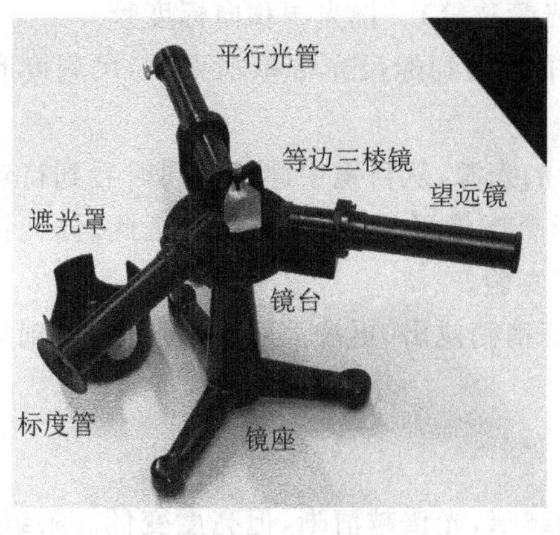

图 4.5.1　分光镜

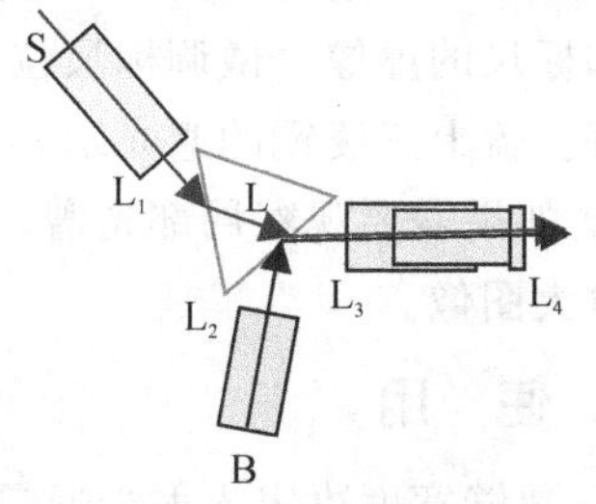

图 4.5.2　光路示意图

4.5.2　主要技术指标

分光镜符合《JY/T 0375—2004 直视分光镜》的要求。工作的光谱区域为 400 nm～700 nm。宽度固定的狭缝用镀铬玻璃刻制而成。宽度可调的狭缝用金属材料制成。直视分光镜能观察连续光谱、明线光谱和吸收光谱。直视分光镜应能分辨汞光谱中波长为 577 nm 和 579 nm 的橙色汞双谱线。用低压汞灯做光源，在分光镜的视场中应能观察到 404.7 nm 和 690.7 nm 的汞明线光谱。用白炽灯、低压汞灯和太阳光做光源分别观察连续光谱、明线光谱和吸收光谱，明线光谱的谱线光洁、清晰，不应出现明显的暗或亮的横条纹及光谱线粗细不均匀间断等现象。在视场中应能观察到连续光谱和汞的明线光谱，连续光谱应呈矩形，明线光谱应与矩形上下长边垂直。用低压汞灯做光源，能分辨波长为 57 nm 和 579 nm 的汞双谱线。

4.5.3　使用要点

1. 调　试

① 按图 4.5.2 的位置装配三个镜管。三棱镜放在镜台上。

② 一个光学面对向望远镜和标度管，使望远镜和标度管对称分居于垂直光学面的平面两侧。另一个光学面对向平行光管，固定三棱镜。

③ 把平行光管对准待观察的光源。打开狭缝并使其呈水平。

④ 把望远镜目镜全部推入镜筒，调整望远镜位置，直至从目镜观察到一条横贯中央的水平光带为止。如果光源为白炽灯，此光带是一条从左至右为红、橙、黄、绿、青、蓝、紫的七彩光带，此光带即白炽灯的连续光谱。若七彩光带两端色彩缺失，微微调整望远镜或三棱镜的位置，使光带从红至紫成为一条完整的光谱。调节狭缝宽度，使观察到的光谱最清晰为止。

⑤ 关闭待观察的光源(或遮住平行光管狭缝)。把光源移向标度管。

⑥ 调整标度管和标尺,直至从目镜中观察到标尺光带呈水平,标尺刻度和标号成像清晰为止。

⑦ 打开待观察的光源和照亮标度管的光源,从目镜中此时可同时看到待观察的光谱和标尺的虚像。微调标尺位置,使两个虚像平行,边缘重叠。至此,分光镜已基本调好。盖上三棱镜的遮光罩,即可开始实验。

⑧ 如果需要观察局部光谱,可将目镜稍稍拉出,再按上述步骤调整,得到局部光谱的放大图像。

2. 使　用

① 狭缝宽度决定入射光通量。狭缝越窄,光谱越清晰,但亮度变低。狭缝越宽,光谱越明亮,但清晰度降低。应二者兼顾,适当调节。

② 若实验无需标尺,可不用标度管光源。

3. 注意事项

① 保护光学器材的光学面,取放时应手持三棱镜的棱或毛面,不要玷污望远镜的物镜和目镜、平行光管和标度管的凸透镜。若不慎玷污,要用软绒布擦净。

② 三棱镜是分光镜中唯一无外壳或框架保护的零部件。使用时一定要格外小心,防磕碰摔打。

③ 光谱上若出现水平方向的黑线,是因为调节狭缝过窄,两片刀口有毛刺或不平整所致。只需稍稍调开一点即可。

4.5.4 日常维护

光学仪器最容易损坏的是各种镜头、透镜和棱镜。使用时要:轻拿轻放,不磕不碰;不玷污光学面;光学面上的灰尘要用软毛刷掸除,污垢用镜头纸和软绒布擦拭去除;若发现镜头有霉点,用棉签蘸酒精擦除。

光学仪器入库存放要求:擦拭干净并罩上仪器罩;仪器柜的位置无阳光直射;仪器柜干燥、通风、清洁;不得与化学品一起存放。

4.5.5 教学中的应用

① 观察连续光谱:用白炽灯作光源。

② 观察明线光谱:在遮光的实验室,用光谱管作光源,用电子感应圈作光谱管电源(见图 4.5.3)。如果没有光谱管,可用日光灯和氖管替代。要提醒的是,日光灯的光谱线不都是汞的明线光谱,还有其他物质的光谱。

③ 观察暗线光谱(吸收光谱):如图 4.5.4 所示,用汽车灯照射分光镜的狭缝,可获得明亮的背景连续光谱。在汽车灯和狭缝之间放置食盐酒精灯。点燃食盐酒精灯,遮挡住(或熄灭)汽车灯,从目镜可以看到钠的明线光谱(黄色谱线)。然后再撤去

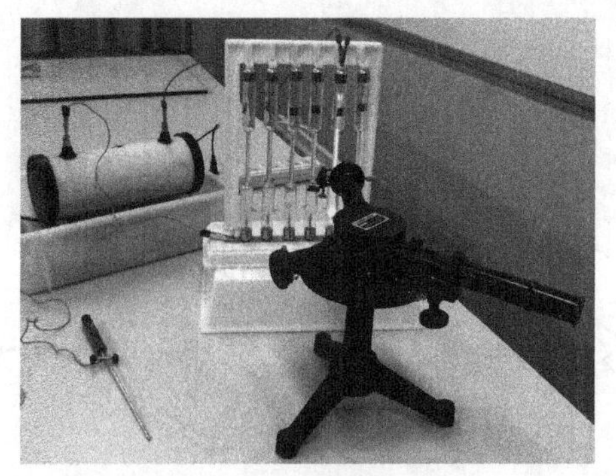

图 4.5.3 观察明线光谱

遮挡物(或打开汽车灯)。从目镜可以看到在连续光谱的背景上,刚才黄色谱线的位置变成黑色谱线,这就是钠的吸收光谱。如果分光镜的分辨率比较好,可以看到两条挨得很近的明线或暗线。分辨率差的分光镜,两条谱线就合并成一条了。(用此方法三种光谱都可以看到,操作也简单。但食盐酒精灯需自制)。

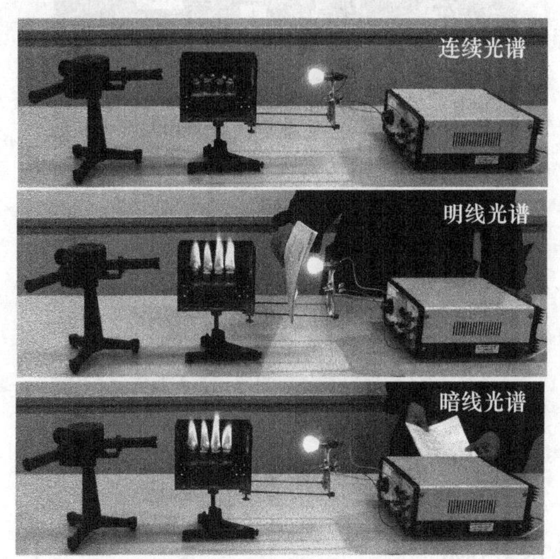

图 4.5.4 观察暗线光谱

4.6 光电效应演示器

4.6.1 结构和原理

用紫外线照射锌板的实验,实验原理装置如图 4.6.1 所示,由锌板、紫外线灯、静电计和金属丝网组成。图 4.6.2 是某厂家生产的光电效应演示器,是将图 4.6.1 中的仪器组合在一起。

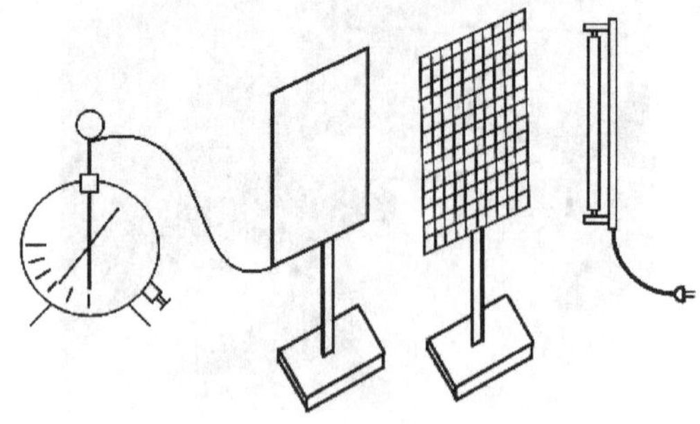

图 4.6.1 光线效应演示器示意图

开启紫外线灯的开关，发出紫外线，在紫外线的照射下，锌板表面的电子获得大于逸出功的能量，脱离锌板分散在锌板表面附近空间，形成一层带负电的粒子层。

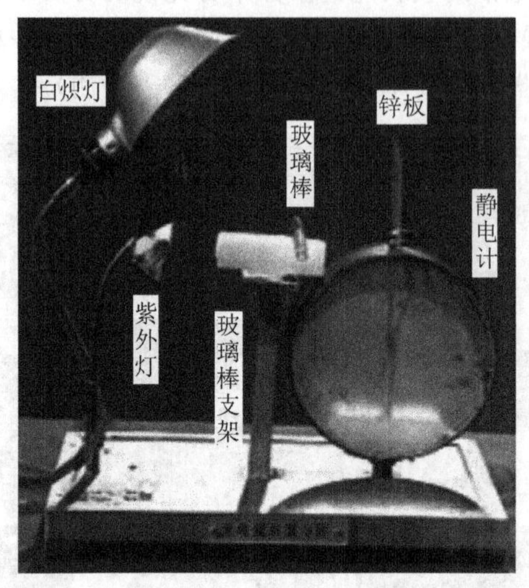

图 4.6.2 光电效应演示器

4.6.2 主要技术指标

锌板面积大约为 20 mm×20 mm 即可。金属丝网面积比锌板略大即可。紫外线灯使用医用消毒的 20 W 紫外线灯即可。静电计为实验室的常备仪器，要选择灵敏度高的效果比较好。

不同厂家生产的光电效应演示器的规格不同，外形也不同。厂家生产的产品，一般都将锌板、铜网直接插在静电计上，如图 4.6.2 所示。

4.6.3 使用要点

用图 4.6.1 或图 4.6.2 的装置，首先用白炽灯照射锌板，即使用带正电荷的玻璃棒放在锌板前面，锌板不会释放电子，静电计指针不会张开。

然后紫外灯通电后发出紫外线，照射到锌板上，锌板表面层的自由电子获得能量，挣脱锌板表面正电荷的束缚，逃逸到锌板表面外，在锌板表面外的附近空间形成一层空间电子层。该电子层形成的电场阻碍锌板表面的电子继续离开锌板，因而静电计的指针没有明显的张角。解决的方法很多，在锌板和紫外线灯之间加一块金属丝网，并让它带一定量的正电荷，将锌板表面附近的电子层吸走。这样，在紫外线的照射下，锌板表面的电子可以不断地逃逸锌板表面，因而锌板所带的正电荷就大为增加，使得静电计的指针有明显的张角。

也可以不用金属丝网，而在紫外线灯开启后，用丝绸摩擦玻璃棒，玻璃棒带正电荷，将带正电荷的玻璃棒放在如图 4.6.2 中的锌板前，此时同样可以驱走锌板前面的空间电子层，使静电计指针明显张开。

4.6.4　日常维护

① 实验前应先将锌板表面打光，除去表面的氧化物和污垢，使锌板表面洁净。

② 紫外线灯开启后应提醒学生不要用眼睛观看紫外线灯，防止紫外线损伤眼睛。紫外线灯照射锌板的时间不宜过长，看到明显的现象后要立即关闭紫外线灯。

③ 仪器存放时要妥善放置在干燥，通风，远离化学药品的地方。

4.6.5　新仪器介绍

光电管可以用于演示光电效应。光电管的结构如图 4.6.3 所示，在抽成真空的玻璃管中安装有方框形的阳极和半圆形的阴极。

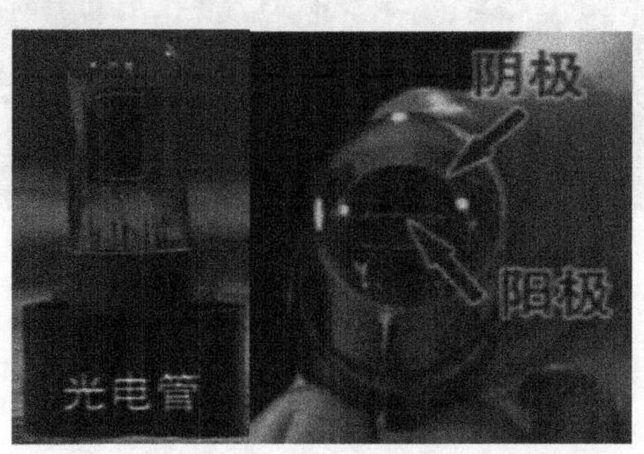

图 4.6.3　光电管

光电管的工作原理如图 4.6.4 所示。闭合 K_1 光源发光，光电管接收到光，闭合 K_2，接通光电管的工作电路，当 K_3 合向 cd 时，光电管的阳极接高电位，阴极接低电位，此时给光电管所加的是正向电压，光电管中有电流通过。如果将 K_3 倒向 ef，则加到光电管上的是反向电压，如果反向电压足够大，则光电管中无电流通过。

利用光电管制作的光电效应演示器如图 4.6.5 所示，可以用于演示：①演示光

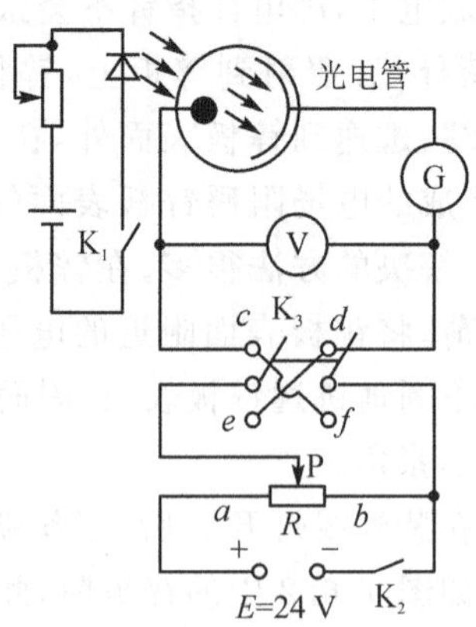

图 4.6.4 光电管工作原理

电效应的现象;②验证光电管阴极受光照后发射的是带负电荷的电子;③演示光强与光电流的关系;④演示光电管的极限频率;⑤演示光电管的伏安特性曲线;⑥演示光电管的应用。

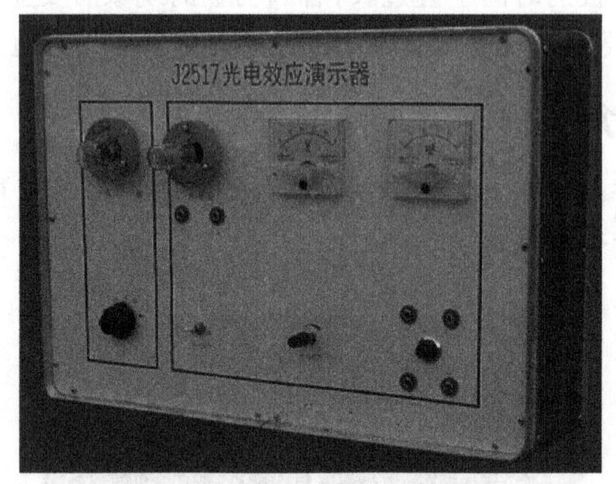

图 4.6.5 光电效应演示器

参考文献

[1] 张秋莲. 游标卡尺的检定、调试及修理方法[J]. 中国计量，2011(9):117-118.

[2] 张帆. 游标卡尺的使用、维护与检定[J]. 计量与测试技术，2009，36(6):19,21.

[3] 夏群伟.游标卡尺和螺旋测微器的常见故障与处理方法[J].教学仪器与实验，2007(2):48-49.

[4] 杨红,徐红.关于螺旋测微器的维修[J].实验教学与仪器,2000(11):29-30.

[5] 孙克文.螺旋千分尺常见故障的修理[J].教学仪器与实验,1997(4):33-34,17.

[6] 王兴乃,罗国栋 ,等.教学仪器维修大全第一册[M] .北京:电子工业出版社,1993.

[7] 孔克文.托盘天平的维修[J].教学仪器与实验,1997(5):26-29.

[8] 宋国红. 电火花计时器常见故障与维护[J]. 实验教学与仪器，2002(Z1):58.

[9] 教育部教学仪器研究所.第六届全国自制教具获奖项目汇编[M].北京:教育科学出版社,2009.

[10] 吴月江.用数码相机研究自由落体运动和平抛运动[J].教学仪器与实验,2008,24(12):18-20.

[11] 陈明伟. Tracker视频分析软件在“研究抛体运动规律”实验中的应用[J]. 物理通报，2017，36(5):102-104.

[12] 教育部教学仪器研究所.第七届全国自制教具获奖项目汇编[M].北京:教育科学出版社,2012.

[13] 杭清平.对人教版课标实验教科书《物理选修 3 - 3》第八章的编写感悟与教学处理建议[J].中学物理教学参考,2008(8):8-10.

[14] 教育部教学仪器研究所.第五届全国自制教具获奖项目汇编[M].北京:教育科学出版社,2009.

[15] 王准. 空气压缩引火仪的改进[J]. 教育与装备研究，2010(26,10):13.

[16] 康利民. 谈验电器的保养与维修方法[J]. 教学仪器与实验，2002(3):32.

[17] 孙克文.感应起电机不起电怎么办.教学仪器与实验[J].2000,12(10)(X2):33-34.

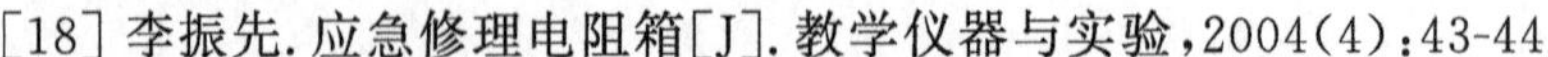

[18] 李振先.应急修理电阻箱[J].教学仪器与实验,2004(4):43-44.

[19] 孙克文.电阻箱的维修[J].教学仪器与实验,2000(10):26-28.

[20] 王兴乃,罗栋国,等.教学仪器维修大全[M].北京:电子工业出版社,1993.

[21] 陈晓莉,史文奎,刘霜.一种演示带电粒子在电磁场中运动规律的实验装置[J].教学仪器与实验,2013,29(6):29-31.

[22] 王爱军.新型钕铁硼电磁阻尼演示仪[J].大学物理,2000,19(8):36-37.

[23] 聂剑军,聂晶.电磁阻尼演示器的改进[J].物理教学探讨,2010,28(12):55-56.